MATHEMATICAL CONTEST HANDOUT FOR COLLEGE STUDENTS

大学生
数学竞赛讲义

- 主　编　薛小平
- 副主编　王树忠　沈继红　赵辉

哈尔滨工业大学出版社
HARBIN INSTITUTE OF TECHNOLOGY PRESS

内容提要

本书是以微积分核心内容为基础且兼顾大学生数学竞赛的辅导材料,其特点是激发兴趣、培养思想、传播数学文化、提高能力.全书由极限与连续、一元函数微积分、级数与广义积分、多元函数微积分、综合训练题五部分内容组成,通过例题背景及数学家故事等形式提高可读性,增加读者对微积分思想的领悟和认识.

本书可供非数学专业的本科生提高高等数学水平和参加各类数学竞赛之用.

图书在版编目(CIP)数据

大学生数学竞赛讲义/薛小平主编. —哈尔滨:哈尔滨工业大学出版社,2014.9(2016.9重印)

ISBN 978 - 7 - 5603 - 4859 - 9

Ⅰ.①大…　Ⅱ.①薛…　Ⅲ.①高等数学-高等学校-教学参考资料　Ⅳ.①O13

中国版本图书馆 CIP 数据核字(2014)第 190815 号

策划编辑　刘培杰　张永芹
责任编辑　张永芹　刘家琳
封面设计　孙茵艾
出版发行　哈尔滨工业大学出版社
社　　址　哈尔滨市南岗区复华四道街 10 号　邮编 150006
传　　真　0451 - 86414749
网　　址　http://hitpress. hit. edu. cn
印　　刷　哈尔滨市石桥印务有限公司
开　　本　787mm×960mm　1/16　印张 13.75　字数 266 千字
版　　次　2014 年 9 月第 1 版　2016 年 9 月第 2 次印刷
书　　号　ISBN 978 - 7 - 5603 - 4859 - 9
定　　价　28.00 元

前　　言

自牛顿(Newton)和莱布尼兹(Leibniz)创立微积分以来，数学以描述自然规律和解释自然现象为目的进入了物理学、天文学和工程科学等领域，使人们逐步认识到数学不仅是培养思维和逻辑的学问，而且是大有用处的学科.20世纪，由于计算机和人工智能的发展，更加巩固了数学在科学中的重要地位.今天，所有自然科学和工程技术都离不开数学的帮助.任何一名学习自然科学和工程技术专业的本科生，必须学习"高等数学"(又名"工科数学分析")，然而，从中学数学基础到掌握微积分是有困难的，前者是"有穷"数学，后者是"无穷"数学；另一方面，让非数学专业的学生能在较短时间内领悟微积分的核心且能为后续的其他数学课打好基础也是困难的.克服困难的手段是首先要让学生对数学感兴趣，通过浅显和朴素的思想方法培养学生的数学文化，其次才是解题技巧和计算能力的提高，最终目的是使学生能通过"学习数学"去"应用数学"，进而对自己所学专业有很好的理解和发展.

为青年学子提供一个展示数学基本功和数学思维的舞台，为发现和选拔优秀数学人才并进一步促进高等学校数学课程建设的改革和发展积累调研素材，中国数学会决定举办"全国大学生数学竞赛"活动，分数学专业和非数学专业两类.从2009年开始举办至2014年，已经举办了五届，第六届将于2014年10月份由华中科技大学承办.为了适应广大非数学专业本科生如何能更好地掌握微积分的核心思想和内容，同时又能兼顾数学竞赛的需求，经过黑龙江省数学会大学生数学竞赛委员会多次讨论，决定编写此书.本书的宗旨是激发兴趣、培养思想、锻炼能力、传播数学文化.全书共分为五部分：第一部分是极限与连续；第二部分是一元函数微积分；第三部分是级数与广义积分；第四部分是多元函数微积分；第五部分是综合训练题.本书选材精炼、重点突出、难易结合，体现通过例题的分析逐步渗透解题的思想和方法，进而提高读者分析问题和解决问题的能力.为了提高可读性和趣味性，本书增加了一定量的数学家故事.

本书编写过程中得到许多同行的帮助和支持，如哈尔滨工业大学尹逊波副教授、哈尔滨工程大学董衍习副教授提供了部分练习题，本书副主编哈尔滨

1

理工大学王树忠教授提供了多年积累的七十余道练习题,副主编哈尔滨理工大学赵辉教授和哈尔滨工程大学沈继红教授参与了多次讨论,省数学会原副秘书长尹慧英女士为本书的编写做了很多事务性工作,对他们付出的辛勤劳动表示衷心感谢!特别要感谢哈尔滨工业大学出版社的大力支持和帮助!

鉴于作者水平所限,疏漏之处在所难免,敬请读者批评指正.

哈尔滨工业大学数学系

薛小平

2014 年 7 月 2 日

目　　录

第一部分　　极限与连续

　　极限是微积分的基础,所有微积分包括的基本内容,如微分、积分、级数等其本质都是极限.因此,对极限的认识和理解是学好高等数学的关键步骤.

　　极限可分为数列极限和函数极限,二者之间可相互转换

$$\lim_{x \to a} f(x) = A$$

当且仅当对 $\forall x_n \to a$,有

$$\lim_{n \to \infty} f(x_n) = A$$

§1　　计算极限

以下通过示例总结求极限的几种常用方法.

一、两面夹方法

例 1.1　　求极限 $\lim\limits_{n \to \infty} \sqrt[n]{2^n + 3^n}$.

解　　首先 $\sqrt[n]{2^n + 3^n} > 3$,又 $\sqrt[n]{2^n + 3^n} < \sqrt[n]{2 \cdot 3^n} = 3\sqrt[n]{2}$.

注意到 $\lim\limits_{n \to \infty} \sqrt[n]{2} = 1$,于是有 $\lim\limits_{n \to \infty} \sqrt[n]{2^n + 3^n} = 3$.

在本题中我们应用了估值方法 —— 又称两面夹原理,即:

若 $\{x_n\}, \{y_n\}, \{z_n\}$ 是三个给定的数列,满足

$$x_n \leqslant y_n \leqslant z_n, \quad n = 1, 2, \cdots$$

如果 $\lim\limits_{n \to \infty} x_n = \lim\limits_{n \to \infty} z_n = A$,那么 $\lim\limits_{n \to \infty} y_n = A$.

练习题 1.1

1. 若 $a > 0$,证明: $\lim\limits_{n \to \infty} \sqrt[n]{a} = 1$.

2. 求极限 $\lim\limits_{n \to \infty} \sqrt[n]{a^n + b^n}$($a, b$ 为两个正实数).

3. 若 $a_1, a_2, \cdots, a_k$ 是给定的 k 个正整数,求 $\lim\limits_{n \to \infty} \sqrt[n]{a_1^n + a_2^n + \cdots + a_k^n}$.

例 1.2 给定数列 $a_n = \dfrac{1 \cdot 3 \cdot 5 \cdot \cdots \cdot (2n-1)}{2 \cdot 4 \cdot 6 \cdot \cdots \cdot (2n)}$，求极限 $\sqrt[n]{a_n}$.

解 注意到基本极限 $\lim\limits_{n\to\infty}(kn+p)^{\frac{1}{n}}=1$，这里 k,n 是正整数，p 是给定的实数，想办法将 $\sqrt[n]{a_n}$ 用两个能化成基本极限的数列来两面夹

$$a_n = 1 \cdot \frac{3}{2} \cdot \frac{5}{4} \cdot \cdots \cdot \frac{2n-1}{2n-2} \cdot \frac{1}{2n} > \frac{1}{2n}$$

$$a_n = \frac{1}{2} \cdot \frac{3}{4} \cdot \cdots \cdot \frac{2n-1}{2n} < 1$$

所以

$$1 > a_n^{\frac{1}{n}} > \left(\frac{1}{2n}\right)^{\frac{1}{n}}$$

而

$$\lim_{n\to\infty}\left(\frac{1}{2n}\right)^{\frac{1}{n}} = 1$$

故

$$\lim_{n\to\infty} a_n^{\frac{1}{n}} = 1$$

例 1.3 设 $f_n(x) = x^n + nx - 2$，证明：$f_n(x)$ 在 $(0, +\infty)$ 上有唯一正根 a_n，并求极限 $\lim\limits_{n\to\infty}(1+a_n)^n$.

解 由于 $f_n'(x) = nx^{n-1} + n > 0$，且 $f_n(0) = -2 < 0$，$f_n(+\infty) = +\infty$，所以 $f_n(x) = 0$ 有唯一正根，特别

$$f_n\left(\frac{1}{n}\right) = \left(\frac{1}{n}\right)^n + 1 - 2 = -1 + \left(\frac{1}{n}\right)^n < 0, \quad n > 1$$

$$f_n\left(\frac{2}{n}\right) = \left(\frac{2}{n}\right)^n > 0 \tag{$*$}$$

故根在 $\left(\dfrac{1}{n}, \dfrac{2}{n}\right)$ 之间，但

$$\left(1 + \frac{1}{n}\right)^n < (1 + a_n)^n < \left(1 + \frac{2}{n}\right)^n$$

而 $\lim\limits_{n\to\infty}\left(1+\dfrac{1}{n}\right)^n = \mathrm{e}$，$\lim\limits_{n\to\infty}\left(1+\dfrac{2}{n}\right)^n = \mathrm{e}^2$，因此两面夹失败，还需做进一步估计，由式（$*$）可以判定，当 n 充分大时，根应在 $\dfrac{2}{n}$ 的附近，注意到

$$f_n\left(\frac{2}{n} - \frac{2}{n^2}\right) = \left(\frac{2}{n} - \frac{2}{n^2}\right)^n - \frac{2}{n} < 0$$

那么 $a_n \in \left(\dfrac{2}{n} - \dfrac{2}{n^2}, \dfrac{2}{n}\right)$，这样

$$(1+a_n)^n > \left(1+\frac{2}{n}-\frac{2}{n^2}\right)^n$$

而
$$\lim_{n\to\infty}\left(1+\frac{2}{n}-\frac{2}{n^2}\right)^n = e^2$$

于是
$$\lim_{n\to\infty}(1+a_n)^n = e^2$$

注 （1）证明：$\lim\limits_{n\to\infty}\sqrt[n]{n}=1$.

证明：记$\sqrt[n]{\sqrt{n}}-1=x_n$，那么 $x_n>0(n>1)$，故
$$\sqrt{n}=(1+x_n)^n > nx_n$$

于是 $0<x_n<\dfrac{1}{\sqrt{n}}$，那么
$$\sqrt[n]{n}=(\sqrt[n]{\sqrt{n}})^2=(1+x_n)^2\to 1$$

同理可证$\lim\limits_{n\to\infty}\sqrt[n]{a}=1(a>0)$.

（2）令 $x_n=\left(1+\dfrac{1}{n}\right)^n$，证明：$\lim\limits_{n\to\infty}x_n$ 存在.

证明：有
$$x_n=\left(1+\frac{1}{n}\right)^n=\sum_{i=0}^{n}C_n^i\frac{1}{n^i}=1+\sum_{i=1}^{n}C_n^i\frac{1}{n^i}=$$
$$1+\sum_{i=1}^{n}\frac{n(n-1)\cdots(n-i+1)}{i!}\frac{1}{n^i}=$$
$$1+\sum_{i=1}^{n}\frac{1}{i!}\left(1-\frac{1}{n}\right)\left(1-\frac{2}{n}\right)\cdots\left(1-\frac{i-1}{n}\right)\leqslant$$
$$1+\sum_{i=1}^{n+1}\frac{1}{i!}\left(1-\frac{1}{n+1}\right)\left(1-\frac{2}{n+1}\right)\cdots\left(1-\frac{i-1}{n+1}\right)=$$
$$\left(1+\frac{1}{n+1}\right)^{n+1}=x_{n+1}$$

这里 C_n^i 表示组合数，即
$$C_n^i=\frac{n(n-1)(n-2)\cdots(n-i+1)}{i!}$$

故$\{x_n\}$是单调递增数列. 另一方面
$$x_n=1+\sum_{i=1}^{n}\frac{1}{i!}\left(1-\frac{1}{n}\right)\left(1-\frac{2}{n}\right)\cdots\left(1-\frac{i-1}{n}\right)\leqslant$$

$$1 + \sum_{i=1}^{n} \frac{1}{i!} \leqslant 2 + \sum_{i=2}^{n} \frac{1}{2^{i-1}} \leqslant 3$$

因此,数列 $\lim\limits_{n \to \infty} x_n$ 的极限存在,记

$$\lim_{n \to \infty} \left(1 + \frac{1}{n}\right)^n = e$$

这里 e 是自然对数的底,e = 2.718… 是一个无理数,这个极限是一个十分重要的极限公式,在很多的地方都能用到.①

练习题 1.2

1. 求极限 $\lim\limits_{n \to \infty} \dfrac{1 + \sqrt[n]{2} + \cdots + \sqrt[n]{n}}{n}$.

2. 设 $P_n > 0$ 且 $P_n \to +\infty$,求极限 $\lim\limits_{n \to \infty} \left(1 + \dfrac{1}{P_n}\right)^{P_n}$.

3. 求极限 $\lim\limits_{n \to \infty} \left(1 + \dfrac{1}{1!} + \dfrac{1}{2!} + \cdots + \dfrac{1}{n!}\right)$.

二、利用积分的定义求极限

若 $f(x)$ 是定义在 $[a, b]$ 区间上的一个连续函数,我们知道它的黎曼(Riemann) 积分为

$$\int_a^b f(x) \mathrm{d}x = \lim_{\|\Delta\| \to 0} \sum_{i=1}^{n} f(\xi_i) \Delta x_i = \lim_{\|\Delta\| \to 0} I(f, \Delta, \{\xi_i\}) \qquad (*)$$

这里 Δ 是 $[a, b]$ 区间的分划,即

$$a = x_0 < x_1 < \cdots < x_n = b, \Delta x_i = x_i - x_{i-1}$$
$$\|\Delta\| = \max_i \Delta x_i, \xi_i \in [x_{i-1}, x_i], \quad i = 1, 2, \cdots, n$$

式 ($*$) 中的极限已经超出了微积分的范围,需用一般拓扑学中的"网"收敛才能准确理解其含义,但是重要的是 $\lim\limits_{\|\Delta\| \to 0} I(f, \Delta, \{\xi_i\})$ 不依赖于 ξ_i 的选取,也不依赖于分划 Δ,因此具有特殊形式是我们求极限的有效工具.

---

① 数学上把实数既可分为有理数和无理数,也可分为代数数和超越数.一个实数称为超越数,是指它不是任何整系数多项式的根,如 $\sqrt{2}$,$\sqrt{3}$ 都不是超越数,但 e 是超越数,π 也是.超越数的存在性是法国著名数学家刘维尔(J. Liouville,1809—1882) 首先证明的,所以超越数也称为刘维尔数.但单个实数证明是超越数是十分困难的,如 e 是超越数是法国数学家埃尔米特(C. Hermite,1822—1901) 证明的.

4

例如：取 Δ 为 n 等分，即 $x_i = a + \dfrac{i}{n}(b-a), i = 0, 1, 2, \cdots, n, \| \Delta \| = \dfrac{b-a}{n}$，$\xi_i$ 取 $[x_{i-1}, x_i]$ 的左或右端点，便有

$$\int_a^b f(x)\,\mathrm{d}x = \lim_{n \to \infty} \frac{b-a}{n} \sum_{i=1}^n f\left(a + \frac{i-1}{n}(b-a)\right) =$$

$$\lim_{n \to \infty} \frac{b-a}{n} \sum_{i=1}^n f\left(a + \frac{i}{n}(b-a)\right)$$

例 1.4　求极限 $\lim\limits_{n \to \infty}\left(\dfrac{1}{n+1} + \dfrac{1}{n+2} + \cdots + \dfrac{1}{n+n}\right)$.

解　注意到

$$\lim_{n \to \infty}\left(\frac{1}{n+1} + \frac{1}{n+2} + \cdots + \frac{1}{n+n}\right) = \lim_{n \to \infty} \frac{1}{n} \sum_{i=1}^n \frac{1}{1 + \dfrac{i}{n}}$$

因此，恰好是函数 $f(x) = \dfrac{1}{1+x}$ 在 $[0,1]$ 上等分取右端点的积分形式，即

$$\lim_{n \to \infty} \frac{1}{n} \sum_{i=1}^n \frac{1}{1 + \dfrac{i}{n}} = \int_0^1 \frac{\mathrm{d}x}{1+x} = \ln(1+x)\,\Big|_0^1 = \ln 2$$

例 1.5　求极限 $\lim\limits_{n \to \infty} \sum\limits_{i=1}^n \dfrac{i\cos \dfrac{i}{n}}{n^2 + i}$.

解　令 $S_n = \sum\limits_{i=1}^n \dfrac{i\cos \dfrac{i}{n}}{n^2 + i}$，则

$$\sum_{i=1}^n \frac{i\cos \dfrac{i}{n}}{n^2 + n} < S_n \leqslant \sum_{i=1}^n \left(\frac{i}{n}\cos \frac{i}{n}\right)\frac{1}{n}$$

而

$$\sum_{i=1}^n \frac{i\cos \dfrac{i}{n}}{n^2 + n} = \frac{n}{n+1} \sum_{i=1}^n \left(\frac{i}{n}\cos \frac{i}{n}\right)\frac{1}{n}$$

又

$$\lim_{n \to \infty} \sum_{i=1}^n \left(\frac{i}{n}\cos \frac{i}{n}\right)\frac{1}{n} = \int_0^1 x\cos x\,\mathrm{d}x$$

于是

$$\lim_{n \to \infty} S_n = \int_0^1 x\cos x\,\mathrm{d}x = \sin 1 + \cos 1 - 1$$

例 1.6　求极限

$$\lim_{n \to \infty} \left[\left(1 + \frac{1}{n}\right) \sin \frac{\pi}{n^2} + \left(1 + \frac{2}{n}\right) \sin \frac{2\pi}{n^2} + \cdots + \left(1 + \frac{n-1}{n}\right) \sin \frac{(n-1)\pi}{n^2} \right]$$

解　注意到当 n 充分大时,对 $\forall k < n$ 有

$$0 < \frac{k\pi}{n^2} - \sin \frac{k\pi}{n^2} < \tan \frac{k\pi}{n^2} - \sin \frac{k\pi}{n^2} =$$

$$\frac{\sin \dfrac{k\pi}{n^2}}{\cos \dfrac{k\pi}{n^2}} \left(1 - \cos \frac{k\pi}{n^2}\right) < \frac{2k\pi}{n^2}\left(1 - \cos \frac{\pi}{n}\right)$$

因此

$$0 < \sum_{k=1}^{n-1} \left(1 + \frac{k}{n}\right)\left(\frac{k\pi}{n^2} - \sin \frac{k\pi}{n^2}\right) < \sum_{k=1}^{n-1} \left(1 + \frac{k}{n}\right)\frac{2k\pi}{n^2}\left(1 - \cos \frac{\pi}{n}\right) <$$

$$\sum_{k=1}^{n-1} \frac{4k\pi}{n^2}\left(1 - \cos \frac{\pi}{n}\right) < 2\pi\left(1 - \cos \frac{\pi}{n}\right) \to 0, \quad n \to \infty$$

故

$$\text{原式} = \lim_{n \to \infty} \sum_{k=1}^{n-1} \left(1 + \frac{k}{n}\right) \frac{k\pi}{n^2} =$$

$$\lim_{n \to \infty} \pi \sum_{k=1}^{n-1} \frac{1}{n}\left[\frac{k}{n} + \left(\frac{k}{n}\right)^2\right] =$$

$$\pi \int_0^1 (x + x^2)\,\mathrm{d}x = \frac{5}{6}\pi$$

注　黎曼积分的定义是由德国著名数学家黎曼(1826—1866)引入的. 黎曼是一个传奇且伟大的数学家,虽然仅活了 40 岁,但留给后人许多宝贵的数学财富. 黎曼于 1859 年发表了仅在数论方面唯一的论文即"论小于给定数值的素数个数"以证明素数分布定理. 他引进了如下所谓 ζ-函数

$$\zeta(s) = \sum_{n=1}^{\infty} \frac{1}{n^s}, \quad s \text{ 是复数}$$

并断言 ζ-函数的零点(即 $\zeta(s) = 0$ 的 s 为零点)都位于复平面 $\mathrm{Re}(s) = \frac{1}{2}$ (实部为 $\frac{1}{2}$) 的直线上,除个别平凡零点外. 这就是著名的黎曼猜想,是当前数学科学最赋挑战性及最有影响力的难题.

练习题 1.3

1. 求极限 $\lim\limits_{n \to \infty} \dfrac{\sqrt{1} + \sqrt{2} + \cdots + \sqrt{n}}{n^{\frac{3}{2}}}$.

2. 求极限 $\lim\limits_{n \to \infty} n \sum\limits_{k=1}^{n} \dfrac{1}{n^2 + k^2}$.

3. 求极限 $\lim\limits_{n \to \infty} \sin \dfrac{\pi}{2n} \sum\limits_{k=1}^{n} \dfrac{1}{1 + \cos \dfrac{k\pi}{2n}}$.

4. 求极限 $\lim\limits_{n \to \infty} \sum\limits_{k=1}^{n} \dfrac{2^{\frac{k}{n}}}{n + \dfrac{n - k + 1}{n}}$.

5. 求极限 $\lim\limits_{n \to \infty} \dfrac{\sqrt{1} + \sqrt{2} + \cdots + \sqrt{n}}{\sqrt{n+1} + \sqrt{n+2} + \cdots + \sqrt{n+n}}$.

三、利用麦克劳林公式求极限

一般应该掌握一些特殊函数的展开式如

$$e^x = \sum_{k=0}^{n} \frac{x^k}{k!} + o(x^n)$$

$$\sin x = \sum_{k=1}^{n} (-1)^{k-1} \frac{x^{2k-1}}{(2k-1)!} + o(x^{2n})$$

$$\cos x = \sum_{k=1}^{n} (-1)^{k-1} \frac{x^{2k}}{(2k)!} + o(x^{2n+1})$$

$$\ln(1 + x) = \sum_{k=1}^{n} (-1)^{k-1} \frac{x^k}{k} + o(x^n)$$

等等.

例 1.7 求极限 $\lim\limits_{n \to \infty} \left(\dfrac{2^{\frac{1}{n}} + 3^{\frac{1}{n}}}{2} \right)^n$.

解 有

$$2^{\frac{1}{n}} = e^{\frac{1}{n} \ln 2} = 1 + \frac{1}{n} \ln 2 + o\left(\frac{1}{n} \right)$$

$$3^{\frac{1}{n}} = e^{\frac{1}{n} \ln 3} = 1 + \frac{1}{n} \ln 3 + o\left(\frac{1}{n} \right)$$

$$\left(\frac{2^{\frac{1}{n}} + 3^{\frac{1}{n}}}{2} \right)^n = \left[1 + \frac{1}{n} \frac{\ln 2 + \ln 3}{2} + o\left(\frac{1}{n} \right) \right]^n$$

令 $\alpha_n = \dfrac{1}{n} \dfrac{\ln 2 + \ln 3}{2} + o\left(\dfrac{1}{n} \right) = \dfrac{1}{n} \ln \sqrt{6} + o\left(\dfrac{1}{n} \right)$，那么 $n\alpha_n \to \ln \sqrt{6} \ (n \to \infty)$，

而

$$\lim_{n\to\infty}(1+\alpha_n)^{\frac{1}{\alpha_n}}=e$$

于是

$$原式=\lim_{n\to\infty}\left[(1+\alpha_n)^{\frac{1}{\alpha_n}}\right]^{n\cdot\alpha_n}=e^{\ln\sqrt{6}}=\sqrt{6}$$

注 这个习题可以一般化为如下：

设 $a_1,a_2,\cdots,a_k$ 是 k 个正数，则

$$\lim_{n\to\infty}\left(\frac{a_1^{\frac{1}{n}}+a_2^{\frac{1}{n}}+\cdots+a_k^{\frac{1}{n}}}{k}\right)^n=(a_1a_2\cdots a_k)^{\frac{1}{k}}$$

例 1.8 求极限 $\lim\limits_{n\to\infty}n\left(1-\dfrac{1}{n}\right)^{n\ln n}$.

解 有

$$\ln\left(1-\frac{1}{n}\right)=-\frac{1}{n}+\frac{1}{2}\left(\frac{1}{n^2}\right)+o\left(\frac{1}{n^2}\right)$$

$$\ln\left(1-\frac{1}{n}\right)^{n\ln n}=n\ln n\ln\left(1-\frac{1}{n}\right)=n\ln n\left[-\frac{1}{n}+\frac{1}{2n^2}+o\left(\frac{1}{n^2}\right)\right]=$$
$$-\ln n+\frac{\ln n}{2n}+o\left(\frac{1}{n}\right)\ln n$$

令 $\alpha_n=\dfrac{\ln n}{2n}+o\left(\dfrac{1}{n}\right)\ln n$，那么

$$\left(1-\frac{1}{n}\right)^{n\ln n}=e^{-\ln n+\alpha_n}=\frac{1}{n}e^{\alpha_n}$$

于是

$$n\left(1-\frac{1}{n}\right)^{n\ln n}=e^{\alpha_n}$$

由 $\alpha_n\to 0$，得

$$\lim_{n\to\infty}n\left(1-\frac{1}{n}\right)^{n\ln n}=e^0=1$$

例 1.9 求极限 $\lim\limits_{n\to\infty}\dfrac{\sqrt{1-e^{-\frac{1}{n}}}-\sqrt{1-\cos\dfrac{1}{n}}}{\sqrt{\sin\dfrac{1}{n}}}$.

解 有

$$\sqrt{1-e^{-\frac{1}{n}}}=\sqrt{1-\left(1-\frac{1}{n}+o\left(\frac{1}{n}\right)\right)}=\sqrt{\frac{1}{n}+o\left(\frac{1}{n}\right)}$$

$$\sqrt{1-\cos\frac{1}{n}}=\sqrt{1-\left(1-\frac{1}{2n^2}\right)+o\left(\frac{1}{n^2}\right)}=\sqrt{\frac{1}{2n^2}+o\left(\frac{1}{n^2}\right)}$$

8

$$\sqrt{\sin\frac{1}{n}} = \sqrt{\frac{1}{n} - \frac{1}{6n^3} + o\left(\frac{1}{n^3}\right)}$$

所以

$$原式 = \lim_{n\to\infty} \frac{\sqrt{\frac{1}{n}} - \frac{1}{n}\sqrt{\frac{1}{2}} + o\left(\frac{1}{n}\right)}{\sqrt{\frac{1}{n} - \frac{1}{6n^3} + o\left(\frac{1}{n^3}\right)}} = \lim_{n\to\infty} \frac{\sqrt{\frac{1}{n}}\left(1 - \sqrt{\frac{1}{2}} \cdot \sqrt{\frac{1}{n}}\right)}{\sqrt{\frac{1}{n}}} = 1$$

练习题 1.4

1. 求极限： $\displaystyle\lim_{n\to\infty} n\left[e - \left(1 + \frac{1}{n}\right)^n\right]$.

2. 求极限： $\displaystyle\lim_{n\to\infty} e^{-n}\left(1 + \frac{1}{n}\right)^{n^2}$.

3. 求极限： $\displaystyle\lim_{n\to\infty}\left(n\sin\frac{1}{n}\right)^{\frac{1}{1-\cos\frac{1}{n}}}$.

四、洛必达(L'Hosptial) 法则

洛必达法则有以下两种基本形式.

1. $\dfrac{0}{0}$ 形式.

设 $f(x)$ 与 $g(x)$ 在 a 的邻域内有定义，并且连续，又设 (1) $\displaystyle\lim_{x\to a} f(x) = \lim_{x\to a} g(x) = 0$；(2) 在 a 的邻域内，除 a 外，导函数 $f'(x), g'(x)$ 存在且 $g'(x) \neq 0$；(3) $\displaystyle\lim_{x\to a}\frac{f'(x)}{g'(x)}$ 存在. 则有

$$\lim_{x\to a}\frac{f(x)}{g(x)} = \lim_{x\to a}\frac{f'(x)}{g'(x)}$$

2. $\dfrac{\infty}{\infty}$ 形式.

设 $f(x), g(x)$ 在 a 的邻域内有定义，并且连续，又设 (1) $\displaystyle\lim_{x\to a} f(x) = \lim_{x\to a} g(x) = \infty$；(2) 除 a 外，$f'(x), g'(x)$ 在邻域内存在且 $g'(x) \neq 0$；(3) $\displaystyle\lim_{x\to a}\frac{f'(x)}{g'(g)}$ 存在. 则有

$$\lim_{x\to a}\frac{f(x)}{g(x)} = \lim_{x\to a}\frac{f'(x)}{g'(x)}$$

注　上述 1,2 形式中，a 可取 ∞.

例 1.10 求 $\lim\limits_{x\to+\infty}\left[\dfrac{x^{1+x}}{(1+x)^x}-\dfrac{x}{\mathrm{e}}\right]$.

解 首先将原式化成 $\dfrac{0}{0}$ 形或 $\dfrac{\infty}{\infty}$ 形. 有

$$原式=\lim_{x\to+\infty}x\left[\frac{1}{\left(1+\dfrac{1}{x}\right)^x}-\frac{1}{\mathrm{e}}\right]=$$

$$\frac{1}{\mathrm{e}^2}\lim_{x\to+\infty}x\left[\mathrm{e}-\left(1+\frac{1}{x}\right)^x\right]=$$

$$\frac{1}{\mathrm{e}^2}\lim_{y\to0^+}\frac{\mathrm{e}-(1+y)^{\frac{1}{y}}}{y}=$$

$$\frac{1}{-\mathrm{e}^2}\lim_{y\to0^+}\left[(1+y)^{\frac{1}{y}}\right]\left[\frac{1}{y(y+1)}-\frac{1}{y^2}\ln(1+y)\right]=$$

$$-\frac{1}{\mathrm{e}}\lim_{y\to0^+}\frac{y-(1+y)\ln(1+y)}{y^2(1+y)}=$$

$$\left(其中\ \ln(1+y)=y-\frac{1}{2}y^2+o(y^2)\right)$$

$$\frac{1}{\mathrm{e}}\lim_{y\to0^+}\frac{y^2-\dfrac{1}{2}y^2+o(y^2)}{y^2(1+y)}=\frac{1}{2\mathrm{e}}$$

例 1.11 求极限 $\lim\limits_{x\to0}\left(\dfrac{a^x-x\ln a}{b^x-x\ln b}\right)^{\frac{1}{x^2}}\ (a>b>0)$.

解 有

$$原式=\lim_{x\to0}\mathrm{e}^{\frac{1}{x^2}\left[\ln(a^x-x\ln a)-\ln(b^x-x\ln b)\right]}$$

$$a^x=\mathrm{e}^{x\ln a}=1+x\ln a+\frac{1}{2}x^2\ln^2 a+o(x^2)$$

$$b^x=\mathrm{e}^{x\ln b}=1+x\ln b+\frac{1}{2}x^2\ln^2 b+o(x^2)$$

故

$$原式=\lim_{x\to0}\mathrm{e}^{\frac{\frac{1}{2}x^2\ln^2 a-\frac{1}{2}x^2\ln^2 b+o(x^2)}{x^2}}=\mathrm{e}^{\frac{1}{2}\left[\ln^2 a-\ln^2 b\right]}$$

注 此式虽然能用洛必达法则计算,但求导相对复杂,不如用麦克劳林公式展开方便.

例 1.12 设 $a_1,a_2,\cdots,a_n$ 是正数,求

$$\lim_{x\to0}\left(\frac{a_1^x+a_2^x+\cdots+a_n^x}{n}\right)^{\frac{1}{x}}$$

解 有

$$原式 = \lim_{x\to 0} e^{\frac{1}{x}\ln\frac{a_1^x + a_2^x + \cdots + a_n^x}{n}}$$

于是

$$\lim_{x\to 0}\frac{1}{x}\ln\frac{a_1^x + a_2^x + \cdots + a_n^x}{n} = \lim_{x\to 0}\frac{n}{a_1^x + a_2^x + \cdots + a_n^x} \cdot \frac{1}{n}\sum_{k=1}^{n} a_k^x \ln a_k =$$

$$\frac{1}{n}\sum_{k=1}^{n}\ln a_k = \ln(a_1 a_2 \cdots a_n)^{\frac{1}{n}}$$

故

$$原式 = (a_1 a_2 \cdots a_n)^{\frac{1}{n}}$$

练习题 1.5

1. 求极限 $\lim\limits_{x\to 0}\dfrac{(a+x)^x - a^x}{x^2}\ (a > 0)$.

2. 求极限 $\lim\limits_{x\to 0}\left(\dfrac{1+x}{1-x}\right)^{\frac{1}{x}}$.

3. 求极限 $\lim\limits_{x\to 0}\left(\dfrac{\arcsin x}{x}\right)^{\frac{1}{x^2}}$.

注 1. 洛必达法则在使用时,一定要验证成立的条件,如

$$\lim_{x\to+\infty}\frac{x - \sin x}{x + \sin x} = \lim_{x\to+\infty}\frac{1 - \dfrac{\sin x}{x}}{1 + \dfrac{\sin x}{x}} = 1$$

但如果用洛必达法则,有

$$\lim_{x\to+\infty}\frac{x - \sin x}{x + \sin x} = \lim_{x\to+\infty}\frac{1 - \cos x}{1 + \cos x} = \lim_{x\to+\infty}\frac{\sin x}{-\sin x} = -1$$

这是因为虽然原式是 $\dfrac{\infty}{\infty}$ 形式, 但 $\lim\limits_{x\to+\infty}\dfrac{1-\cos x}{1+\cos x}$ 不是 $\dfrac{0}{0}$ 或 $\dfrac{\infty}{\infty}$ 形式, 故

$\lim\limits_{x\to+\infty}\dfrac{1-\cos x}{1+\cos x} \neq \lim\limits_{x\to+\infty}\dfrac{\sin x}{-\sin x}$, 而且前一个极限不存在. 正确的解答是

$$\lim_{x\to+\infty}\frac{1 - \dfrac{\sin x}{x}}{1 + \dfrac{\sin x}{x}} = 1.$$

2. 洛必达法则在某些情况下用起来方便,但对复杂求导过程却十分不方便. 因此,在应用中应与麦克劳林公式相结合.

§2 极限的存在性

证明极限存在性的常用方法一般有最基本的三种：单调方法、压缩方法和施笃兹(Stolz)定理，下面具体来介绍这三种方法的应用.

一、单调方法

给定数列 $\{x_n\}$
$\begin{cases} \text{如果单调递增，上方有界，那么} \lim\limits_{n\to\infty} x_n \text{ 存在} \\ \text{如果单调递减，下方有界，那么} \lim\limits_{n\to\infty} x_n \text{ 存在} \end{cases}$.

例 2.1 给定数列 $x_n = 1 + \dfrac{1}{2} + \cdots + \dfrac{1}{n} - \ln n$，证明：$\lim\limits_{n\to\infty} x_n$ 存在.

证明 有

$$x_n = 1 + \frac{1}{2} + \cdots + \frac{1}{n} - [\ln n - \ln(n-1) +$$
$$\ln(n-1) - \cdots + \ln 2 - \ln 1] =$$
$$\sum_{k=1}^{n} \frac{1}{k} - \sum_{k=1}^{n-1} \ln \frac{k+1}{k}$$

因此

$$x_{n+1} - x_n = \frac{1}{n+1} - \ln \frac{n+1}{n}$$

注意不等式 $\dfrac{1}{n+1} < \ln\left(1 + \dfrac{1}{n}\right) < \dfrac{1}{n}$，即由常用不等式

$$\frac{x}{x+1} < \ln(1+x) < x, \quad x > 0$$

得 $x_{n+1} - x_n < 0$，即 $\{x_n\}$ 单调递减，又

$$x_n = \sum_{k=1}^{n-1} \left[\frac{1}{k} - \ln\left(1 + \frac{1}{k}\right) \right] + \frac{1}{n} > \frac{1}{n} > 0$$

所以 $\{x_n\}$ 下方有界，即 $\lim\limits_{n\to\infty} x_n$ 存在.

注 记 $C = \lim\limits_{n\to\infty} x_n$，一般称 C 为欧拉常数，$C = 0.577\ 2\cdots$. 这个常数是由著名数学家欧拉[①]于 1735 年引入的，目前尚不清楚 C 是有理数还是无理数.

---

① 欧拉(L. Euler, 1707—1783)是瑞士数学家，数学界泰斗级人物，研究领域十分广泛，涉及数学、物理、天文学、力学、建筑学、航海学等，至今为止最高产的数学家，平均每年写出八百多页的学术论文，因此在许多分支留下了以他名字命名的公式、定理和重要常数等.

例 2.2 设 $x_1 = 1, x_{n+1} = \frac{1}{2}\left(x_n + \frac{4}{x_n}\right)(n = 1, 2, \cdots)$，证明：$\lim\limits_{n \to \infty} x_n$ 存在，并求出这个极限.

证明 因

$$x_{n+1} = \frac{1}{2}\left(x_n + \frac{4}{x_n}\right) \geqslant \sqrt{x_n} \cdot \sqrt{\frac{4}{x_n}} = 2$$

故

$$x_{n+1} = \frac{1}{2}\left(x_n + \frac{4}{x_n}\right) \leqslant \frac{1}{2}(x_n + 2) \leqslant \frac{1}{2}(x_n + x_n) = x_n$$

即 $\{x_n\}$ 单调递减且有下界，因此 $\lim\limits_{n \to \infty} x_n$ 存在，令 $\lim\limits_{n \to \infty} x_n = x$，则有

$$x = \frac{1}{2}\left(x + \frac{4}{x}\right)$$

解得 $x^2 = 4, x = 2(x = -2$ 舍去$)$.

例 2.3 设 $x_1 = 1, x_2 = 2, 0 < \lambda < 1$，定义

$$x_{n+2} = \lambda x_n + (1 - \lambda)x_{n+1}, \quad n = 1, 2, \cdots$$

证明：$\{x_n\}$ 收敛并求极限.

证明 因 $x_1 < x_2$，我们来证 $x_{2n-1} < x_{2n}$. 用数学归纳法，若 $x_{2n-1} < x_{2n}$，来证 $x_{2n+1} < x_{2n+2}$，有

$$x_{2n+1} = \lambda x_{2n-1} + (1 - \lambda)x_{2n} > \lambda x_{2n-1} + (1 - \lambda)x_{2n-1} = x_{2n-1}$$

$$x_{2n+1} = \lambda x_{2n-1} + (1 - \lambda)x_{2n} < \lambda x_{2n} + (1 - \lambda)x_{2n} < x_{2n}$$

$$x_{2n+2} = \lambda x_{2n} + (1 - \lambda)x_{2n+1} > \lambda x_{2n+1} + (1 - \lambda)x_{2n+1} = x_{2n+1}$$

故 $\{x_{2n-1}\}$ 单调递增，$\{x_{2n}\}$ 单调递减，且

$$x_1 < x_3 < \cdots < x_{2n-1} < x_{2n} < \cdots < x_4 < x_2$$

令 $\alpha_n = x_{2n} - x_{2n-1}$，那么

$$\alpha_{n+1} = \lambda^2 \alpha_n, \quad n = 1, 2, \cdots$$

故

$$\alpha_n = (\lambda^2)^{n-1} \alpha_1 = \lambda^{2(n-1)}(x_2 - x_1) = \lambda^{2(n-1)}$$

$$x_{2n+1} = \lambda x_{2n} + (1 - \lambda)x_{2n-1} = \lambda \alpha_n + x_{2n-1}$$

$$x_{2n+1} = x_1 + \sum_{k=1}^{n}(x_{2k+1} - x_{2k-1}) = x_1 + \lambda \sum_{k=1}^{n}(\lambda^2)^{k-1} = 1 + \lambda \frac{1 - (\lambda^2)^{n-1}}{1 - \lambda^2}$$

$$\lim_{n \to \infty} x_{2n+1} = 1 + \frac{\lambda}{1 - \lambda^2}$$

又 $\lim\limits_{n \to \infty} \alpha_n = 0$，故

13

$$\lim_{n \to \infty} x_{2n} = \lim_{n \to \infty} x_{2n-1} = 1 + \frac{\lambda}{1 - \lambda^2}$$

于是 $\lim\limits_{n \to \infty} x_n = 1 + \dfrac{\lambda}{1 - \lambda^2}$.

练习题 2.1

1. 若 $0 < x_1 < 1, x_{n+1} = 1 - \sqrt{1 - x_n}, n = 1, 2, \cdots$，证明：$\lim\limits_{n \to \infty} x_n = 0$，且 $\lim\limits_{n \to \infty} \dfrac{x_{n+1}}{x_n} = \dfrac{1}{2}$.

2. 设 $a_1, b_1 > 0, a_{n+1} = \sqrt{a_n b_n}, b_{n+1} = \dfrac{a_n + b_n}{2}$，证明：$\lim\limits_{n \to \infty} a_n = \lim\limits_{n \to \infty} b_n$.

3. 设 $x_1 = \sqrt{2}, x_2 = \sqrt{2^{\sqrt{2}}}, \cdots, x_n = \sqrt{2^{2^{\cdot^{\cdot^{\sqrt{2}}}}}}$，证明：$\lim\limits_{n \to \infty} x_n$ 存在，并求此极限.

二、压缩方法

基本原理：设 $f:[a,b] \to [a,b]$ 满足
$$|f(x) - f(y)| \leqslant \alpha |x - y|, \quad \alpha \in (0,1)$$
令 $x_0 \in [a,b]$ 及 $x_n = f(x_{n-1}), n = 1, 2, \cdots$. 则 $\lim\limits_{n \to \infty} x_n$ 存在.

证明 由于
$$|x_{n+1} - x_n| = |f(x_n) - f(x_{n-1})| \leqslant \alpha |x_n - x_{n-1}| \leqslant \cdots \leqslant \alpha^n |x_1 - x_0|$$
所以
$$|x_{n+p} - x_n| \leqslant |x_{n+p} - x_{n+p-1}| + \cdots + |x_{n+1} - x_n| \leqslant$$
$$(\alpha^{n+p-1} + \cdots + \alpha^n) |x_1 - x_0| \leqslant$$
$$\frac{\alpha^n}{1 - \alpha} |x_1 - x_0|$$
故 $\{x_n\}$ 是柯西 (Cauchy) 数列，因此 $\lim\limits_{n \to \infty} x_n$ 存在.

例 2.4 设 $x_1 = 1, x_{n+1} = \dfrac{1}{3 + x_n}$，证明：$\lim\limits_{n \to \infty} x_n$ 存在并求此极限.

证明 令 $[a,b] = [0,1], f(x) = \dfrac{1}{3+x}$，那么 $f:[0,1] \to [0,1]$，且对 $\forall x, y \in [0,1]$ 有
$$|f(x) - f(y)| = \left| \frac{1}{3+x} - \frac{1}{3+y} \right| = \frac{|x-y|}{(3+x)(3+y)} \leqslant$$
$$\frac{1}{9} |x - y|$$

因此$\lim\limits_{n\to\infty}x_n$存在. 令$\lim\limits_{n\to\infty}x_n=A$, 那么$A=\dfrac{1}{3+A}$, 解得$A=\dfrac{\sqrt{13}-3}{2}$(负根已舍去).

练习题 2.2

1. 已知$x_1=1$, $x_{n+1}=1+\dfrac{1}{1+x_n}$ $(n=1,2,\cdots)$, 证明: $\{x_n\}$收敛, 并求极限.

2. 已知$x_0>0$, $x_n=\dfrac{2(1+x_{n-1})}{2+x_{n-1}}$, 证明: $\{x_n\}$收敛, 并求极限.

3. 设$x_1=\dfrac{\sqrt{a}}{2}$, $x_{n+1}=\dfrac{x_n(x_n^2+3a)}{3x_n^2+a}$, $a>0$, 证明: $\{x_n\}$收敛, 并求极限.

三、施笃兹定理

施笃兹定理: 若x_n, y_n满足:

(1) 对充分大的n, $y_n<y_{n+1}$(即y_n单调递增);

(2) $\lim\limits_{n\to\infty}y_n=+\infty$;

(3) $\lim\limits_{n\to\infty}\dfrac{x_{n+1}-x_n}{y_{n+1}-y_n}$存在.

那么$\lim\limits_{n\to\infty}\dfrac{x_n}{y_n}$存在, 且$\lim\limits_{n\to\infty}\dfrac{x_n}{y_n}=\lim\limits_{n\to\infty}\dfrac{x_{n+1}-x_n}{y_{n+1}-y_n}$.

例 2.5 求$\lim\limits_{n\to\infty}\dfrac{\sqrt{1}+\sqrt{2}+\cdots+\sqrt{n}}{\sqrt{n+1}+\sqrt{n+2}+\cdots+\sqrt{n+n}}$.

解 令

$$x_n=\sqrt{1}+\sqrt{2}+\cdots+\sqrt{n},\quad y_n=\sqrt{n+1}+\sqrt{n+2}+\cdots+\sqrt{n+n}$$

满足施笃兹定理的条件即y_n单调递增, 且$y_n\to+\infty$

$$\lim_{n\to\infty}\frac{x_{n+1}-x_n}{y_{n+1}-y_n}=\lim_{n\to\infty}\frac{\sqrt{n+1}}{\sqrt{2n+1}+\sqrt{2n+2}-\sqrt{n+1}}=\frac{1}{2\sqrt{2}-1}$$

注 本题还可以利用积分来解

$$\lim_{n\to\infty}\frac{\sqrt{1}+\sqrt{2}+\cdots+\sqrt{n}}{\sqrt{n+1}+\sqrt{n+2}+\cdots+\sqrt{n+n}}=$$

$$\lim_{n\to\infty}\frac{\dfrac{1}{n}\sum_{i=1}^{n}\sqrt{\dfrac{i}{n}}}{\dfrac{1}{n}\sum_{i=1}^{n}\sqrt{1+\dfrac{i}{n}}}=\frac{\displaystyle\int_0^1\sqrt{x}\,\mathrm{d}x}{\displaystyle\int_0^1\sqrt{1+x}\,\mathrm{d}x}=\frac{1}{2\sqrt{2}-1}$$

例 2.6 求极限 $\lim\limits_{n\to\infty}\dfrac{2^k+4^k+\cdots+(2n)^k}{n^{k+1}}$，$k$ 为某个正整数.

解 令 $x_n=2^k+4^k+\cdots+(2n)^k$，$y_n=n^{k+1}$，由于

$$\lim_{n\to\infty}\frac{x_{n+1}-x_n}{y_{n+1}-y_n}=\lim_{n\to\infty}\frac{(2n+2)^k}{(n+1)^{k+1}-n^{k+1}}=$$

$$\lim_{n\to\infty}\frac{2^k(n+1)^k}{(k+1)n^k+\dfrac{k(k+1)}{2}n^{k-1}+\cdots+(k+1)n+1}=$$

$$\frac{2^k}{k+1}$$

故
$$\lim_{n\to\infty}\frac{x_n}{y_n}=\frac{2^k}{k+1}$$

练习题 2.3

1. 求极限 $\lim\limits_{n\to\infty}\dfrac{\ln n!}{\ln n^n}$.

2. 求极限 $\lim\limits_{n\to\infty}\dfrac{1+\dfrac{1}{2}+\cdots+\dfrac{1}{n}}{\ln n}$.

3. 求极限 $\lim\limits_{n\to\infty}\dfrac{1^p+3^p+\cdots+(2n-1)^p}{n^{p+1}}$，$p$ 为一个正数.

4. 设 $0<x_1<1$，$x_{n+1}=x_n(1-x_n)$，$n=1,2,\cdots$，证明：$\lim\limits_{n\to\infty}nx_n=1$.

四、用定义证明极限的存在性

例 2.7 设 $\{a_n\}$ 为实数列，$\lim\limits_{n\to\infty}a_n=a$（有限），证明

$$\lim_{n\to\infty}\frac{a_1+2a_2+\cdots+na_n}{n^2}=\frac{a}{2}$$

证明 由于 $\{a_n\}$ 极限存在，取 $M>0$，使 $|a_n-a|\leqslant M(n=1,2,\cdots)$. 对 $\forall\varepsilon>0$，$\exists N_1$，当 $n\geqslant N_1$ 时，有

$$|a_n-a|<\frac{\varepsilon}{2}$$

故
$$\left|\frac{a_1+2a_2+\cdots+na_n}{n^2}-\frac{a}{2}\right|=$$

16

$$\frac{\left|a_1 + 2a_2 + \cdots + na_n - \frac{n(n+1)}{2}a + \frac{na}{2}\right|}{n^2} \leqslant$$

$$\frac{|a_1 - a| + 2|a_2 - a| + \cdots + N_1|a_{N_1} - a| + \cdots + n|a_n - a| + \frac{n}{2}|a|}{n^2} \leqslant$$

$$\frac{1 + 2 + \cdots + N_1}{n^2}M + \frac{(N_1 + 1) + \cdots + n}{n^2}\frac{\varepsilon}{2} + \frac{1}{2n}|a| \leqslant$$

$$\frac{1 + 2 + \cdots + N_1}{n^2}M + \frac{\varepsilon}{2} + \frac{1}{2n}|a|$$

取 $N > N_1$，当 $n > N$ 时，满足 $\dfrac{1 + 2 + \cdots + N_1}{n^2}M < \dfrac{\varepsilon}{4}, \dfrac{1}{2n}|a| < \dfrac{\varepsilon}{4}$，故当 $n > N$ 时，有

$$\left|\frac{a_1 + 2a_2 + \cdots + na_n}{n^2} - \frac{a}{2}\right| < \varepsilon$$

即

$$\lim_{n \to \infty}\frac{a_1 + 2a_2 + \cdots + na_n}{n^2} = \frac{a}{2}$$

例 2.8 设 $a_n > 0$，且 $\lim\limits_{n \to \infty}\dfrac{a_{n+1}}{a_n} = a$（有限数），证明：$\lim\limits_{n \to \infty}\sqrt[n]{a_n} = a$.

证明 首先 $a \geqslant 0$. 若 $a > 0$，对 $\forall \varepsilon > 0$ 且 $\varepsilon < a$，存在自然数 N_1，满足当 $n \geqslant N_1$ 时，有

$$(a - \varepsilon)a_n < a_{n+1} < (a + \varepsilon)a_n$$

由 $a_n < (a + \varepsilon)a_{n-1} < \cdots < (a + \varepsilon)^{n-N_1}a_{N_1}$ 及 $a_n > (a - \varepsilon)^{n-N_1}a_{N_1}$，得

$$(a - \varepsilon)^{n-N_1}a_{N_1} < a_n < (a + \varepsilon)^{n-N_1}a_{N_1}$$

那么

$$(a - \varepsilon)\left[\frac{a_{N_1}}{(a - \varepsilon)^{N_1}}\right]^{\frac{1}{n}} < \sqrt[n]{a_n} < (a + \varepsilon)\left[\frac{a_{N_1}}{(a + \varepsilon)^{N_1}}\right]^{\frac{1}{n}}$$

注意到

$$\lim_{n \to \infty}\left[\frac{a_{N_1}}{(a - \varepsilon)^{N_1}}\right]^{\frac{1}{n}} = \lim_{n \to \infty}\left[\frac{a_{N_1}}{(a + \varepsilon)^{N_1}}\right]^{\frac{1}{n}} = 1$$

那么存在自然数 $N_2 > N_1$，当 $n > N_2$ 时

$$(a - \varepsilon)(1 - \varepsilon) < \sqrt[n]{a_n} < (a + \varepsilon)(1 + \varepsilon) \qquad (*)$$

因此由式 $(*)$ 得 $\lim\limits_{n \to \infty}\sqrt[n]{a_n} = a$. 当 $a = 0$，由式 $(*)$ 的右端得当 $n > N_2$ 时，有

$$0 < \sqrt[n]{a_n} < \varepsilon(1 + \varepsilon)$$

因此 $\lim_{n\to\infty}\sqrt[n]{a_n}=0$.

注 用极限的定义证明存在性时, $\varepsilon>0$ 是充分小的量.

例 2.9 设 $a_n>0$, 且 $\lim_{n\to\infty}\left(\dfrac{1+a_{n+1}}{a_n}\right)^n=A$(有限数), 证明: $A\geqslant e$.

证明 注意到重要极限 $\lim_{n\to\infty}\left(1+\dfrac{1}{n}\right)^n=e$, 因此若 $A<e$, 那么存在自然数 N, 当 $n\geqslant N$ 时

$$\left(\frac{1+a_{n+1}}{a_n}\right)^n<\left(1+\frac{1}{n}\right)^n$$

故

$$\frac{1+a_{n+1}}{a_n}<1+\frac{1}{n}$$

即

$$\frac{1}{n+1}<\frac{a_n}{n}-\frac{a_{n+1}}{n+1},\quad n\geqslant N$$

又注意到

$$\sum_{K=N}^{n}\frac{1}{K+1}<\sum_{K=N}^{n}\left[\frac{a_K}{K}-\frac{a_{K+1}}{K+1}\right]=\frac{a_N}{N}-\frac{a_{n+1}}{n+1}<\frac{a_N}{N}$$

而 $\sum_{K=N}^{n}\dfrac{1}{K+1}\to+\infty(n\to\infty)$, 这与上式矛盾. 因此 $A\geqslant e$.

注 关于极限存在性的相关补充材料.

给定实数集 E, 称 E 是有界集, 是指存在 $M>0$, 使对 $\forall x\in E$, 有 $|x|\leqslant M$, 例如: $E=(0,1)$ 是有界集, 但 $E=\{1,2,3,\cdots\}$ 是无界集. 设 E 是有界集, 称实数 b 是 E 的上界, 是指对 $\forall x\in E, x\leqslant b$; 称 β 为 E 的上确界, 是指 β 是 E 的上界, 且对 E 的任何上界 b, 都有 $\beta\leqslant b$, 即 β 是 E 的上界中最小的. 例如 $E=\left\{-1,-\dfrac{1}{2},-\dfrac{1}{3},\cdots\right\}$, 0 是 E 的上确界. 同理, 可定义 E 的下界及下确界.

定理 1 E 是一个有界实数集, 那么 E 的上、下确界存在.

若 E 是有界集, 记 $\beta=\sup\{x\mid x\in E\}$ 为 E 的上确界, $\alpha=\inf\{x\mid x\in E\}$ 为 E 的下确界.

根据定义, E 的上、下确界是唯一的, 在证明过程中常用如下 ε-语言刻画上、下确界.

设 E 是有界集, β 是 E 的上确界当且仅当对 $\forall\varepsilon>0$, 存在 $x_\varepsilon\in E$, 使 $x_\varepsilon>\beta-\varepsilon$, 且对 $\forall x\in E, x\leqslant\beta$.

设 E 是有界集, α 是 E 的下确界当且仅当对 $\forall\varepsilon>0$, 存在 $x_\varepsilon\in E$, 使 $x_\varepsilon<\alpha+\varepsilon$, 且对 $\forall x\in E, x\geqslant\alpha$.

给定有界数列 $\{x_n\}$,记 $\beta_n = \sup\{x_k \mid k \geqslant n\}(n=1,2,\cdots)$,那么新的数列 $\{\beta_n\}$ 是单调递减的,即 $\beta_1 \geqslant \beta_2 \geqslant \cdots$,又由 $\{x_n\}$ 有界知 $\{\beta_n\}$ 有界,故 $\lim\limits_{n\to\infty}\beta_n$ 存在. 记

$$\varlimsup_{n\to\infty} x_n = \lim_{n\to\infty}\beta_n$$

为数列 $\{x_n\}$ 的上极限. 同理,记 $\alpha_n = \inf\{x_k \mid k \geqslant n\}$,那么新的数列 $\{\alpha_n\}$ 是单调递增的,即 $\alpha_1 \leqslant \alpha_2 \leqslant \cdots$,故 $\lim\limits_{n\to\infty}\alpha_n$ 存在. 记

$$\varliminf_{n\to\infty} x_n = \lim_{n\to\infty}\alpha_n$$

为数列 $\{x_n\}$ 的下极限. 因此,任何有界数列 $\{x_n\}$,上、下极限 $\varliminf\limits_{n\to\infty} x_n$ 及 $\varlimsup\limits_{n\to\infty} x_n$ 均存在. 例如 $x_n = (-1)^n$,那么

$$\varlimsup_{n\to\infty} x_n = 1, \varliminf_{n\to\infty} x_n = -1$$

定理 2　设 $\{x_n\}$ 是有界数列,那么 $\lim\limits_{n\to\infty} x_n$ 存在当且仅当 $\varlimsup\limits_{n\to\infty} x_n = \varliminf\limits_{n\to\infty} x_n$.

关于上、下极限,有如下基本性质:

(1) 若 $x_n \leqslant y_n$,那么

$$\varliminf_{n\to\infty} x_n \leqslant \varlimsup_{n\to\infty} x_n \leqslant \varliminf_{n\to\infty} y_n \leqslant \varlimsup_{n\to\infty} y_n$$

(2) 记 $a = \varlimsup\limits_{n\to\infty} x_n$,那么,对 $\forall \varepsilon > 0$,在 $(a, a+\varepsilon)$ 内仅含有数列 $\{x_n\}$ 的有限项,且有 $\{x_n\}$ 的子序列 $\{x_{n_k}\}$,使 $\lim\limits_{k\to\infty} x_{n_k} = a$.

(3) 记 $a = \varliminf\limits_{n\to\infty} x_n$,那么,对 $\forall \varepsilon > 0$,在 $(a-\varepsilon, a)$ 内仅含有数列 $\{x_n\}$ 的有限项,且有 $\{x_n\}$ 的子序列 $\{x_{n_k}\}$,使 $\lim\limits_{k\to\infty} x_{n_k} = a$.

例 2.10　设 $\{x_n\}$ 是有界数列,证明: $\varliminf\limits_{n\to\infty} x_n \leqslant \varliminf\limits_{n\to\infty} \dfrac{x_1 + x_2 + \cdots + x_n}{n}$.

证明　记 $\alpha = \varliminf\limits_{n\to\infty} x_n$. 对 $\forall \varepsilon > 0$,存在自然数 N,当 $n > N$ 时,有

$$x_n > \alpha - \frac{\varepsilon}{2}$$

于是有

$$\frac{x_1 + x_2 + \cdots + x_n}{n} = \frac{x_1 + x_2 + \cdots + x_N}{n} + \frac{x_{N+1} + \cdots + x_n}{n} >$$

$$\frac{x_1 + x_2 + \cdots + x_N}{n} + \left(1 - \frac{N}{n}\right)\left(\alpha - \frac{\varepsilon}{2}\right)$$

取自然数 N_1,使当 $n > N_1$ 时,有

$$\frac{x_1 + x_2 + \cdots + x_N}{n} > -\frac{\varepsilon}{4}, -\frac{N}{n}(\alpha - \varepsilon) > -\frac{\varepsilon}{4}$$

那么当 $n > N_1$ 时,有

$$\frac{x_1 + x_2 + \cdots + x_n}{n} > -\frac{\varepsilon}{4} + \alpha - \frac{\varepsilon}{2} - \frac{\varepsilon}{4} = \alpha - \varepsilon$$

故

$$\lim_{n \to \infty} \frac{x_1 + x_2 + \cdots + x_n}{n} \geqslant \alpha$$

例 2.11 设数列 $\{x_n\}$ 满足 $\lim\limits_{n \to \infty} x_n = a$(有限数),证明:数列 $\{x_n\}$ 中至少有一项是整个数列的上确界或下确界.

证明 记 $\alpha = \inf\{x_n\}$,$\beta = \sup\{x_n\}$,那么 $\alpha \leqslant a \leqslant \beta$. 如果 $\alpha = \beta$,那么 $\{x_n\}$ 是常数列,结论成立. 因此,只需考虑 $\alpha \neq \beta$,在这种情况下至少有 $\alpha \neq a$ 或 $\beta \neq a$ 一种情况发生. 不妨设 $\alpha \neq a$,那么 $a > \alpha$. 取 $\varepsilon = \dfrac{a - \alpha}{2}$,那么存在自然数 N,当 $n > N$ 时,有

$$|x_n - a| < \frac{a - \alpha}{2}$$

因此

$$x_n > a - \frac{a - \alpha}{2} = \frac{a + \alpha}{2} > \alpha$$

我们断言,在 $\{x_1, x_2, \cdots, x_N\}$ 中至少有一项等于 α. 若不然,那么 $x_i > \alpha (i = 1, 2, \cdots, N)$,记 $\alpha_1 = \min\{x_1, x_2, \cdots, x_N\} > \alpha$,那么

$$\inf\{x_n\} \geqslant \min\left\{\frac{a + \alpha}{2}, \alpha_1\right\} > \alpha$$

这与 α 的定义矛盾.

练习题 2.4

1. 证明:$\lim\limits_{n \to \infty} \dfrac{a^n}{n!} = 0$($a$ 为正数).

2. 证明:$\lim\limits_{n \to \infty} \dfrac{n!}{n^n} = 0$.

3. 设数列 $\{a_n\}$ 满足 $\lim\limits_{n \to \infty}(a_n - a_{n-2}) = 0$,证明:$\lim\limits_{n \to \infty} \dfrac{a_n - a_{n-1}}{n} = 0$.

4. 设数列 $\{a_n\}$ 满足 $\lim\limits_{n \to \infty} a_n = a$,证明:$\lim\limits_{n \to \infty} \dfrac{a_1 + a_2 + \cdots + a_n}{n} = a$.

5.设数列$\{x_n\}$及$\{y_n\}$满足:

(1)$y_{n+1} > y_n(n=1,2,\cdots)$;

(2)$y_n \to +\infty(n \to \infty)$;

(3)$\lim\limits_{n\to\infty}\dfrac{x_n - x_{n-1}}{y_n - y_{n-1}}=1.$

证明:$\lim\limits_{n\to\infty}\dfrac{x_n}{y_n}=1.$

6.设$0 \leqslant x_{m+n} \leqslant x_m + x_n(m,n=1,2,\cdots)$,证明:$\lim\limits_{n\to\infty}\dfrac{x_n}{n}$ 存在.

7.设$\{x_n\}$是有界数列,证明:$\varlimsup\limits_{n\to\infty}\dfrac{x_1 + x_2 + \cdots + x_n}{n} \leqslant \varlimsup\limits_{n\to\infty} x_n.$

8.设数列$\{x_n\}$满足$0 \leqslant x_{m+n} \leqslant x_m \cdot x_n(m,n=1,2,\cdots)$,证明:$\lim\limits_{n\to\infty}\sqrt[n]{x_n}$ 存在.

§3　函数极限及连续函数

下面的一些基本事实在解题中经常用到.

(1)函数在一点 x_0 极限的定义:设 $f(x)$ 在除点 x_0 外的邻域内有定义,A 是一个实数,若对 $\forall \varepsilon > 0$,$\exists \delta > 0$,当 $0 < |x - x_0| < \delta$ 时,有
$$|f(x) - A| < \varepsilon$$
则称当 $x \to x_0$ 时,$f(x) \to A$,记为
$$\lim_{x \to x_0} f(x) = A$$

(2)判断 $\lim\limits_{x \to x_0} f(x) = A$ 的柯西准则:若对 $\forall \varepsilon > 0$,$\exists \delta > 0$,当 $0 < |x_1 - x_0| < \delta$,$0 < |x_2 - x_0| < \delta$ 时,有
$$|f(x_1) - f(x_2)| < \varepsilon$$

(3)当 $x_0 = +\infty$ 时,对 $\forall \varepsilon > 0$,存在正数 X_0,当 $x > X_0$ 时,有 $|f(x) - A| < \varepsilon$,即 $\lim\limits_{x \to +\infty} f(x) = A$,类似地,可定义 $x_0 = -\infty$. 柯西准则:对 $\forall \varepsilon > 0$,$\exists x_0 > 0$,当 $x_1, x_2 < -x_0$ 时,有
$$|f(x_1) - f(x_2)| < \varepsilon$$

(4)$\lim\limits_{x \to x_0} f(x) = A$ 等价于对任意数列$\{x_n\}$,若 $x_n \to x_0$,则 $f(x_n) \to A$.

(5)两个重要极限:$\lim\limits_{x \to 0} \dfrac{\sin x}{x} = 1$;$\lim\limits_{x \to 0}(1+x)^{\frac{1}{x}} = \mathrm{e}$.

21

(6) 设 $f(x)$ 在 $[a,b]$ 上是连续函数,那么有:

①$f(x)$ 在 $[a,b]$ 上有界,即存在常数 $M > 0$,使对一切 $x \in [a,b]$,$|f(x)| \leqslant M$;

②$f(x)$ 在 $[a,b]$ 上达到最大(最小)值,即存在 $x_0 \in [a,b]$,使 $f(x_0) = \max\{f(x) \mid x \in [a,b]\}(\min\{f(x) \mid x \in [a,b]\})$;

③ 记 $M = \max\{f(x) \mid x \in [a,b]\}$,$m = \min\{f(x) \mid x \in [a,b]\}$,那么对 $\forall m \leqslant \mu \leqslant M$,存在 $\xi \in [a,b]$,使 $f(\xi) = \mu$.

进一步,$\{f(x) \mid x \in [a,b]\} = [m,M]$,即 $f([a,b]) = [m,M]$.

一、函数极限

例 3.1 设 $R(x)$ 为如下在 $[0,1]$ 上定义的函数(称为黎曼函数)

$$R(x) = \begin{cases} \dfrac{1}{q}, x = \dfrac{p}{q}, p,q \text{ 为互质的自然数} \\ 0, x \text{ 是无理数} \end{cases}$$

证明:$\lim\limits_{x \to x_0} R(x) = 0, x_0 \in [0,1]$.

解 首先对 $\forall \varepsilon > 0$,当 x 是无理数时,都有 $|R(x)| = 0 < \varepsilon$. 因此,仅考虑 x 为有理数,若 $x = \dfrac{p}{q}$,且 $R(x) \geqslant \varepsilon$,那么 $\dfrac{1}{q} \geqslant \varepsilon$,即 $q \leqslant \dfrac{1}{\varepsilon}$. 又 $p \leqslant q$,因此满足 $R(x) \geqslant \varepsilon$ 的有理数只能有有限多个,记为 $x_1, x_2, \cdots, x_n$. 令 $\delta = \min\{|x_1 - x_0|, |x_2 - x_0|, \cdots, |x_n - x_0|\} > 0$(如果 $x_1, x_2, \cdots, x_n$ 中有 x_0,去掉),那么,当 x 为有理数且 $0 < |x - x_0| < \delta$ 时,有 $R(x) < \varepsilon$. 因此 $\lim\limits_{x \to x_0} R(x) = 0$.

例 3.2 设 $\lim\limits_{x \to 0} f(x) = 0$,且 $f(x) - f\left(\dfrac{x}{2}\right) = o(x)$,证明:$f(x) = o(x)$.

证明 对 $\forall \varepsilon > 0$,$\exists \delta > 0$,当 $|x| < \delta$ 时,有

$$\left| f(x) - f\left(\dfrac{x}{2}\right) \right| < \dfrac{\varepsilon}{2}|x|$$

对任何自然数 k,由于 $\left| \dfrac{x}{2^k} \right| < \delta$,由上式有

$$\left| f\left(\dfrac{x}{2^k}\right) - f\left(\dfrac{x}{2^{k+1}}\right) \right| < \varepsilon \dfrac{|x|}{2^{k+1}}$$

故对任何自然数 n,有

$$\left| f(x) - f\left(\dfrac{x}{2^n}\right) \right| \leqslant \left| f(x) - f\left(\dfrac{x}{2}\right) \right| + \cdots + \left| f\left(\dfrac{x}{2^{n-1}}\right) - f\left(\dfrac{x}{2^n}\right) \right| <$$

22

$$\varepsilon \mid x \mid \left(\frac{1}{2} + \frac{1}{2^2} + \cdots + \frac{1}{2^n} \right) < \varepsilon \mid x \mid$$

即

$$\mid f(x) \mid < \left| f\left(\frac{x}{2^n} \right) \right| + \varepsilon \mid x \mid$$

而

$$\lim_{n \to \infty} f\left(\frac{x}{2^n} \right) = \lim_{x \to 0} f(x) = 0$$

由上式得 $\mid f(x) \mid \leqslant \varepsilon \mid x \mid$，因此 $f(x) = o(x)$.

例 3.3　设 $f(x)$ 在 $[0, +\infty)$ 内有定义，在每个有限区间内有界，$a > 0$. 若

$$\lim_{x \to +\infty} \frac{f(x+a) - f(x)}{x} = A (\text{有限数})$$

证明

$$\lim_{x \to +\infty} \frac{f(x)}{x^2} = \frac{A}{2a}$$

证明　由 $\lim\limits_{x \to +\infty} \dfrac{f(x+a) - f(x)}{x} = A$，那么对 $\forall \varepsilon > 0$，存在 $x_0 > 0$，使当 $x \geqslant x_0$ 时，有

$$\left| \frac{f(x+a) - f(x)}{x} - A \right| < \varepsilon$$

即

$$(A - \varepsilon)x < f(x+a) - f(x) < (A + \varepsilon)x$$

不妨设 $x_0 \geqslant ma$（m 是某个自然数），于是对 $\forall y \in (ma, (m+1)a]$ 及任何自然数 k，有

$$(A - \varepsilon)(y + (k-1)a) < f(y + ka) - f(y + (k-1)a) < (A + \varepsilon)(y + (k-1)a)$$

因此，有

$$(A - \varepsilon) \sum_{k=1}^{n} [y + (k-1)a] < f(y + na) - f(y) < (A + \varepsilon) \sum_{k=1}^{n} [y + (k-1)a]$$

即

$$(A - \varepsilon) \left[ny + \frac{1}{2}n(n-1)a \right] < f(y + na) - f(y) < (A + \varepsilon) \left[ny + \frac{1}{2}n(n-1)a \right]$$

23

进一步有

$$(A-\varepsilon)\left[\frac{ny}{(y+na)^2}+\frac{1}{2}\frac{n(n-1)a}{2(y+na)^2}\right]<\frac{f(y)}{(y+na)^2}-\frac{f(y)}{(y+na)^2}<$$

$$(A+\varepsilon)\left[\frac{ny}{(y+na)^2}+\frac{1}{2}\frac{n(n-1)a}{(y+na)^2}\right]$$

$$(*)$$

由于 $y\in(ma,(m+1)a]$,存在常数 $M>0$,使 $|f(y)|\leqslant M$,故有

$$\lim_{n\to\infty}\frac{f(y)}{(y+na)}=\lim_{n\to\infty}\frac{ny}{(y+na)^2}=0,\lim_{n\to\infty}\frac{n(n-1)a}{(y+na)^2}=\frac{1}{a}$$

注意到 y 的范围,存在自然数 N,当 $n\geqslant N$ 时,对一切 $y\in(ma,(m+1)a]$ 有

$$-\varepsilon<\frac{f(y)}{(y+na)^2}<\varepsilon,\frac{1}{a}-\varepsilon<\frac{n(n-1)a}{(y+na)^2}<\frac{1}{a}+\varepsilon$$

于是由式($*$)知

$$\frac{A}{2a}-\frac{1}{2a}\varepsilon-2A\varepsilon+2\varepsilon^2<\frac{f(y)}{(y+na)^2}<(A+\varepsilon)\left(\varepsilon+\frac{1}{2a}+\varepsilon\right)=$$

$$\frac{A}{2a}+2\varepsilon A+\frac{1}{2a}\varepsilon+2\varepsilon^2$$

因此,对任何 $x>y+Na$,$y\in(ma,(m+1)a]$,都有

$$\left|\frac{f(x)}{x^2}-\frac{A}{2a}\right|<\varepsilon_1(\varepsilon)$$

这里 $\varepsilon_1(\varepsilon)$ 满足 $\lim\limits_{\varepsilon\to0}\varepsilon_1(\varepsilon)=0$,故 $\lim\limits_{x\to+\infty}\frac{f(x)}{x^2}=\frac{A}{2a}$.

练习题 3.1

1.求极限 $\lim\limits_{x\to+\infty}\left(\frac{2^x+3^x+4^x}{3}\right)^{\frac{1}{x}}$.

2.求极限 $\lim\limits_{x\to0}(\sin x+\cos x)^{\frac{1}{x}}$.

3.设函数 $f(x)$ 在 $[1,+\infty)$ 内有定义,且在任何有限区间内有界,若 $\lim\limits_{x\to+\infty}[f(x+1)-f(x)]=A$(有限数),证明:$\lim\limits_{x\to+\infty}\frac{f(x)}{x}=A$.

4.设函数 $f(x)$ 在 $[1,+\infty)$ 内有定义,且在任何有限区间内有界,若 $f(x)\geqslant a>0,\forall x\in[1,+\infty)$,$\lim\limits_{x\to+\infty}\frac{f(x+1)}{f(x)}=A$(有限数),证明:$\lim\limits_{x\to+\infty}[f(x)]^{\frac{1}{x}}=A$.

5. 设 $f(x)$ 是 $[a,b]$ 上严格单调递增函数,又设对 $\forall x_n \in [a,b]$,$\lim\limits_{n \to \infty} f(x_n) = f(x_0)$,证明:$\lim\limits_{n \to \infty} x_n = x_0$.

二、连续性

例 3.4 设 $f: [a,b] \to [a,b]$ 是连续函数,证明:存在 $\xi \in [a,b]$,使 $f(\xi) = \xi$.

证明 如果 $f(a) = a$ 或 $f(b) = b$,则结论成立. 因此,假设 $f(a) \neq a$,$f(b) \neq b$,那么有 $a < f(a), b > f(b)$. 令 $F(x) = x - f(x)$,则 $F(a) = a - f(a) < 0, F(b) = b - f(b) > 0$. 于是由连续函数的介值定理,存在 $\xi \in (a,b)$,使 $F(\xi) = 0$,即 $f(\xi) = \xi$.

注 布劳威尔(Brouwer,荷兰数学家,1881—1966)于 1910 年发现如下定理:设 M 是欧氏空间的一个闭凸集,$f: M \to M$ 连续,那么 f 至少有一个不动点,即至少存在一个 $\xi \in M$,使 $f(\xi) = \xi$. 例 2.1 是该定理在一维空间的特例. 布劳威尔定理有广泛的应用,例如 1954 年 Arrow 和 Debreu 利用该定理严格证明了 Walras 经济的一般均衡存在性;1950 年 Nash 利用该定理证明了非合作对策论中 Nash 均衡的存在性. 上述三人分别于 1972 年,1983 年和 1994 年获得诺贝尔经济学奖.

例 3.5 设 $f(x)$ 是 $[1, +\infty)$ 上有界连续函数,证明:存在数列 $\{x_n\}$ 满足 $x_n \to +\infty$,且

$$\lim\limits_{n \to \infty}[f(x_n + 1) - f(x_n)] = 0$$

证明 记 $\theta(x) = f(x+1) - f(x)$. 如果存在某个 X_0,当 $x \geqslant X_0$ 时,$\theta(x) \geqslant 0$. 那么取 $x_1 = X_0, x_2 = X_0 + 1, \cdots, x_{n+1} = X_0 + n, \cdots$,则 $\theta(x_n) \geqslant 0$,从而数列 $\{f(x_n)\}$ 满足 $f(x_{n+1}) \geqslant f(x_n)$. 又 f 有界,因此 $\lim\limits_{n \to \infty} f(x_n)$ 存在,故

$$\lim\limits_{n \to \infty}[f(x_{n+1}) - f(x_n)] = \lim\limits_{n \to \infty}[f(x_n + 1) - f(x_n)] = 0$$

若存在某个正数 X_0,当 $x \geqslant X_0$ 时,$\theta(x) < 0$. 同样取 $x_1 = X_0, x_2 = X_0 + 1, \cdots, x_{n+1} = X_0 + n, \cdots$,则 $\{f(x_n)\}$ 单调递减,因此 $\lim\limits_{n \to \infty} f(x_n)$ 存在,故

$$\lim\limits_{n \to \infty}[f(x_n + 1) - f(x_n)] = 0$$

若上述两种情况都不成立,那么存在数列 $x_n \to +\infty, y_n \to +\infty$ 满足 $\theta(x_n) > 0, \theta(y_n) < 0$. 又 $\theta(x)$ 是 $[1, +\infty)$ 上的连续函数,于是存在介于 x_n,y_n 之间的 z_n,满足 $\theta(z_n) = 0$,即 $f(z_n + 1) = f(z_n)$,且 $z_n \to +\infty$,那么

$$\lim\limits_{n \to \infty}[f(z_n + 1) - f(z_n)] = 0$$

注 本题可改为对任何正数 $a>0$，一定存在数列 $\{x_n\}$ 满足 $x_n \to +\infty$ 且 $\lim\limits_{n\to\infty}[f(x_n+a)-f(x_n)]=0$，证明方法相同.

例 3.6 (1) 设 α 是一个无理数，记 $A=\{m\alpha+n \mid m,n\in \mathbf{Z}\}$，证明：对每一个实数 r，存在数列 $a_k\in A$ 使 $a_k\to r(k\to\infty)$.

(2) 若 $f(x):\mathbf{R}\to\mathbf{R}$ 是连续函数，且以 π 和 1 为周期，证明：$f(x)\equiv$ 常数.

证明 (1) 仅需证明对 $\forall \varepsilon>0$，存在 $a_\varepsilon\in A$，使得 $\mid a_\varepsilon-r\mid<\varepsilon$. 为此，取自然数 k_0，满足 $\dfrac{1}{k_0}<\varepsilon$. 用 $\{x\}$ 表示 x 的小数部分. 考虑 $\{\alpha\}, \{2\alpha\}, \cdots, \{k_0\alpha\}$，$\{(k_0+1)\alpha\}$，首先证明这是 k_0+1 个互不相同的正数且在 $(0,1)$ 中. 若有两个 $\{k_1\alpha\}=\{k_2\alpha\}(k_1\neq k_2)$，那么（$[x]$ 表示整数部分）

$$k_1\alpha-[k_1\alpha]=k_2\alpha-[k_2\alpha]$$

即

$$(k_1-k_2)\alpha=[k_1\alpha]-[k_2\alpha]$$

左边是无理数，右边是整数，矛盾！故 $\{k_1\alpha\}\neq\{k_2\alpha\}$.

因此，将 $[0,1]$ 等分成 k_0 份，至少有两个正数 $\{k_1\alpha\}$ 及 $\{k_2\alpha\}$ 落入同一个区间，即

$$0<\{k_1\alpha\}-\{k_2\alpha\}<\dfrac{1}{k_0}$$

令 $\delta=\{k_1\alpha\}-\{k_2\alpha\}$，取自然数 P，使 $P+r-\dfrac{\varepsilon}{2}>\delta$，那么一定存在某个自然数 n_0，使

$$n_0\delta>P+r-\dfrac{\varepsilon}{2} \quad 且 \quad (n_0-1)\delta\leqslant P+r-\dfrac{\varepsilon}{2}$$

又因 $\delta<\varepsilon$，那么

$$(n_0-1)\delta+\delta<P+r-\dfrac{\varepsilon}{2}+\varepsilon=P+r+\dfrac{\varepsilon}{2}$$

即

$$n_0\delta+P\in\left(r-\dfrac{\varepsilon}{2},r+\dfrac{\varepsilon}{2}\right)$$

又

$$n_0\delta+P=n_0(k_1\alpha-[k_1\alpha]-k_2\alpha+[k_2\alpha])+P=m\alpha+n$$

这里

$$m=n_0k_1-n_0k_2, n=n_0[k_2\alpha]-n_0[k_1\alpha]+P$$

那么 $n_0\delta+P\in A$，于是记 $a_\varepsilon=n_0\delta+P$，便有 $\mid a_\varepsilon-r\mid<\varepsilon$. 因此取 $\varepsilon=\dfrac{1}{k}(k=$

$1,2,\cdots)$，存在 $a_k \in A$，使 $|a_k - r| < \dfrac{1}{k}$，即 $a_k \to r$.

（2）记 $A = \{m\pi + n \mid m,n \in \mathbf{Z}\}$，那么由 $f(x)$ 是以 π 和 1 为周期的函数，得

$$f(m\pi + n) = f(0), \qquad \forall m,n \in \mathbf{Z}$$

设 $x \in \mathbf{R}$，由（1），存在 $a_k \in A$ 使 $a_k \to x$，由于 $f(x)$ 是连续函数，则

$$f(x) = \lim_{k \to \infty} f(a_k) = \lim_{k \to \infty} f(0) = f(0)$$

因此 $f(x) \equiv$ 常数.

练习题 3.2

1. 证明：方程 $x^5 + a_4 x^3 + a_3 x^2 + a_2 x + a_1 = 0$ 至少有一个实根.

2. 设 $f(x)$ 是 $\mathbf{R} \to \mathbf{R}$ 的连续函数，满足

$$f\left(\frac{x+y}{2}\right) = \frac{1}{2}(f(x) + f(y)), \quad \forall x,y \in \mathbf{R}$$

证明：存在实数 $a,b \in \mathbf{R}$，使 $f(x) = ax + b (\forall x \in \mathbf{R})$.

3. 设 $f(x):[a,b] \to \mathbf{R}$ 连续，任取 n 个点 $x_1,x_2,\cdots,x_n \in [a,b]$，证明：存在 $\xi \in [a,b]$ 使

$$f(\xi) = \frac{1}{n}[f(x_1) + f(x_2) + \cdots + f(x_n)]$$

4. 设 $f(x)$ 及 $g(x)$ 是 $(-\infty, +\infty)$ 上以周期为 $a(a>0)$ 的连续函数，且

$$\lim_{x \to +\infty} [f(x) - g(x)] = 0$$

证明：$f(x) = g(x)$.

5. 设 $f(x)$ 是周期为 π 的连续函数，$g(x)$ 是周期为 1 的连续函数，且

$$\lim_{x \to +\infty} [f(x) - g(x)] = 0$$

证明：$f(x) = g(x)$.

三、函数的一致连续性

定义　设 $f(x)$ 在区间 I（开、闭或半开半闭）上有定义，称 f 在 I 上是一致连续的，是指对 $\forall \varepsilon > 0$，$\exists \delta(\varepsilon) > 0$，使当 $x_1,x_2 \in I$，且 $|x_1 - x_2| < \delta(\varepsilon)$ 时，有 $|f(x_1) - f(x_2)| < \varepsilon$.

一致连续是一个十分重要的数学概念，应区别 f 在 I 上连续与一致连续之间的差异，事实上，连续是局部概念，一致连续是整体概念.

康托定理　设 $f(x)$ 是闭区间 $[a,b]$ 上定义的连续函数，那么 $f(x)$ 在 $[a,$

b]上是一致连续的.

注 (康托,Cantor,1845—1918),德国数学家,集合论的创始人.康托对数学的最大贡献是集合论和超限数理论.他建立了如何认识无限的理论,进而为分析数学奠定了基础,从根本上改造了数学的结构,促进了数学的许多新分支的建立与发展.由于集合论初期并未得到承认,甚至受到许多大数学家的反对,使康托精神崩溃.直到第一届国际数学家大会(1897 年)和第二届国际数学家大会(1900 年)得到公开承认,人们才逐渐认识到集合论的重要性.著名数学家希尔伯特(Hilbert,1862—1943,20 世纪最伟大的数学家之一)称赞集合论"是数学天才最优秀的作品","是人类纯粹智力活动的最高成就之一","是这个时代所能夸耀的最巨大工作".

康托定理不能改为开区间,例如 $f(x)=\dfrac{1}{x},x\in(0,1)$,它是 $(0,1)$ 上连续函数,但不是一致连续的.

例 3.7 设 $f(x)=\sin x,x\in\mathbf{R}$,证明:$f(x)$ 在 $\mathbf{R}$ 上一致连续.

证明 对 $\forall x_1,x_2\in\mathbf{R}$
$$\mid f(x_1)-f(x_2)\mid=\mid\sin x_1-\sin x_2\mid\leqslant\mid x_1-x_2\mid$$
于是对 $\forall\varepsilon>0$,取 $\delta=\varepsilon$,则当 $\mid x_1-x_2\mid<\delta$ 时,有 $\mid f(x_1)-f(x_2)\mid<\varepsilon$.

例 3.8 设 $f(x)$ 是定义在 $[0,+\infty)$ 上的连续函数,且 $\lim\limits_{x\to+\infty}f(x)=A$(有限数),证明:$f$ 在 $[0,+\infty)$ 上一致连续.

证明 由 $\lim\limits_{x\to+\infty}f(x)=A$ 知对 $\forall\varepsilon>0$,$\exists X_0$,当 $x\geqslant X_0$ 时,有
$$\mid f(x)-A\mid<\frac{\varepsilon}{2}$$

由康托定理,$f(x)$ 在 $[0,X_0+1]$ 上一致连续,因此存在 $\delta_1>0$,当 x_1,$x_2\in[0,X_0+1]$ 时且 $\mid x_1-x_2\mid<\delta_1$ 时,$\mid f(x_1)-f(x_2)\mid<\varepsilon$.于是取 $\delta=\min\{1,\delta_1\}$,那么对 $\forall x_1,x_2\in[0,+\infty)$,若 $\mid x_1-x_2\mid<\delta$ 时,有三种情况:

(1) 若 $x_1,x_2\in[0,X_0+1]$,则
$$\mid f(x_1)-f(x_2)\mid<\varepsilon$$

(2) 若 $x_1,x_2\geqslant X_0+1>X_0$,则
$$\mid f(x_1)-f(x_2)\mid\leqslant\mid f(x_1)-A\mid+\mid f(x_2)-A\mid<\frac{\varepsilon}{2}+\frac{\varepsilon}{2}=\varepsilon$$

(3) 若 $x_1<X_0+1,x_2>X_0+1$,因 $x_2-x_1<\delta$ 知 $x_1>x_2-\delta>X_0+1-1=X_0$,因此
$$\mid f(x_1)-f(x_2)\mid\leqslant\mid f(x_1)-A\mid+\mid f(x_2)-A\mid<\varepsilon$$

总之，无论哪种情况，都有 $|f(x_1)-f(x_2)|<\varepsilon$，即 $f(x)$ 在 $[0,+\infty)$ 上一致连续.

例 3.9 证明：$f(x)=x^2$ 在 **R** 上不是一致连续的.

证明 取 $x_n^{(1)}=n, x_n^{(2)}=n+\dfrac{1}{n}$，那么

$$|f(x_n^{(1)})-f(x_n^{(2)})|=\left|n^2-\left(n+\frac{1}{n}\right)^2\right|\geqslant 2,\quad n=1,2,\cdots$$

但

$$|x_n^{(1)}-x_n^{(2)}|=\frac{1}{n}\to 0,\quad n\to\infty$$

因此，对 $\varepsilon_0=2$，不存在 δ，使当 $|x_1-x_2|<\delta$ 时，有 $|f(x_1)-f(x_2)|<\varepsilon_0$，于是 $f(x)$ 在 **R** 上不是一致连续的.

练习题 3.3

1. 证明：$f(x)=\sqrt{x}$ 在 $[0,+\infty)$ 上是一致连续的.

2. 证明：$f(x)=\arctan x$ 在 $[0,+\infty)$ 上是一致连续的.

3. 证明：$f(x)=\dfrac{1}{x}$ 在 $(0,1)$ 上不是一致连续的.

4. 设 $f(x)$ 在 $[0,+\infty)$ 上是一致连续的，且对任何 $x\geqslant 0$ 有 $\lim\limits_{n\to\infty}f(x+n)=0$，证明：$\lim\limits_{x\to+\infty}f(x)=0$.

第一部分练习题答案与提示

练习题 1.1

1. 若 $a>1$，令 $a=(1+x_n)^n$，这里 $x_n>0$，于是 $a>(1+nx_n)$，即 $x_n<\dfrac{a-1}{n}\to 0(n\to\infty)$，故由 $\sqrt[n]{a}=1+x_n$，得 $\lim\limits_{n\to\infty}\sqrt[n]{a}=1+\lim\limits_{n\to\infty}x_n=1$. 若 $a=1$，结论显然. 若 $a<1$，由于 $\lim\limits_{n\to\infty}\sqrt[n]{\dfrac{1}{a}}=1$，因此 $\lim\limits_{n\to\infty}\sqrt[n]{a}=\dfrac{\lim\limits_{n\to\infty}1}{\lim\limits_{n\to\infty}\sqrt[n]{\dfrac{1}{a}}}=1$.

2. 记 $C=\max\{a,b\}$，由 $C\leqslant\sqrt[n]{a^n+b^n}\leqslant\sqrt[n]{2}C$ 及 $\lim\limits_{n\to\infty}\sqrt[n]{2}=1$，知

$$\lim\limits_{n\to\infty}\sqrt[n]{a^n+b^n}=C$$

3. 类似于上题，答案为 $\max\{a_1,a_2,\cdots,a_k\}$.

练习题 1.2

1. 由 $1 \leqslant \dfrac{1 + \sqrt[n]{2} + \cdots + \sqrt[n]{n}}{n} \leqslant \sqrt[n]{n}$，而 $\lim\limits_{n \to \infty} \sqrt[n]{n} = 1$ 知原式极限等于 1.

2. 注意函数 $f(x) = \left(1 + \dfrac{1}{x}\right)^x$ 在 $(0, +\infty)$ 上是单调递增函数，因此

$$\left[1 + \frac{1}{[P_n]}\right]^{[P_n]} \leqslant \left(1 + \frac{1}{P_n}\right)^{P_n} \leqslant \left[1 + \frac{1}{[P_n]+1}\right]^{[P_n]+1}$$

又 $\lim\limits_{n \to \infty}\left(1 + \dfrac{1}{n}\right)^n = \mathrm{e}$，故 $\lim\limits_{n \to \infty}\left(1 + \dfrac{1}{P_n}\right)^{P_n} = \mathrm{e}$.

3. 对 $k < n$，由于

$$\mathrm{e} \geqslant \left(1 + \frac{1}{n}\right)^n = 1 + \frac{n}{1!}\,\frac{1}{n} + \frac{n(n-1)}{2!}\,\frac{1}{n^2} + \cdots +$$

$$\frac{n(n-1)(n-2)\cdots(n-k+1)}{k!}\,\frac{1}{n^k} + \cdots + \frac{n!}{n!}\,\frac{1}{n^n} >$$

$$1 + 1 + \frac{1}{2}\left(1 - \frac{1}{n}\right)\left(1 - \frac{2}{n}\right) + \cdots +$$

$$\frac{1}{k!}\left(1 - \frac{1}{n}\right)\cdots\left(1 - \frac{k-1}{n}\right)$$

令 $n \to \infty$，得

$$\mathrm{e} \geqslant 1 + \frac{1}{1!} + \frac{1}{2!} + \cdots + \frac{1}{k!}$$

而

$$\left(1 + \frac{1}{k}\right)^k = 1 + \frac{1}{1!} + \frac{1}{2!}\left(1 - \frac{1}{k}\right) + \cdots +$$

$$\frac{1}{k!}\left(1 - \frac{1}{k}\right)\cdots\left(1 - \frac{k-1}{k}\right) \leqslant$$

$$1 + \frac{1}{1!} + \frac{1}{2!} + \cdots + \frac{1}{k!}$$

故
$$\lim_{k \to \infty}\left(1 + \frac{1}{1!} + \frac{1}{2!} + \cdots + \frac{1}{k!}\right) = \mathrm{e}$$

练习题 1.3

1. 原式 $= \lim\limits_{n \to \infty} \dfrac{1}{n} \sum\limits_{k=1}^{n} \sqrt{\dfrac{k}{n}} = \displaystyle\int_0^1 \sqrt{x}\,\mathrm{d}x = \dfrac{2}{3}$.

2. 原式 $= \lim\limits_{n \to \infty} \dfrac{1}{n} \sum\limits_{k=1}^{n} \dfrac{1}{1 + \left(\dfrac{k}{n}\right)^2} = \int_0^1 \dfrac{1}{1 + x^2} \mathrm{d}x = \dfrac{\pi}{4}$.

3. 原式 $= \lim\limits_{n \to \infty} \dfrac{\sin \dfrac{\pi}{2n}}{\dfrac{\pi}{2n}} \lim\limits_{n \to \infty} \dfrac{\pi}{2n} \sum\limits_{k=1}^{n} \dfrac{1}{1 + \cos \dfrac{k\pi}{2n}} = \int_0^{\frac{\pi}{2}} \dfrac{\mathrm{d}x}{1 + \cos x} = \int_0^{\frac{\pi}{4}} \dfrac{\mathrm{d}x}{\cos^2 x} = 1$.

4. 因为 $\lim\limits_{n \to \infty} \dfrac{1}{\left(1 + \dfrac{1}{n}\right)} \lim\limits_{n \to \infty} \dfrac{1}{n} \sum\limits_{k=1}^{n} 2^{\frac{1}{k}} \leqslant$ 原式 $\leqslant \lim\limits_{n \to \infty} \dfrac{1}{n} \sum\limits_{k=1}^{n} 2^{\frac{k}{n}}$，故

$$\text{原式} = \lim\limits_{n \to \infty} \dfrac{1}{n} \sum\limits_{k=1}^{n} 2^{\frac{n}{k}} = \int_0^1 2^x \mathrm{d}x = \dfrac{2}{\ln 2}$$

5. 原式 $= \dfrac{\lim\limits_{n \to \infty} \dfrac{1}{n} \sum\limits_{k=1}^{n} \sqrt{\dfrac{k}{n}}}{\lim\limits_{n \to \infty} \dfrac{1}{n} \sum\limits_{k=1}^{n} \sqrt{1 + \dfrac{k}{n}}} = \dfrac{\int_0^1 \sqrt{x}\, \mathrm{d}x}{\int_0^1 \sqrt{1 + x}\, \mathrm{d}x} = \dfrac{1}{2\sqrt{2} - 1}$.

练习题 1.4

1. 因为

$$n \left[\mathrm{e} - \left(1 + \dfrac{1}{n}\right)^n \right] = n \left[\mathrm{e} - \mathrm{e}^{n \ln\left(1 + \frac{1}{n}\right)} \right] = n \left[\mathrm{e} - \mathrm{e}^{1 - \frac{1}{2n} + o\left(\frac{1}{n^2}\right)} \right] =$$

$$\mathrm{e} \left[\dfrac{1}{2} + o\left(\dfrac{1}{n}\right) \right]$$

故原式 $= \dfrac{\mathrm{e}}{2}$.

2. 原式 $= \lim\limits_{n \to \infty} \dfrac{\mathrm{e}^{n^2 \ln\left(1 + \frac{1}{n}\right)}}{\mathrm{e}^n} = \lim\limits_{n \to \infty} \dfrac{\mathrm{e}^{n - \frac{1}{2} + n^2 o\left(\frac{1}{n^2}\right)}}{\mathrm{e}^n} = \mathrm{e}^{-\frac{1}{2}}$.

3. 原式 $= \lim\limits_{n \to \infty} \mathrm{e}^{\frac{1}{1 - \cos \frac{1}{n}} \ln\left(n \sin \frac{1}{n}\right)} = \lim\limits_{n \to \infty} \mathrm{e}^{\frac{1}{2 \sin^2 \frac{1}{2n}} \ln\left(1 - \frac{1}{3}\left(\frac{1}{n^2}\right) + o\left(\frac{1}{n^2}\right)\right)} =$

$\lim\limits_{n \to \infty} \mathrm{e}^{\frac{1}{2 \sin^2 \frac{1}{2n}} \left[-\frac{1}{3n^2} + o\left(\frac{1}{n^2}\right) \right]} = \mathrm{e}^{-\frac{2}{3}}$.

练习题 1.5

1. 原式 $= \lim\limits_{x \to 0} \dfrac{a^x \left[\left(1 + \dfrac{x}{a}\right)^x - 1 \right]}{x^2} = \lim\limits_{x \to 0} \dfrac{\mathrm{e}^{x \ln\left(1 + \frac{x}{a}\right)} - 1}{x^2} =$

31

$$\lim_{x \to 0} \frac{x\ln\left(1+\frac{x}{a}\right)+o(x^2)}{x^2} = \lim_{x \to 0} \frac{\ln\left(1+\frac{x}{a}\right)}{x} = \frac{1}{a}.$$

2. 原式 $= \lim\limits_{x \to 0} \mathrm{e}^{\frac{1}{x}\ln\frac{1+x}{1-x}} = \lim\limits_{x \to 0} \mathrm{e}^{\frac{1}{x}\ln(1+x)-\frac{1}{x}\ln(1-x)} = \mathrm{e}^2.$

3. 令 $\arcsin x = t$,那么

$$原式 = \lim_{t \to 0}\left(\frac{t}{\sin t}\right)^{\frac{1}{\sin^2 t}} = \lim_{t \to 0} \mathrm{e}^{\frac{1}{\sin^2 t}\ln\left(\frac{t}{\sin t}\right)}$$

由于

$$\lim_{t \to 0} \frac{\ln\left(\frac{t}{\sin t}\right)}{\sin^2 t} = \lim_{t \to 0} \frac{\frac{\sin t}{t} \cdot \frac{\sin t - t\cos t}{\sin^2 t}}{2\sin t\cos t} =$$

$$\lim_{t \to 0} \frac{\sin t - t\cos t}{2t\sin^2 t} \lim_{t \to 0}\frac{1}{\cos t} =$$

$$\lim_{t \to 0} \frac{t\sin t}{2\sin^2 t + 4t\sin t\cos t} =$$

$$\lim_{t \to 0} \frac{1}{2\frac{\sin t}{t} + 4\cos t} = \frac{1}{6}$$

故原式 $= \mathrm{e}^{\frac{1}{6}}.$

练习题 2.1

1. 显然,$0 < x_n < 1$,且 $x_{n+1} = \dfrac{x_n}{1+\sqrt{1-x_n}} \leqslant x_n$,由 $\{x_n\}$ 单调递减,因此 $\lim\limits_{n \to \infty} x_n$ 存在. 记 $\lim\limits_{n \to \infty} x_n = A$,那么 $A = \dfrac{A}{1+\sqrt{1-A}}$,若 $A \neq 0$,解得 $A = 1$,这与 $\{x_n\}$ 单调递减矛盾! 故 $A = 0$. 从而由 $\dfrac{x_{n+1}}{x_n} = \dfrac{1}{1+\sqrt{1-x_n}}$,得 $\lim\limits_{n \to \infty} \dfrac{x_{n+1}}{x_n} = \lim\limits_{x_n \to 0} \dfrac{1}{1+\sqrt{1-x_n}} = \dfrac{1}{2}.$

2. 注意到 $a_2 = \sqrt{a_1 b_1} \leqslant \dfrac{a_1+b_1}{2} = b_2$,及 $a_{n+1} \leqslant b_{n+1}$ $(n = 1, 2, \cdots)$,那么 $a_{n+1} \geqslant \sqrt{a_n^2} = a_n$,$b_{n+1} \leqslant \dfrac{b_n+b_n}{2} = b_n$,则知 $\{a_n\}$ 单调递增有界,$\{b_n\}$ 单调递减有界,故 $\lim\limits_{n \to \infty} a_n$,$\lim\limits_{n \to \infty} b_n$ 存在. 记 $\lim\limits_{n \to \infty} a_n = A$,$\lim\limits_{n \to \infty} b_n = B$,由 $A = \sqrt{AB}$ 及 $B = \dfrac{A+B}{2}$,

得 $A=B$.

3. 由于 $x_{n+1}=x_n^{\sqrt{2}}=\sqrt{2}^{x_n}$，得 $\sqrt{2}<x_n<2$，知 $x_{n+1}>x_n$，即 $\{x_n\}$ 单调递增且有界，令 $\lim\limits_{n\to\infty}x_n=A$，那么 $A=\sqrt{2}^A$，解得 $A=2$.

练习题 2.2

1. 在 $[1,2]$ 上考虑函数 $f(x)=1+\dfrac{1}{1+x}$，那么 $f(x):[1,2]\to[1,2]$ 且

$$|f(x)-f(y)|=\left|\frac{1}{1+x}-\frac{1}{1+y}\right|=\frac{1}{(1+x)(1+y)}|x-y|\leqslant$$

$$\frac{1}{4}|x-y|$$

故由迭代 $x_{n+1}=f(x_n)$ 得到的数列 $\{x_n\}$ 的极限存在. 记 $\lim\limits_{n\to\infty}x_n=A$，则

$$A=1+\frac{1}{1+A}$$

解得 $A=\sqrt{2}$（$-\sqrt{2}$ 舍去）.

2. 在 $[0,2]$ 上考虑函数 $f(x)=\dfrac{2(1+x)}{2+x}$，那么 $f(x):[0,2]\to[0,2]$ 且

$$|f(x)-f(y)|=\frac{2|x-y|}{(2+x)(2+y)}\leqslant\frac{1}{2}|x-y|$$

故 $\{x_n\}$ 的极限存在. 记 $\lim\limits_{n\to\infty}x_n=A$，则 $A=\dfrac{2(1+A)}{2+A}$，解得 $A=\sqrt{2}$（$-\sqrt{2}$ 舍去）.

3. 考虑函数 $f(x)=\dfrac{x(x^2+3a)}{3x^2+a}$ 知 $f'(x)>0$，那么 $f(x)$ 是单调递增函数，注意到 $f(0)=0,f(\sqrt{a})=\sqrt{a}$，且 $x_1=\dfrac{\sqrt{a}}{2}<\sqrt{a}$，那么若 $x_n<\sqrt{a}$，则 $x_{n+1}<\sqrt{a}$. 又

$$x_{n+1}-x_n=\frac{x_n(x_n^2+3a)}{3x_n^2+a}-x_n=\frac{2x_n(a-x_n^2)}{3x_n^2+a}>0$$

因此 $\{x_n\}$ 单调递增，故 $\lim\limits_{n\to\infty}x_n$ 存在. 令 $A=\lim\limits_{n\to\infty}x_n$，则由 $A=\dfrac{A(A^2+3a)}{3A^2+a}$，解得 $A=\sqrt{a}$.

注：此题不适合用压缩映象原理.

练习题 2.3

1. 令 $x_n=\ln n!,y_n=n\ln n$，那么

$$\lim_{n \to \infty} \frac{x_{n+1} - x_n}{y_{n+1} - y_n} = \lim_{n \to \infty} \frac{\ln(n+1)}{(n+1)\ln(n+1) - n\ln n} =$$

$$\lim_{n \to \infty} \frac{\ln(n+1)}{\ln(n+1) + n\ln\left(1 + \frac{1}{n}\right)} =$$

$$\lim_{n \to \infty} \frac{\ln(n+1)}{\ln(n+1) + \ln\left(1 + \frac{1}{n}\right)^n} = 1$$

2. 令 $x_n = 1 + \dfrac{1}{2} + \cdots + \dfrac{1}{n}$，$y_n = \ln n$，那么

$$\lim_{n \to \infty} \frac{x_{n+1} - x_n}{y_{n+1} - y_n} = \lim_{n \to \infty} \frac{\dfrac{1}{n+1}}{\ln(n+1) - \ln n} = \lim_{n \to \infty} \frac{\dfrac{1}{n+1}}{\ln\left(1 + \dfrac{1}{n}\right)} =$$

$$\lim_{n \to \infty} \frac{\dfrac{1}{n+1}}{\dfrac{1}{n} + o\left(\dfrac{1}{n^2}\right)} = 1$$

3. 令 $x_n = 1^p + 3^p + \cdots + (2n-1)^p$，$y_n = n^{p+1}$，那么

$$\lim_{n \to \infty} \frac{x_{n+1} - x_n}{y_{n+1} - y_n} = \lim_{n \to \infty} \frac{(2n+1)^p}{(n+1)^{p+1} - n^{p+1}} = \lim_{n \to \infty} \frac{\left(2 + \dfrac{1}{n}\right)^p}{n\left[\left(1 + \dfrac{1}{n}\right)^{p+1} - 1\right]} =$$

$$\lim_{n \to \infty} \frac{\left(2 + \dfrac{1}{n}\right)^p}{(p+1) + o\left(\dfrac{1}{n}\right)} = \frac{2^p}{p+1}$$

4. 易知 $\{x_n\}$ 单调递减且 $\lim\limits_{n \to \infty} x_n = 0$. 因此

$$\lim_{n \to \infty} n x_n = \lim_{n \to \infty} \frac{(n+1) - n}{\dfrac{1}{x_{n+1}} - \dfrac{1}{x_n}} = \lim_{n \to \infty} \frac{1}{\dfrac{1}{x_n(1 - x_n)} - \dfrac{1}{x_n}} =$$

$$\lim_{n \to \infty} \frac{1}{\dfrac{1}{1 - x_n}} = \lim_{n \to \infty}(1 - x_n) = 1$$

练习题 2.4

1. 对 $\forall \varepsilon > 0$，取 N_0，满足 $\dfrac{a}{N_0} \leqslant \varepsilon$. 记 $M = \dfrac{a^{N_0}}{N_0!}$，取 $N > N_0$，满足

$$\frac{a}{N} < \frac{\varepsilon}{M}$$

则当 $n > N$ 时,有

$$\frac{a^n}{n!} = M\frac{a^{n-N_0}}{(N_0+1)\cdot\cdots\cdot n} < M\cdot\frac{a}{N} < \varepsilon$$

故 $\lim\limits_{n\to\infty}\dfrac{a^n}{n!} = 0$.

2. 对 $\forall\varepsilon > 0$,取自然数 N,使 $\dfrac{1}{N} < \varepsilon$,那么当 $n > N$ 时,有

$$\frac{n!}{n^n} = \frac{1}{n}\cdot\frac{2}{n}\cdot\cdots\cdot\frac{n}{n} < \frac{1}{n} < \varepsilon$$

故 $\lim\limits_{n\to\infty}\dfrac{n!}{n^n} = 0$.

3. 对 $\forall\varepsilon > 0$,由 $\lim\limits_{n\to\infty}(a_n - a_{n-2}) = 0$ 知 $\exists N_0$,当 $n \geqslant N_0$ 时,有

$$|a_n - a_{n-2}| < \frac{\varepsilon}{2}$$

取 $N > N_0$,满足 $\dfrac{1}{N}(a_{N_0-1} - a_{N_0-3}) < \dfrac{\varepsilon}{2}$.则当 $n \geqslant N$ 时,有

$$\frac{|a_n - a_{n-1}|}{n} \leqslant$$

$$\frac{|a_n - a_{n-2}| + |a_{n-1} - a_{n-3}| + \cdots + |a_{N_0} - a_{N_0-2}| + |a_{N_0-1} - a_{N_0-3}|}{n} <$$

$$\frac{n - N_0 + 1}{2n}\varepsilon + \frac{|a_{N_0-1} - a_{N_0-3}|}{n} < \varepsilon$$

故 $\lim\limits_{n\to\infty}\dfrac{(a_n - a_{n-1})}{n} = 0$.

4. 对 $\forall\varepsilon > 0$,由 $\lim\limits_{n\to\infty}a_n = a$ 知存在 N_0,当 $n > N_0$ 时,有 $|a_n - a| < \dfrac{\varepsilon}{2}$.

取自然数 $N > N_0$,满足当 $n > N$ 时,有

$$\frac{|a_1 - a| + |a_2 - a| + \cdots + |a_{N_0} - a|}{n} < \frac{\varepsilon}{2}$$

于是有

$$\left|\frac{a_1 + \cdots + a_n}{n} - a\right| \leqslant \frac{|a_1 - a| + |a_2 - a| + \cdots + |a_{N_0} - a|}{n} +$$

$$\frac{|a_{N_0+1} - a| + \cdots + |a_n - a|}{n} <$$

$$\frac{\varepsilon}{2}+\left(1-\frac{N_0}{n}\right)\frac{\varepsilon}{2}<\varepsilon$$

故 $\lim\limits_{n\to\infty}\dfrac{a_1+a_2+\cdots+a_n}{n}=a.$

5. 对 $\forall\varepsilon>0$,存在自然数 N_0,当 $n>N_0$ 时,有

$$\left|\frac{x_n-x_{n-1}}{y_n-y_{n-1}}-1\right|<\frac{\varepsilon}{2}$$

即

$$\left(1-\frac{\varepsilon}{2}\right)(y_n-y_{n-1})<x_n-x_{n-1}<\left(1+\frac{\varepsilon}{2}\right)(y_n-y_{n-1})$$

因此

$$\left(1-\frac{\varepsilon}{2}\right)(y_n-y_{N_0})<x_n-x_{N_0}<\left(1+\frac{\varepsilon}{2}\right)(y_n-y_{N_0})$$

于是

$$\left|\frac{x_n-x_{N_0}}{y_n-y_{N_0}}-1\right|<\frac{\varepsilon}{2}$$

又 $\lim\limits_{n\to\infty}y_n=+\infty$,于是取自然数 $N>N_0$,当 $n>N$ 时,有

$$\frac{\mid x_{N_0}-y_{N_0}\mid}{y_n}<\frac{\varepsilon}{2}$$

那么

$$\left|\frac{x_n}{y_n}-1\right|\leqslant\frac{\mid x_{N_0}-y_{N_0}\mid}{y_n}+\frac{(y_n-y_{N_0})}{y_n}\left|\frac{x_n-x_{N_0}}{y_n-y_{N_0}}-1\right|<$$

$$\frac{\varepsilon}{2}+\frac{\varepsilon}{2}=\varepsilon$$

因此 $\lim\limits_{n\to\infty}\dfrac{x_n}{y_n}=1.$

6. 由 $0\leqslant x_n\leqslant x_{n-1}+x_1\leqslant\cdots\leqslant nx_1$,于是 $0\leqslant\dfrac{x_n}{n}\leqslant x_1$. 记 $\alpha=$

$\inf\left\{\dfrac{x_n}{n}\ \Big|\ n=1,2,\cdots\right\}$,则 $\alpha\geqslant0$. 来证 $\lim\limits_{n\to\infty}\dfrac{x_n}{n}=\alpha$. 由 α 的定义,对 $\forall\varepsilon>0$,存在

自然数 N_0,满足 $\alpha\leqslant\dfrac{x_{N_0}}{N_0}<\alpha+\dfrac{\varepsilon}{2}$.

对任何 n,有 $n=kN_0+r$,这里 $0\leqslant r\leqslant N_0-1$. 于是

$$\frac{x_n}{n}=\frac{x_{kN_0+r}}{kN_0+r}\leqslant\frac{kx_{N_0}+x_r}{kN_0+r}\leqslant\frac{x_{N_0}}{N_0}+\frac{x_r}{n}$$

记 $M=\max\{x_1,x_2,\cdots,x_{N_0-1}\},x_0=0$,取自然数 $N>N_0$,使当 $n\geqslant N$ 时,有

$$\frac{M}{n} < \frac{\varepsilon}{2}$$

那么

$$\alpha \leqslant \frac{x_n}{n} < \alpha + \frac{\varepsilon}{2} + \frac{\varepsilon}{2}$$

即 $\lim\limits_{n \to \infty} \dfrac{x_n}{n} = \alpha$.

7. 记 $L = \varlimsup\limits_{n \to \infty} x_n$，不妨设 $L < +\infty$（$L = +\infty$ 可类似证明），那么对 $\forall \varepsilon > 0$，$\exists N_0$，当 $n > N_0$ 时

$$x_n < L + \frac{\varepsilon}{2}$$

于是

$$\frac{x_1 + x_2 + \cdots + x_{N_0} + x_{N_0+1} + \cdots + x_n}{n} <$$

$$\frac{x_1 + x_2 + \cdots + x_{N_0}}{n} + \left(\frac{n - N_0}{n}\right)\left(L + \frac{\varepsilon}{2}\right)$$

取自然数 $N > N_0$，满足当 $n > N$ 时，有 $\dfrac{x_1 + x_2 + \cdots + x_{N_0}}{n} < \dfrac{\varepsilon}{2}$，那么

$$\frac{x_1 + x_2 + \cdots + x_n}{n} < \frac{\varepsilon}{2} + \left(L + \frac{\varepsilon}{2}\right) < L + \varepsilon$$

故

$$\varlimsup_{n \to \infty} \frac{x_1 + x_2 + \cdots + x_n}{n} \leqslant L = \varlimsup_{n \to \infty} x_n$$

8. 由条件 $0 \leqslant x_{m+n} \leqslant x_m \cdot x_n$，得 $0 \leqslant x_n \leqslant x_1^n$，故 $0 \leqslant \sqrt[n]{x_n} \leqslant x_1$，记 $\varlimsup\limits_{n \to \infty} \sqrt[n]{x_n} = \alpha$. 那么存在子列 $\{x_{n_k}\}$ 满足 $\lim\limits_{k \to \infty} \sqrt[n_k]{x_{n_k}} = \alpha$.

对任何自然数 n，记 $n_k = n p_k + q_k$，这里 $0 \leqslant q_k < n$. 当 n 固定，$k \to \infty$ 时，$p_k \to +\infty$. 于是

$$\sqrt[n_k]{x_{n_k}} \leqslant (x_n^{p_k} \cdot x_{q_k})^{\frac{1}{n_k}} = x_n^{\frac{1}{n}} x_n^{\frac{p_k}{n p_k + q_k} - \frac{1}{n}} \cdot x_{q_k}^{\frac{1}{n_k}} =$$

$$x_n^{\frac{1}{n}} x_n^{\frac{-q_k}{n(n p_k + q_k)}} \cdot x_{q_k}^{\frac{1}{n_k}}$$

注意到 $\lim\limits_{k \to \infty} x_n^{\frac{-q_k}{n(n p_k + q_k)}} = \lim\limits_{k \to \infty} x_{q_k}^{\frac{1}{n_k}} = 1$（当 $x_{q_k} = x_0$ 时，记 $x_0 = 1$），于是有

$$\alpha \leqslant x_n^{\frac{1}{n}}$$

因此 $\alpha \leqslant \varliminf\limits_{n \to \infty} x_n^{\frac{1}{n}}$，从而 $\lim\limits_{n \to \infty} x_n^{\frac{1}{n}} = \alpha$.

练习题 3.1

1. $\dfrac{4}{3^{\frac{1}{x}}} \leqslant \left(\dfrac{2^x + 3^x + 4^x}{3}\right)^{\frac{1}{x}} \leqslant 4$，故 $\lim\limits_{x \to +\infty} \left(\dfrac{2^x + 3^x + 4^x}{3}\right)^{\frac{1}{x}} = 4$.

2. $\lim\limits_{x \to 0}(\sin x + \cos x)^{\frac{1}{x}} = \lim\limits_{x \to 0} e^{\frac{1}{x}\ln(\sin x + \cos x)} = e^{\lim\limits_{x \to 0}\frac{\cos x - \sin x}{\sin x + \cos x}} = e$.

3. 对 $\forall \varepsilon > 0$，取自然数 $X_0 > 0$，使当 $x \geqslant X_0$ 时，有

$$|f(x+1) - f(x) - A| < \frac{\varepsilon}{2}$$

即

$$A - \frac{\varepsilon}{2} < f(x+1) - f(x) < A + \frac{\varepsilon}{2}$$

对于任何 $x > X_0$，x 可表示成 $x = X_0 + n + r$，其中 n 是自然数，$r \in [0,1)$，那么

$$n\left(A - \frac{\varepsilon}{2}\right) < f(X_0 + n + r) - f(X_0 + r) < n\left(A + \frac{\varepsilon}{2}\right)$$

即

$$A - \left(1 - \frac{n}{X_0 + n + r}\right)\left|A - \frac{\varepsilon}{2}\right| < \frac{f(X_0 + n + r)}{X_0 + n + r} - \frac{f(X_0 + r)}{X_0 + n + r} <$$
$$A + \left(1 - \frac{n}{X_0 + n + r}\right)\left|A + \frac{\varepsilon}{2}\right|$$

取自然数 n_0，当 $n \geqslant n_0$ 时，有

$$\left(1 - \frac{n}{X_0 + n + r}\right)\left|A \pm \frac{\varepsilon}{2}\right| < \frac{\varepsilon}{2}, \quad \left|\frac{f(X_0 + r)}{X_0 + n + r}\right| < \frac{\varepsilon}{2}$$

因此当 $x \geqslant X_1 = X_0 + n_0 + 1$ 时，有

$$A - \varepsilon < \frac{f(x)}{x} < A + \varepsilon$$

即 $\lim\limits_{x \to +\infty} \dfrac{f(x)}{x} = A$.

　　注：这里用到了函数 $f(X_0 + r)$，$r \in [0,1)$ 的有界性.

4. 类似于上题 3 的证明，这里略去.

5. 若 $\lim\limits_{n \to \infty} x_n \neq x_0$，则存在 $\{x_n\}$ 的子列 $\{x_{n_k}\}$ 使 $x_{n_k} \nrightarrow x_0$. 不妨设 $x_{n_k} < x_0$，则存在 $\delta > 0$，满足 $x_{n_k} \leqslant x_0 - \delta < x_0$，于是 $f(x_{n_k}) \leqslant f(x_0 - \delta) < f(x_0)$. 又 $\lim\limits_{k \to \infty} f(x_{n_k}) = f(x_0)$，故 $f(x_0) \leqslant f(x_0 - \delta) < f(x_0)$ 矛盾. 因此 $\lim\limits_{n \to \infty} x_n = x_0$.

练习题 3.2

1. 令 $f(x) = x^5 + a_4 x^3 + a_3 x^2 + a_2 x + a_1$，由 $\lim\limits_{x \to +\infty} f(x) = +\infty$，$\lim\limits_{x \to -\infty} f(x) = -\infty$ 知存在 $A > B$ 使 $f(A) > 0$，$f(B) < 0$. 由介值定理，$\exists \xi \in (B, A)$，使 $f(\xi) = 0$.

2. 令 $F(x) = f(x) - f(0)$，由于 $f\left(\dfrac{x}{2}\right) = \dfrac{1}{2}f(x) + \dfrac{1}{2}f(0)$，于是对 $\forall x, y \in \mathbf{R}$，有

$$F(x+y) = f(x+y) - f(0) = 2f\left(\frac{x+y}{2}\right) - 2f(0) =$$
$$f(x) + f(y) - 2f(0) = F(x) + F(y)$$

于是对任何两正整数的比值 $\dfrac{m}{n}$，有 $F\left(\dfrac{m}{n}x\right) = \dfrac{m}{n}F(x)$. 又 $F(0) = 0$，那么 $0 = F(0) = F(x) + F(-x)$，即 $F(-x) = -F(x)$. 由此对任何有理数 $\dfrac{m}{n}$，有 $F\left(\dfrac{m}{n}x\right) = \dfrac{m}{n}F(x)$，即 $F\left(\dfrac{m}{n}\right) = \dfrac{m}{n}F(1)$. 由连续性，对任何 x，有 $F(x) = xF(1)$，记 $a = F(1)$，$b = f(0)$，有 $f(x) = ax + b$.

3. 记 $M = \max\{f(x) \mid x \in [a, b]\}$，$m = \min\{f(x) \mid x \in [a, b]\}$，那么

$$m \leqslant \frac{1}{n}[f(x_1) + f(x_2) + \cdots + f(x_n)] \leqslant M$$

由介值定理，存在 $\xi \in [a, b]$，使

$$f(\xi) = \frac{1}{n}[f(x_1) + f(x_2) + \cdots + f(x_n)]$$

4. 若存在 $x_0 \in \mathbf{R}$，使 $f(x_0) \neq g(x_0)$，记 $\delta = |f(x_0) - g(x_0)| > 0$. 由 $\lim\limits_{x \to +\infty}[f(x) - g(x)] = 0$，那么存在 X_0，当 $x > X_0$ 时有 $|f(x) - g(x)| < \delta$.

那么存在自然数 n_0，使 $x_0 + n_0 a > X_0$，于是对 $n \geqslant n_0$，有

$$\delta = |f(x_0) - g(x_0)| = |f(x_0 + na) - g(x_0 + na)| < \delta$$

矛盾. 故 $f(x) = g(x)$.

5. 若存在 $x_0 \in \mathbf{R}$，使 $f(x_0) \neq g(x_0)$，那么 $\varepsilon_0 = |f(x_0) - g(x_0)| > 0$. 由函数 g 在点 x_0 的连续性，存在 $\delta > 0$，当 $|x - x_0| < \delta$ 时，$|g(x) - g(x_0)| < \dfrac{\varepsilon_0}{2}$. 根据例 3.6，存在自然数 k_0 及整数 m_0，满足 $|k_0 \pi + m_0| < \delta$. 那么

$$|g(x_0) - g(x_0 + k_0 \pi + m_0)| < \frac{\varepsilon_0}{2}$$

又 $\qquad\qquad \lim\limits_{m \to +\infty} |f(x_0 + mk_0\pi) - g(x_0 + mk_0\pi)| = 0$

于是存在整数 m_1，使

$$|f(x_0 + m_1 k_0 \pi) - g(x_0 + m_1 k_0 \pi)| < \frac{\varepsilon_0}{2}$$

从而由周期性有

$$\varepsilon_0 = |f(x_0) - g(x_0)| = |f(x_0 + m_1 k_0 \pi) - g(x_0)| \leqslant$$
$$|f(x_0 + m_1 k_0 \pi) - g(x_0 + m_1 k_0 \pi)| +$$
$$|g(x_0 + m_1 k_0 \pi + m_0) - g(x_0)| < \varepsilon_0$$

矛盾！

练习题 3.3

1. 任取 $A > 0$，$f(x)$ 在 $[0, A+1]$ 上一致连续，$f(x)$ 在 $[A, +\infty)$ 上一致连续，因此 $f(x)$ 在 $[0, +\infty)$ 上一致连续.

2. 对 $\forall x, y \in [0, +\infty)$，$|\arctan x - \arctan y| \leqslant |x - y|$，故一致连续.

3. 取 $x_n^{(1)} = \frac{1}{n}$，$x_n^{(2)} = \frac{1}{n+1}$，则 $|x_n^{(1)} - x_n^{(2)}| = \frac{1}{n(n+1)} \to 0$，但 $|f(x_n^{(1)}) - f(x_n^{(2)})| = 1$，因此不是一致连续的.

4. 由一致连续性，知对 $\forall \varepsilon > 0$，$\exists \delta > 0$，当 $|x - y| < \delta$ 时，有

$$|f(x) - f(y)| < \frac{\varepsilon}{2}$$

取自然数 k，满足 $\frac{1}{k} \leqslant \delta$. 那么对任何自然数 n，有

$$\left| f\left(\frac{i}{k} + n\right) - f(y + n) \right| < \frac{\varepsilon}{2}, y \in \left[\frac{i}{k}, \frac{i+1}{k}\right), \quad i = 0, 1, 2, \cdots, k-1$$

又 $\lim\limits_{n \to \infty} f\left(\frac{i}{k} + n\right) = 0 (i = 0, 1, 2, \cdots, k-1)$，那么存在自然数 n_0，当 $n \geqslant n_0$ 时，有

$$\left| f\left(\frac{i}{k} + n\right) \right| < \frac{\varepsilon}{2}, \quad i = 0, 1, 2, \cdots, k-1$$

于是取 $X_0 = n_0$，则当 $x > X_0$ 时，$x = [x] + \{x\}$，且整数部分 $[x] \geqslant n_0$，小数部分 $\{x\} \in [0, 1)$，从而有某个 i_0 满足 $\{x\} \in \left[\frac{i_0}{k}, \frac{i_0+1}{k}\right)$，因此

$$|f(x)| = |f([x] + \{x\})| \leqslant$$
$$\left| f\left([x] + \frac{i_0}{k}\right) - f([x] + \{x\}) \right| + \left| f\left([x] + \frac{i_0}{k}\right) \right| <$$
$$\frac{\varepsilon}{2} + \frac{\varepsilon}{2} = \varepsilon$$

即 $\lim\limits_{x \to +\infty} f(x) = 0$.

第二部分　一元函数微积分

一元函数微积分组成了高等数学的主要内容,也是学习多元函数微积分的基础,是微积分的思想和方法运用的主战场.

§1　导数与微分

一、利用导数的定义进行计算

例 1.1　已知函数 $f(x)=\begin{cases} x^2, & x \text{ 为有理数} \\ 0, & x \text{ 为无理数} \end{cases}$,证明:函数 $f(x)$ 仅在 $x=0$ 处可导.

证明　根据定义有 $f(0)=0$,对于 $\forall h \in \mathbf{R}$,有

$$f(0+h)-f(0)=f(h)=\begin{cases} h^2, & h \text{ 是有理数} \\ 0, & h \text{ 是无理数} \end{cases}$$

于是

$$\frac{f(h)}{h}=\begin{cases} h, & h \text{ 是有理数} \\ 0, & h \text{ 是无理数} \end{cases}$$

故 $\lim\limits_{h \to 0} \dfrac{f(h)}{h}=0$,即 $f(x)$ 在 0 点可导.

设 $x_0 \neq 0$,若 x_0 为有理数,h 取有理数,则

$$\lim_{h \to 0} \frac{f(x_0+h)-f(x_0)}{h}=\lim_{h \to 0} \frac{(x_0+h)^2-x_0^2}{h}=0$$

h 取无理数时,$\lim\limits_{h \to 0} \dfrac{f(x_0+h)-f(x_0)}{h}=\lim\limits_{h \to 0} \dfrac{0-x_0^2}{h}$ 不存在. 同理可证 x_0 为无理数情形.

例 1.2　若 $f(x)$ 在 $\mathbf{R}$ 上满足

$$| f(x)-f(y) | \leqslant M | x-y |^\alpha, \quad M \text{ 是常数且 } \alpha > 1$$

证明:$f(x) \equiv$ 常数.

证明　对每一个固定的 x,有

41

$$| f(x + h) - f(x) | \leqslant M | h |^{\alpha}$$

于是

$$\left| \frac{f(x + h) - f(x)}{h} \right| \leqslant M | h |^{\alpha - 1}$$

由于 $\alpha > 1$，故 $M | h |^{\alpha - 1} \to 0 (h \to 0)$，即

$$| f'(x) | \leqslant 0, \text{亦即 } f'(x) = 0$$

因此 $f'(x) \equiv 0, f(x) \equiv$ 常数.

注 对于 $\alpha \in (0, 1]$，若 **R** 上定义的函数 $f(x)$ 满足：$\forall x, y \in$ **R**

$$\frac{| f(x) - f(y) |}{| x - y |^{\alpha}} \leqslant M, \quad M \text{ 是常数}$$

当 $\alpha \in (0, 1)$ 时，称 $f(x)$ 是 Hölder 连续的；当 $\alpha = 1$ 时，称 $f(x)$ 是 Lipschitz 连续的，这两类函数在数学中有重要应用. 但若 $\alpha > 1$，则上述定义没有意义，因为满足条件的函数只能是常值函数.

例 1.3 设 $y = f(x)$ 在 $[0, 1]$ 上可微，且 $f'(0) < 0, f'(1) > 0$，证明：在 $(0, 1)$ 内必有一 ξ，使 $f'(\xi) = 0$.

证明 根据定义有

$$f'(0) = \lim_{h \to 0^+} \frac{f(0 + h) - f(0)}{h} < 0 \tag{1}$$

$$f'(1) = \lim_{h \to 0^-} \frac{f(1 + h) - f(1)}{h} > 0 \tag{2}$$

由 (1)，$\exists h_1 > 0$，满足 $f(h_1) - f(0) < 0$，即 $f(h_1) < f(0) (h_1 \in (0, 1))$.

由 (2)，$\exists h_2 < 0$，满足 $f(1 + h_2) - f(1) < 0$，即 $f(1 + h_2) < f(1) (1 + h_2 \in (0, 1))$.

故 $f(x)$ 在 $(0, 1)$ 内达到最小值，即存在 $\xi \in (0, 1)$，满足

$$f(\xi) = \min_{x \in [0, 1]} f(x)$$

根据定义有

$$f'(\xi) = \lim_{h \to 0^+} \frac{f(\xi + h) - f(\xi)}{h} \geqslant 0$$

$$f'(\xi) = \lim_{h \to 0^-} \frac{f(\xi + h) - f(\xi)}{h} \leqslant 0$$

故 $f'(\xi) = 0$.

练习题 1.1

1. 求函数 $f(x) = \begin{cases} x^2 \sin \dfrac{1}{x}, x \neq 0 \\ 0, x = 0 \end{cases}$ 在 $x = 0$ 点的左、右导数.

2. 设 $f(x) = \begin{cases} x^2, x \leqslant 1 \\ ax + b, x > 1 \end{cases}$，若 $f(x)$ 在 $x = 1$ 处可导，求 a, b 的值.

3. 若 $f(x)$ 在 $\mathbf{R}$ 上二阶连续可导，计算
$$\lim_{\Delta x \to 0} \frac{f(x + 2\Delta x) - 2f(x + \Delta x) + f(x)}{(\Delta x)^2}$$

二、导数的应用

例 1.4 证明：不等式 $x - \dfrac{x^3}{6} < \sin x, x > 0$.

证明 令

$$f(x) = x - \frac{x^3}{6} - \sin x$$

$$f'(x) = 1 - \frac{1}{2}x^2 - \cos x$$

$$f''(x) = -x + \sin x < 0, \quad x > 0$$

$f'(x)$ 单调递减，$f'(0) = 0$. $f'(x) < 0(x > 0)$，$f(x)$ 单调递减，$f(0) = 0$，故

$$f(x) < 0, \quad x > 0$$

例 1.5 设 $f(x)$ 在 $[0,1]$ 上二次可微，$|f''(x)| \leqslant 1$，且 $f(x)$ 在 $(0,1)$ 内取最大值，证明

$$|f'(0)| + |f'(1)| \leqslant 1$$

证明 存在 $\xi \in (0,1)$ 使 $f(\xi) = \max\limits_{x \in [0,1]} f(x)$，那么 $f'(\xi) = 0$. 于是对于导函数应用中值定理有

$$f'(\xi) - f'(0) = f''(\theta_1)\xi, \quad \theta_1 \in (0, \xi)$$
$$f'(1) - f'(\xi) = f''(\theta_2)(1 - \xi), \quad \theta_2 \in (\xi, 1)$$

故 $\qquad\qquad |f'(0)| \leqslant \xi, \ |f'(1)| \leqslant 1 - \xi$

因此 $\qquad\qquad |f'(0)| + |f'(1)| \leqslant 1$

例 1.6 已知 $a_1 - \dfrac{a_2}{3} + \cdots + (-1)^{n-1} \dfrac{a_n}{2n-1} = 0$，证明：方程 $a_1 \cos x +$

$a_2 \cos 3x + \cdots + a_n \cos(2n-1)x = 0$ 在 $\left(0, \dfrac{\pi}{2}\right)$ 内至少有一个实根.

证明 构造函数

$$f(x) = \sum_{k=1}^{n} \frac{a_k}{2k-1} \sin(2k-1)x$$

那么

$$f'(x) = \sum_{k=1}^{n} a_k \cos(2k-1)x$$

又 $f(0)=0$，$f\left(\dfrac{\pi}{2}\right) = \sum_{k=1}^{n} (-1)^{k-1} \dfrac{a_k}{2k-1} = 0$，根据罗尔(Rolle)定理，存在 $\xi \in$ $\left(0, \dfrac{\pi}{2}\right)$，使 $f'(\xi)=0$.

练习题 1.2

1. 设 $f(x) = \sum_{k=1}^{n} a_k \sin kx$，且 $|f(x)| \leqslant |\sin x|$，证明：$\left| \sum_{k=1}^{n} k a_k \right| \leqslant 1$.

2. 设 $f(x)$ 在 $[0,1]$ 上二次连续可微，且 $f(0)=f(1)=0$，$|f''(x)| \leqslant 1$，$x \in (0,1)$，证明：$|f'(x)| \leqslant \dfrac{1}{2}$，$x \in [0,1]$.

3. 设函数 $f(x)$ 在 $[0,1]$ 上可导，满足条件 $|f'(x)| \leqslant \dfrac{1}{2} |f(x)|$，且 $f(0)=0$，证明：$f(x) \equiv 0$.

4. 设 $f(x)$ 在 $(0,+\infty)$ 上二次可微，且 $|f(x)| \leqslant 1$，$|f''(x)| \leqslant 1$，证明：$|f'(x)| \leqslant 2$.

5. 求数列 $\{\sqrt[n]{n}\}$ 中哪项是最大的？

6. 证明：当 $0 < x < 1$ 时，有 $\sqrt{\dfrac{1-x}{1+x}} < \dfrac{\ln(1+x)}{\arcsin x}$.

7. 设 $a^2 - 3b < 0$，证明：$f(x) = x^3 + ax^2 + bx + c$ 在实轴上仅有一个实根.

8. 设 $f(x)$ 在 $(0,+\infty)$ 内连续可微，$f(0)=1$，且 $|f(x)| \leqslant e^{-x}$，证明：存在 $x_0 \in (0,+\infty)$，使 $f'(x_0) = -e^{-x_0}$.

三、中值定理

微分中值定理有如下三个：

罗尔定理 设 $f(x)$ 在 $[a,b]$ 上连续，在 (a,b) 内可导，$f(a)=f(b)$，那么至少存在一点 $\xi \in (a,b)$，使 $f'(\xi)=0$.

拉格朗日(Lagrange)中值定理 设 $f(x)$ 在 $[a,b]$ 上连续，在 (a,b) 内可

导,那么至少存在一点 $\xi \in (a, b)$,使 $f(b) - f(a) = f'(\xi)(b - a)$.

柯西中值定理　设 $f(x), g(x)$ 在 $[a, b]$ 上连续,在 (a, b) 内可导,且 $g'(x) \neq 0, x \in (a, b)$,那么至少存在一点 $\xi \in (a, b)$,使

$$\frac{f(b) - f(a)}{g(b) - g(a)} = \frac{f'(\xi)}{g'(\xi)}$$

中值定理是微分学中的核心内容,有广泛的应用.

例 1.7　设函数 $f(x)$ 在 $[0, c]$ 上可微,$f'(x)$ 单调递减,$f(0) = 0$,证明:对 $\forall 0 \leqslant x \leqslant y \leqslant x + y \leqslant c$,有

$$f(x + y) \leqslant f(x) + f(y)$$

证明　若 $x = 0$,结论显然成立,设 $x > 0$,在 $[0, x]$ 上应用中值定理

$$\frac{f(x)}{x} = f'(\xi_1), \quad \xi_1 \in (0, x)$$

在 $[y, x + y]$ 上应用中值定理

$$\frac{f(x + y) - f(y)}{x} = f'(\xi_2), \quad \xi_2 \in (y, x + y)$$

根据 $f'(x)$ 的单调性有 $f'(\xi_1) \geqslant f'(\xi_2)$,故

$$f(x + y) - f(y) \leqslant f(x)$$

即

$$f(x + y) \leqslant f(x) + f(y)$$

例 1.8　设 $f(x)$ 在 $[a, b]$ $(0 < a < b)$ 上可微,证明:存在一点 $\xi \in (a, b)$,有

$$\frac{1}{a - b} \begin{vmatrix} a & b \\ f(a) & f(b) \end{vmatrix} = f(\xi) - \xi f'(\xi)$$

证明　取 $\widetilde{f}(x) = \dfrac{f(x)}{x}, g(x) = \dfrac{1}{x}$,那么应用柯西中值定理有

$$\frac{\dfrac{f(b)}{b} - \dfrac{f(a)}{a}}{\dfrac{1}{b} - \dfrac{1}{a}} = \frac{\dfrac{\xi f'(\xi) - f(\xi)}{\xi^2}}{-\dfrac{1}{\xi^2}}$$

即

$$\frac{1}{a - b} \begin{vmatrix} a & b \\ f(a) & f(b) \end{vmatrix} = f(\xi) - \xi f'(\xi)$$

例 1.9　设函数 $f(x)$ 在 $[0, 1]$ 上可微,且 $f(0) = 0, f(1) = 1, \lambda_1, \lambda_2, \cdots, \lambda_n$ 为 n 个正数,证明存在 $(0, 1)$ 内一组互不相等的数 $\xi_1, \xi_2, \cdots, \xi_n$,使得

$$\sum_{i=1}^{n} \frac{\lambda_i}{f'(\xi_i)} = \sum_{i=1}^{n} \lambda_i$$

证明　令

$$\eta_i = \frac{\sum_{j=1}^{i}\lambda_j}{\sum_{j=1}^{n}\lambda_j}$$

那么　　　　　　　　　$0 < \eta_1 < \eta_2 < \cdots < \eta_n = 1$

又 $f(0)=0, f(1)=1$,根据连续函数的介值定理,存在 $\theta_i \in (0,1)$,满足

$$0 < \theta_1 < \theta_2 < \cdots < \theta_n = 1$$

使得 $f(\theta_i)=\eta_i$. 在区间 $(\theta_{i-1}, \theta_i)(\theta_0=0)$ 上应用中值定理,存在 $\xi_i \in (\theta_{i-1}, \theta_i)$,有

$$f'(\xi_i) = \frac{f(\theta_i)-f(\theta_{i-1})}{\theta_i-\theta_{i-1}} = \frac{\eta_i-\eta_{i-1}}{\theta_i-\theta_{i-1}} = \frac{\lambda_i\Big/\sum_{j=1}^{n}\lambda_j}{\theta_i-\theta_{i-1}} \neq 0$$

故　　　　　　　$(\sum_{j=1}^{n}\lambda_j)(\theta_i-\theta_{i-1}) = \frac{\lambda_i}{f'(\xi_i)}$

那么　　　　　　$(\sum_{j=1}^{n}\lambda_j)(\sum_{i=1}^{n}(\theta_i-\theta_{i-1})) = \sum_{i=1}^{n}\frac{\lambda_i}{f'(\xi_i)}$

即　　　　　　　$\sum_{i=1}^{n}\frac{\lambda_i}{f'(\xi_i)} = \sum_{j=1}^{n}\lambda_j$

练习题 1.3

1. 设函数 $f(x)$ 在 $(0,1)$ 内可微,且 $|f'(x)| \leqslant M(x \in (0,1))$,证明: $f(x)$ 在 $(0,1)$ 内有界.

2. 设函数 $f(x)$ 在 $[0,1]$ 上二次可微,$f(0)=f(1)$,证明:存在 $\xi \in (0,1)$,使得 $2f'(\xi) + (\xi-1)f''(\xi) = 0$.

3. 设函数 $f(x)$ 在 $[0,1]$ 上连续,在 $(0,1)$ 内可微,且 $f(0) = f(1) = 0$, $f\left(\frac{1}{2}\right)=1$,证明:(1) $\exists \xi \in \left(\frac{1}{2}, 1\right)$ 使 $f(\xi)=\xi$;(2) $\exists \eta \in (0,\xi)$ 使 $f'(\eta) = f(\eta) - \eta + 1$.

4. 设 $f(x)$ 在 $[a, a+h](h>0)$ 上二次可微,$\tau \in [0,1]$,证明:存在 $\theta \in (0,1)$ 有

$$f(a+\tau h) = \tau f(a+h) + (1-\tau)f(a) + \frac{h^2}{2}\tau(\tau-1)f''(a+\theta h)$$

5. 设 $f(x)$ 在 $[-2,2]$ 上二次可微,且 $|f(x)| \leqslant 1$, $f(-2)=f(0)=f(2)$,

46

$[f(0)]^2 + [f'(0)]^2 = 4$,证明:存在 $\xi \in (-2,2)$,使得 $f(\xi) + f''(\xi) = 0$.

6. 设 $f(x)$ 在 $[0,1]$ 上连续,在 $(0,1)$ 内可导,$f(0) = 0$,$f(1) = \dfrac{1}{4}$,证明:存在 $\xi \in \left(0, \dfrac{1}{2}\right)$,$\eta \in \left(\dfrac{1}{2}, 1\right)$,使得 $f'(\xi) + f'(\eta) = \xi^3 + \eta^3$.

7. 设 $f(x)$ 在 $[0, +\infty)$ 内可微,且 $\lim\limits_{x \to +\infty}(f(x) + f'(x)) = 0$,证明:$\lim\limits_{x \to +\infty} f(x) = 0$.

8. 设函数 $f(x)$ 在 $[a,b]$ 上连续,在 (a,b) 内可导,其中 $b > a > 0$,$f(b) = 0$,证明:存在一点 ξ,使 $f(\xi) = \dfrac{a - \xi}{b} f'(\xi)$.

四、泰勒(Taylor) 公式

1. 局部泰勒公式.

$f(x)$ 在 x_0 点的某邻域内有定义,且在此邻域内有 $n-1$ 阶导数,那么 $f(x)$ 可表示为

$$f(x) = \sum_{k=0}^{n} \frac{f^{(k)}(x_0)}{k!}(x - x_0)^k + o(\mid x - x_0 \mid^n)$$

2. 在固定点展开的泰勒公式余项.

设 $f(x)$ 在 $[a,b]$ 上 $(n-1)$ 次连续可微,在 (a,b) 内有 n 阶导数,那么

$$f(x) = \sum_{k=0}^{n-1} \frac{f^{(k)}(a)}{k!}(x - a)^k + R_n(x), \quad a \leqslant x \leqslant b$$

其中

$$R_n(x) = \frac{f^{(n)}(a + \theta(x - a))}{n!}(x - a)^n, \quad \theta \in (0,1) \qquad (1)$$

这种形式的余项称为拉格朗日余项,若

$$R_n(x) = \frac{f^{(n)}(a + \theta(x - a))}{(n-1)!}(1 - \theta)^{n-1}(x - a)^n, \quad \theta \in (0,1) \qquad (2)$$

这种形式的余项称为柯西余项.

例 1.10 求 A, B, C, D,满足

$$e^x = \frac{1 + Ax + Bx^2}{1 + Cx + Dx^2} + o(x^5)$$

解 有

$$e^x = 1 + x + \frac{x^2}{2} + \frac{x^3}{6} + \frac{x^4}{24} + o(x^5)$$

47

于是

$$e^x(1+Cx+Dx^2)=1+(C+1)x+\left(\frac{1}{2}+C+D\right)x^2+$$

$$\left(\frac{1}{6}+\frac{C}{2}+D\right)x^3+$$

$$\left(\frac{1}{24}+\frac{C}{6}+\frac{D}{2}\right)x^4+o(x^5)$$

故得

$$\begin{cases} C+1=A \\ \dfrac{1}{2}+C+D=B \\ \dfrac{1}{6}+\dfrac{C}{2}+D=0 \\ \dfrac{1}{24}+\dfrac{C}{6}+\dfrac{D}{2}=0 \end{cases}$$

解得 $A=\dfrac{1}{2}, B=\dfrac{1}{12}, C=-\dfrac{1}{2}, D=-\dfrac{1}{12}$.

例 1.11 设 $f(x)$ 在 $(-1,1)$ 内有各阶导数,且 $f^{(n)}(0)\neq 0, n=0,1,$ $2,\cdots$. 又设 $0<|x|<1$

$$f(x)=f(0)+f'(0)x+\cdots+\frac{f^{(n-1)}(0)}{(n-1)!}x^{n-1}+\frac{f^{(n)}(\theta x)}{n!}x^n, \quad 0<\theta<1$$

证明: $\lim\limits_{x\to 0}\theta=\dfrac{1}{n+1}$.

证明 有

$$f^{(n)}(\theta x)=f^{(n)}(0)+f^{(n+1)}(\theta_1\theta x)\theta x^{n+1}, \quad \theta_1\in(0,1)$$

于是

$$f(x)=f(0)+f'(0)x+\cdots+\frac{f^{(n)}(0)}{n!}x^n+\frac{f^{(n+1)}(\theta_1\theta x)}{n!}\theta x^{n+1}$$

另一方面,由泰勒展开式有

$$f(x)=f(0)+f'(0)x+\cdots+\frac{f^{(n)}(0)}{n!}x^n+\frac{f^{(n+1)}(\theta_2 x)}{(n+1)!}x^{n+1}, \quad \theta_2\in(0,1)$$

两式比较得

$$\theta=\frac{1}{n+1}\frac{f^{(n+1)}(\theta_2 x)}{f^{(n+1)}(\theta_1\theta x)}$$

由于

48

$$f^{(n+1)}(0) \neq 0, \lim_{x \to 0} f^{(n+1)}(\theta_2 x) = \lim_{x \to 0} f^{(n+1)}(\theta_1 \theta x) = f^{(n+1)}(0)$$

故
$$\lim_{x \to 0} \theta = \frac{1}{n+1}$$

例 1.12 设 $f(x)$ 在 $(-\infty, +\infty)$ 内无穷次可微，并且满足：

(1) $|f^{(n)}(x)| \leqslant M, M > 0$ 是常数 $(n = 0, 1, 2, \cdots)$；(2) 数列 $f\left(\dfrac{1}{n}\right) = 0 (n = 1, 2, \cdots)$.

证明：$f(x) \equiv 0$.

证明 由连续性知 $f(0) = \lim\limits_{n \to \infty} f\left(\dfrac{1}{n}\right) = 0$. 应用罗尔定理，存在 $\theta_n \in \left(0, \dfrac{1}{n}\right)$ 使 $f'(\theta_n) = 0$，那么由 $\dfrac{1}{n} \to 0$ 得 $\theta_n \to 0$，故由连续性知 $f'(0) = 0$. 再利用罗尔定理，$\exists \eta_n \in (0, \theta_n)$ 使 $f''(\eta_n) = 0$，由连续性得
$$f''(0) = \lim_{n \to 0} f''(\eta_n) = 0$$
同理，可推出，对任何自然数 n
$$f^{(n)}(0) = 0, \quad n = 1, 2, \cdots$$

于是由泰勒公式有
$$f(x) = \frac{f^{(n)}(\theta x)}{n!} x^n, \quad \theta \in (0, 1)$$

故
$$|f(x)| \leqslant \frac{|x|^n}{n!} M$$

而
$$\lim_{n \to \infty} \frac{|x|^n}{n!} = 0$$

从而 $f(x) = 0$.

例 1.13 设 $f(x)$ 在 $(0, +\infty)$ 内二次可微，且满足
$$\lim_{x \to +\infty} f(x) = 0, \quad |f''(x)| \leqslant 1, \quad x \in (0, +\infty)$$
证明：$\lim\limits_{x \to +\infty} f'(x) = 0$.

证明 由 $\lim\limits_{x \to +\infty} f(x) = 0$，对 $\forall \varepsilon > 0$，$\exists x_0 > 0$，$x \geqslant x_0$ 时，有
$$|f(x)| < \varepsilon$$
对 $h > 0, x \geqslant x_0$，有
$$f(x+h) = f(x) + f'(x)h + \frac{1}{2}f''(x + \theta h)h^2, \quad \theta \in (0, 1)$$
于是

$$|f'(x)| \leqslant \frac{|f(x+h)|+|f(x)|+\frac{1}{2}h^2}{h} \leqslant \frac{2\varepsilon+\frac{1}{2}h^2}{h}$$

选取 $h=\sqrt{\varepsilon}$,那么

$$|f'(x)| < \frac{3}{2}\sqrt{\varepsilon}$$

即

$$\lim_{x \to +\infty}|f'(x)|=0$$

例 1.14 设 $f(x)$ 在 $[0,1]$ 上无穷次可微, $f(\lambda x)=f'(x)$, $x \in (0,1)$, $0 < \lambda \leqslant 1$ 是常数,又设 $f(0)=0$,证明: $f(x) \equiv 0$.

证明 由条件 $f'(x)=f(\lambda x)$,可知

$$f''(x)=\lambda f'(\lambda x)=\lambda^2 f(\lambda^2 x), f'''(x)=\lambda^3 f(\lambda^3 x), \cdots, f^{(n)}(x)=\lambda^n f(\lambda^n x)$$

且 $f^{(n)}(0)=0$. 又 $\lambda \in (0,1]$ 及 f 在 $x=0$ 点连续知,存在常数 $M>0$,使得

$$|f^{(n)}(x)| \leqslant M$$

于是由泰勒公式

$$f(x)=f(0)+f'(0)x+\cdots+\frac{f^{(n)}(\theta x)}{n!}x^n, \quad \theta \in (0,1)$$

得

$$|f(x)| = \left| \frac{f^{(n)}(\theta x)}{n!}x^n \right| \leqslant \frac{M}{n!}$$

因此由 $\lim\limits_{n \to \infty} \dfrac{M}{n!}=0$,得 $f(x) \equiv 0$.

例 1.15 设 $f(x)$ 在 $[0,1]$ 上三次可微,且 $f(0)=1,f(1)=2,f'\left(\frac{1}{2}\right)=0$,证明:存在一点 $\xi \in (0,1)$,使 $|f'''(\xi)| \geqslant 24$.

证明 由泰勒公式

$$f(0)=f\left(\frac{1}{2}\right)+f'\left(\frac{1}{2}\right)\left(-\frac{1}{2}\right)+\frac{1}{2}f''\left(\frac{1}{2}\right)\left(-\frac{1}{2}\right)^2+$$
$$\frac{1}{6}f'''(\xi_1)\left(-\frac{1}{2}\right)^3, \quad \xi_1 \in \left(0,\frac{1}{2}\right)$$
$$f(1)=f\left(\frac{1}{2}\right)+f'\left(\frac{1}{2}\right)\left(\frac{1}{2}\right)+\frac{1}{2}f''\left(\frac{1}{2}\right)\left(\frac{1}{2}\right)^2+$$
$$\frac{1}{6}f'''(\xi_2)\left(\frac{1}{2}\right)^3, \quad \xi_2 \in \left(\frac{1}{2},1\right)$$

两式相减得

$$f(1)-f(0)=\frac{1}{48}[f'''(\xi_2)+f'''(\xi_1)]$$

50

于是

$$\mid f'''(\xi_1) + f'''(\xi_2) \mid = 48$$

取 $\mid f'''(\xi) \mid = \max\{\mid f'''(\xi_1)\mid, \mid f'''(\xi_2)\mid\}$,则 $\mid f'''(\xi)\mid \geqslant 24$.

练习题 1.4

1. 设 $f(x) = 1 + kx + o(x)(x \to 0)$,证明: $\lim\limits_{x \to 0}[f(x)]^{\frac{1}{x}} = e^k$.

2. 设 $f(x)$ 在 $[a,b]$ 上二次可微,且 $f'(a) = f'(b) = 0$,证明:存在 $c \in (a,b)$,使

$$\mid f''(c) \mid \geqslant \frac{4}{(b-a)^2} \mid f(b) - f(a) \mid$$

3. 设 $f(x)$ 在 $(-\infty, +\infty)$ 内二次可微,且

$$M_0 = \max_{x \in (-\infty, +\infty)} \mid f(x) \mid, M_1 = \max_{x \in (-\infty, +\infty)} \mid f'(x) \mid, M_2 = \max_{x \in (-\infty, +\infty)} \mid f''(x) \mid$$

这里 M_0, M_1, M_2 是非负常数,证明: $M_1 \leqslant 2\sqrt{M_0 M_2}$.

4. 设 $f(x)$ 在 x_0 点附近存在二阶导数,对 $h > 0$ 有

$$f(x_0 + h) = f(x_0) + f'(x_0 + \theta(h)h)h, f''(x_0) \neq 0$$

且 $f''(x)$ 在 x_0 点连续,证明: $\lim\limits_{h \to 0} \theta(h) = \frac{1}{2}$.

5. 设 $f(x)$ 在 $x = 0$ 的某邻域内有连续的一阶导数, $f'(0) = 0, f''(0)$ 存在,证明

$$\lim_{x \to 0} \frac{f(x) - f(\ln(1+x))}{x^3} = \frac{1}{2} f''(0)$$

6. 设 $f(x)$ 在 $[0,1]$ 上具有二阶导数,且 $\mid f(x) \mid \leqslant 1, \mid f''(x) \mid \leqslant 1$,证明:存在 $\xi \in (0,1)$,满足 $\mid f'(\xi) \mid \leqslant \frac{5}{2}$.

7. 设函数 $f(x)$ 在 $[0,1]$ 上二阶可导, $f(0) = f(1), \mid f''(x) \mid \leqslant 1$,证明: $\mid f'(x) \mid \leqslant \frac{1}{2}$.

8. 设函数 $f(x)$ 在闭区间 $[-1,1]$ 上具有连续的三阶导数,且 $f(-1) = 0$, $f(1) = 1, f'(0) = 0$,证明:在开区间 $(-1,1)$ 内至少存在一点 ξ,使得 $f'''(\xi) = 3$.

9. 设函数 f 在 $(-\infty, +\infty)$ 内二次可微,且 $\mid f(x) \mid \leqslant M(M$ 为常数$)$,证明:存在 $x_0 \in (-\infty, +\infty)$,使得 $f''(x_0) = 0$.

§2 积 分

一、不定积分

设函数 $f(x)$ 定义在某个区间上，若存在另一个定义在相同区间上的函数 $F(x)$，满足 $F'(x) = f(x)$，则称 $F(x)$ 为 $f(x)$ 的原函数，一般情况原函数不唯一. 例如 $f(x) = x^2$，那么 $F_1(x) = \dfrac{1}{3}x^3$，$F_2(x) = \dfrac{1}{3}x^3 + 1$ 都是 $f(x)$ 的原函数. 任何两个原函数相差一个常数. 函数 $f(x)$ 的原函数的一般表达式叫作 $f(x)$ 的不定积分，记为

$$\int f(x)\mathrm{d}x = F(x) + C, \quad F(x) \text{ 是任意一个原函数}$$

A. 基本方法

例 2.1 求 $\displaystyle\int \dfrac{1 - x^7}{x(1 + x^7)}\mathrm{d}x$.

解 有

$$\frac{1 - x^7}{x(1 + x^7)} = \frac{1}{x} - \frac{2x^6}{1 + x^7}$$

$$\int \frac{1 - x^7}{x(1 + x^7)}\mathrm{d}x = \int \left(\frac{1}{x} - \frac{2x^6}{1 + x^7}\right)\mathrm{d}x = \ln|x| - \frac{2}{7}\ln|1 + x^7| + C$$

例 2.2 求 $\displaystyle\int \dfrac{x^2 + 5x + 4}{x^4 + 5x^2 + 4}\mathrm{d}x$.

解 有

$$\frac{x^2 + 5x + 4}{x^4 + 5x^2 + 4} = \frac{x^2 + 4}{(x^2 + 4)(x^2 + 1)} + \frac{5x}{(x^2 + 4)(x^2 + 1)}$$

$$\int \frac{x^2 + 5x + 4}{x^4 + 5x^2 + 4}\mathrm{d}x = \int \frac{\mathrm{d}x}{x^2 + 1} + \frac{5}{6}\int \left(\frac{1}{x^2 + 1} - \frac{1}{x^2 + 4}\right)\mathrm{d}x^2 =$$

$$\arctan x + \frac{5}{6}\left[\ln(x^2 + 1) - \ln(x^2 + 4)\right] + C =$$

$$\arctan x + \frac{5}{6}\ln\frac{x^2 + 1}{x^2 + 4} + C$$

例 2.3 记 $I_n = \displaystyle\int \dfrac{\mathrm{d}x}{(x^2 + a^2)^n}(a \neq 0)$，证明

52

$$I_{n+1} = \frac{1}{2na^2} \frac{1}{(x^2+a^2)^n} + \frac{2n-1}{2na^2} I_n, \quad n \geqslant 1$$

证明 利用分部积分

$$I_n = \int \frac{\mathrm{d}x}{(x^2+a^2)^n} = \frac{x}{(x^2+a^2)^n} + 2n \int \frac{x^2}{(x^2+a^2)^{n+1}} \mathrm{d}x =$$

$$\frac{x}{(x^2+a^2)^n} + 2n \int \frac{x^2+a^2-a^2}{(x^2+a^2)^{n+1}} \mathrm{d}x =$$

$$\frac{x}{(x^2+a^2)^n} + 2n \int \frac{\mathrm{d}x}{(x^2+a^2)^n} - 2na^2 \int \frac{\mathrm{d}x}{(x^2+a^2)^{n+1}} =$$

$$\frac{x}{(x^2+a^2)^n} + 2nI_n - 2na^2 I_{n+1}$$

故

$$I_{n+1} = \frac{1}{2na^2} \cdot \frac{x}{(x^2+a^2)^n} + \frac{2n-1}{2na^2} I_n$$

注意 $I_1 = \int \dfrac{\mathrm{d}x}{x^2+a^2} = \dfrac{1}{a} \arctan \dfrac{x}{a} + C$，于是可通过上述递推公式计算出所有 I_n.

练习题 2.1

1. 求 $\displaystyle\int \frac{x^{12}-1}{x(x^{12}+1)} \mathrm{d}x$.

2. 求 $\displaystyle\int \frac{x^4}{x^4+3x^2+2} \mathrm{d}x$.

3. 证明：$\displaystyle\int \mathrm{e}^{ax} \cos bx \, \mathrm{d}x = \frac{\mathrm{e}^{ax}}{a^2+b^2}(a\cos bx + b\sin bx) + C$.

4. 求 $\displaystyle\int \frac{1+x^4+x^8}{x(1-x^8)} \mathrm{d}x$.

B. 变换

例 2.4 求 $\displaystyle\int \frac{\mathrm{d}x}{1+\sqrt{x}}$.

解 令 $\sqrt{x} = t$，那么 $x = t^2$，$\mathrm{d}x = 2t\mathrm{d}t$，故

$$\int \frac{\mathrm{d}x}{1+\sqrt{x}} = \int \frac{2t\mathrm{d}t}{1+t} = \int \left(2 - \frac{2}{1+t}\right) \mathrm{d}t =$$

$$2t - 2\ln|1+t| + C =$$

$$2\sqrt{x} - 2\ln(1+\sqrt{x}) + C$$

例 2.5　求 $\displaystyle\int \frac{(x-1)\mathrm{d}x}{(\sqrt{x}+\sqrt[3]{x^2})x}$.

解　令 $x=t^6$,那么 $\mathrm{d}x=6t^5\mathrm{d}t$

$$\int \frac{(t^6-1)\cdot 6t^5\mathrm{d}t}{(t^3+t^4)\cdot t^6}=6\int \frac{t^6-1}{t^4(t+1)}\mathrm{d}t=6\int \frac{t^5-t^4+t^3-t^2+t-1}{t^4}\mathrm{d}t=$$

$$6\left(\frac{t^2}{2}-t+\ln|t|+\frac{1}{t}-\frac{1}{2t^2}+\frac{1}{3t^3}\right)+C$$

（将 t 换为 $\sqrt[6]{x}$ 即可）

例 2.6　求 $\displaystyle\int \frac{\mathrm{d}x}{2\sin x-\cos x+5}$.

解　令 $t=\tan\dfrac{x}{2}$,则 $x=2\arctan t$

$$\sin x=\frac{2t}{1+t^2},\cos x=\frac{1-t^2}{1+t^2}$$

故

$$\int \frac{\mathrm{d}x}{2\sin x-\cos x+5}=\int \frac{2\mathrm{d}t}{6t^2+4t+4}=\frac{1}{\sqrt5}\arctan\frac{3t+1}{\sqrt5}+C=$$

$$\frac{1}{\sqrt5}\arctan\left(\frac{3\tan\dfrac{x}{2}+1}{\sqrt5}\right)+C$$

练习题 2.2

1. 求 $\displaystyle\int \cos^2(\sqrt{x})\mathrm{d}x$.

2. 求 $\displaystyle\int \left(\frac{\ln x}{x}\right)^3\mathrm{d}x$.

3. 求 $\displaystyle\int x\sqrt{1+x^2}\ln\sqrt{x^2-1}\,\mathrm{d}x$.

C. 杂题

例 2.7　求 $\displaystyle\int \frac{x^9}{\sqrt{x^5+1}}\mathrm{d}x$.

解　有

$$原式=\frac{1}{5}\int \frac{x^5}{\sqrt{x^5+1}}\mathrm{d}x^5=\frac{1}{5}\int \frac{x^5+1-1}{\sqrt{x^5+1}}\mathrm{d}(x^5+1)=$$

$$\frac{1}{5}\left[\int \sqrt{x^5+1}\,d(x^5+1) - \int \frac{d(x^5+1)}{\sqrt{x^5+1}}\right] =$$

$$\frac{2}{15}(x^5+1)^{\frac{3}{2}} - \frac{2}{5}(x^5+1)^{\frac{1}{2}} + C$$

例 2.8 求 $\int \dfrac{dx}{\cos(3+x)\sin(5+x)}$.

解 注意到

$$\sin(5+x) = \sin[(3+x)+2] = \sin(3+x)\cos 2 + \cos(3+x)\sin 2$$

原式 $= \int \dfrac{d(\tan(x+3))}{\cos 2\tan(x+3) + \sin 2} = \dfrac{1}{\cos 2}\int \dfrac{d(\tan(x+3) + \tan 2)}{\tan(x+3) + \tan 2} =$

$$\frac{1}{\cos 2}\ln|\tan(x+3) + \tan 2| + C$$

例 2.9 计算 $\int \dfrac{\ln(1+x) - \ln x}{x(1+x)}\,dx$.

解 有

$$原式 = \int \left[\frac{\ln(1+x)}{x} - \frac{\ln(1+x)}{1+x} - \frac{\ln x}{x} + \frac{\ln x}{1+x}\right]dx$$

注意到

$$\int \frac{\ln(1+x)}{x}\,dx = \int \ln(1+x)\,d\ln x = \ln(1+x)\ln x - \int \frac{\ln x}{1+x}\,dx$$

故

$$原式 = \ln(1+x)\ln x - \frac{1}{2}\ln^2(1+x) - \frac{1}{2}\ln^2 x + C =$$

$$-\frac{1}{2}\left[\ln(1+x) - \ln x\right]^2 + C =$$

$$-\frac{1}{2}\left[\ln\left(1+\frac{1}{x}\right)\right]^2 + C$$

练习题 2.3

1. 求 $\int \dfrac{dx}{x(x^{10}+1)^2}$.

2. 求 $\int \dfrac{dx}{e^{2x}+e^x+2}$.

二、定积分

基本性质：

1. 若 f,g 在 $[a,b]$ 上可积, 那么对 $\forall \alpha,\beta \in \mathbf{R}, \alpha f + \beta g$ 可积, 且

$$\int_a^b [\alpha f(x) + \beta g(x)] \mathrm{d}x = \alpha \int_a^b f(x) \mathrm{d}x + \beta \int_a^b g(x) \mathrm{d}x \quad \text{(线性性)}$$

2. 若 f,g 在 $[a,b]$ 上可积, 且 $f(x) \leqslant g(x)$, 则

$$\int_a^b f(x) \mathrm{d}x \leqslant \int_a^b g(x) \mathrm{d}x \quad \text{(保序性)}$$

3. 若 f 在 $[a,b]$ 上可积, 则 $|f|$ 在 $[a,b]$ 上可积, 且

$$\left| \int_a^b f(x) \mathrm{d}x \right| \leqslant \int_a^b |f(x)| \mathrm{d}x$$

4. 若 f 在 $[a,b]$ 上可积, 对 $\forall c \in (a,b), f$ 在 $[a,c],[c,b]$ 上可积, 且

$$\int_a^b f(x) \mathrm{d}x = \int_a^c f(x) \mathrm{d}x + \int_c^b f(x) \mathrm{d}x \quad \text{(区域可加性)}$$

5. 若 f,g 在 $[a,b]$ 上存在连续导数, 则

$$\int_a^b f(x) g'(x) \mathrm{d}x = f(x) g(x) \Big|_a^b - \int_a^b g(x) f'(x) \mathrm{d}x \quad \text{(分部积分公式)}$$

6. 若 $f(x)$ 在 $[a,b]$ 上连续, 记 $F(x) = \int_a^x f(t) \mathrm{d}t$, 则

$$F'(x) = f(x) \quad \text{(微积分基本公式)}$$

7. 若 $F(x)$ 是 $f(x)$ 的一个原函数, 且 f 在 $[a,b]$ 上可积, 则

$$\int_a^b f(x) \mathrm{d}x = F(b) - F(a) \quad \text{(牛顿-莱布尼兹公式)}$$

8. 若 f,g 在 $[a,b]$ 上可积, 且 g 在 $[a,b]$ 上不变号, 那么

$$\int_a^b f(x) g(x) \mathrm{d}x = \lambda \int_a^b g(x) \mathrm{d}x \quad \text{(积分中值定理)}$$

其中

$$m \leqslant \lambda \leqslant M, M = \max_{a \leqslant x \leqslant b} f(x), m = \min_{a \leqslant x \leqslant b} f(x)$$

特别地, 若 f 在 $[a,b]$ 上连续, 则存在 $\xi \in [a,b]$ 满足

$$\int_a^b f(x) g(x) \mathrm{d}x = f(\xi) \int_a^b g(x) \mathrm{d}x$$

A. 基本概念

例 2.10 计算 $\int_1^2 \dfrac{\sqrt{x^2 - 1}}{x^4} \mathrm{d}x$.

解 令 $x = \dfrac{1}{\sin \theta}, \mathrm{d}x = -\dfrac{\cos \theta}{\sin^2 \theta} \mathrm{d}\theta$, 那么

$$原式 = \int_{\frac{\pi}{2}}^{\frac{\pi}{6}} \frac{\dfrac{\cos\theta}{\sin\theta}}{\dfrac{1}{\sin^4\theta}} \cdot \frac{-\cos\theta}{\sin^2\theta}\mathrm{d}\theta = \int_{\frac{\pi}{2}}^{\frac{\pi}{6}} \cos^2\theta\sin\theta\mathrm{d}\theta =$$

$$-\frac{1}{3}\cos^3\theta\Big|_{\frac{\pi}{6}}^{\frac{\pi}{2}} = \frac{1}{3}\times\left(\frac{\sqrt{3}}{2}\right)^3 = \frac{\sqrt{3}}{8}$$

例 2.11 证明: $\displaystyle\int_0^{\sqrt{\frac{\pi}{2}}} \sin x^2 \mathrm{d}x < \sqrt{\frac{\pi}{2}}$.

证明 当 $x\in\left(0,\sqrt{\dfrac{\pi}{2}}\right)$ 时, $\sin x^2 < 1$, 故

$$\int_0^{\sqrt{\frac{\pi}{2}}} \sin x^2 \mathrm{d}x < \int_0^{\sqrt{\frac{\pi}{2}}} 1\mathrm{d}x = \sqrt{\frac{\pi}{2}}$$

例 2.12 设 f,g 在 $[a,b]$ 上可积, 证明

$$\left[\int_a^b f(x)g(x)\mathrm{d}x\right]^2 \leqslant \left(\int_a^b f^2(x)\mathrm{d}x\right)\left(\int_a^b g^2(x)\mathrm{d}x\right) \quad \text{(柯西不等式)}$$

证明 对任何 $t\in\mathbf{R}$, 有

$$h(t) = \int_a^b [f(x) + tg(x)]^2\mathrm{d}x \geqslant 0$$

而 $\displaystyle h(t) = \int_a^b f^2(x)\mathrm{d}x + 2\left(\int_a^b f(x)g(x)\mathrm{d}x\right)t + \left(\int_a^b g^2(x)\mathrm{d}x\right)t^2$

是关于 t 的二次多项式, 故判别式 $\Delta \leqslant 0$, 即

$$4\left(\int_a^b f(x)g(x)\mathrm{d}x\right)^2 - 4\left(\int_a^b f^2(x)\mathrm{d}x\right)\left(\int_a^b g^2(x)\mathrm{d}x\right) \leqslant 0$$

故不等式成立.

例 2.13 若 $f(x)$ 在 $[a,b]$ 内连续, $f(x) \geqslant 0$ 且 $f(x) \not\equiv 0$, 证明: $\displaystyle\int_a^b f(x)\mathrm{d}x > 0$.

证明 一定存在某点 $x_0 \in [a,b]$ 使 $f(x_0) > 0$, 不妨设 $x_0 \in (a,b)$, 由 f 在 x_0 点的连续性, 取 $\delta > 0$, 满足 $(x_0 - \delta, x_0 + \delta) \subset (a,b)$, 且 $f(x) > \dfrac{f(x_0)}{2}$, 于是有

$$\int_a^b f(x)\mathrm{d}x \geqslant \int_{x_0-\delta}^{x_0+\delta} f(x)\mathrm{d}x \geqslant 2\delta \cdot \frac{f(x_0)}{2} = \delta f(x_0) > 0$$

例 2.14 利用积分证明

$$\ln\left(1 + \frac{1}{x}\right) > \frac{1}{1+x}, \quad x > 0$$

证明 有

$$\ln\left(1+\frac{1}{x}\right)=\ln(1+x)-\ln x=\int_x^{x+1}\frac{1}{t}dt>\int_x^{x+1}\frac{1}{x+1}dt=\frac{1}{x+1}$$

例 2.15 设 $f(x)$ 有连续的一阶导数,且

$$0<f'(x)<\frac{1}{x^2},\quad 1\leqslant x<\infty$$

证明: $\lim\limits_{n\to\infty}f(n)$ 存在.

证明 $f(x)$ 是严格单调递增函数,且

$$f(n+1)-f(n)=\int_n^{n+1}f'(x)dx<\int_n^{n+1}\frac{dx}{x^2}=\frac{1}{n}-\frac{1}{n+1}=\frac{1}{n(n+1)}$$

故对 $\forall n$ 及 p 有

$$0<f(p+n)-f(n)=\sum_{k=1}^{p}\left[f(n+k)-f(n+k-1)\right]<\frac{1}{n}-\frac{1}{n+p}\to0$$

因此数列 $\{f(n)\}$ 是柯西数列,故 $\lim\limits_{n\to\infty}f(n)$ 存在.

例 2.16 对任何自然数 n,证明

$$\frac{2}{3}n\sqrt{n}<\sum_{k=1}^{n}\sqrt{k}<\frac{4n+3}{6}\sqrt{n}$$

证明 注意到 $\sqrt{k}>\int_{k-1}^{k}\sqrt{x}\,dx$,于是

$$\sum_{k=1}^{n}\sqrt{k}>\sum_{k=1}^{n}\int_{k-1}^{k}\sqrt{x}\,dx=\int_0^n\sqrt{x}\,dx=\frac{2}{3}x^{\frac{3}{2}}\Big|_0^n=\frac{2}{3}n\sqrt{n}$$

另一方面,根据函数 $\sqrt{x}$ 是凹函数,有

$$\frac{\sqrt{k-1}+\sqrt{k}}{2}<\int_{k-1}^{k}\sqrt{x}\,dx$$

于是

$$\sum_{k=1}^{n}\int_{k-1}^{k}\sqrt{x}\,dx+\frac{\sqrt{n}}{2}>\sum_{k=1}^{n}\sqrt{k}$$

即

$$\frac{2}{3}n\sqrt{n}+\frac{\sqrt{n}}{2}>\sum_{k=1}^{n}\sqrt{k}$$

例 2.17 设 $f(x)$ 是周期为 $T(T>0)$ 的连续函数,证明

$$\lim_{x\to+\infty}\frac{1}{x}\int_0^x f(t)dt=\frac{1}{T}\int_0^T f(t)dt$$

证明 首先证明对任何 $a\in\mathbf{R}$,有

$$\int_a^{a+T}f(t)dt=\int_0^T f(t)dt$$

58

令 $F(a) = \int_a^{a+T} f(t)\mathrm{d}t$,那么

$$F'(a) = f(a+T) - f(a) = 0$$

故 $F(a) \equiv$ 常数,即

$$F(a) = F(0) = \int_0^T f(t)\mathrm{d}t$$

令 $x = n(x)T + \theta(x), n(x)$ 是自然数,其中 $0 \leqslant \theta(x) < T$,那么

$$\int_0^x f(t)\mathrm{d}t = \int_0^{nT+\theta(x)} f(t)\mathrm{d}t = n\int_0^T f(t)\mathrm{d}t + \int_{nT}^{nT+\theta(x)} f(t)\mathrm{d}t$$

因为 $f(t)$ 是周期函数,所以有界,即存在 $M > 0$,使 $|f(t)| \leqslant M$,故

$$\frac{1}{x}\int_0^x f(t)\mathrm{d}t = \frac{n}{nT+\theta}\int_0^T f(t)\mathrm{d}t + \frac{1}{nT+\theta}\int_{nT}^{nT+\theta(x)} f(t)\mathrm{d}t$$

而

$$\frac{1}{nT+\theta}\left|\int_{nT}^{nT+\theta(x)} f(t)\mathrm{d}t\right| = \frac{MT}{nT+\theta(x)} = \frac{MT}{x} \to 0, \quad x \to +\infty$$

$$\lim_{x \to +\infty} \frac{n}{x}\int_0^T f(t)\mathrm{d}t = \lim_{n \to +\infty} \frac{n}{nT+\theta(x)}\int_0^T f(t)\mathrm{d}t = \frac{1}{T}\int_0^T f(t)\mathrm{d}t$$

即

$$\lim_{x \to +\infty} \frac{1}{x}\int_0^x f(t)\mathrm{d}t = \frac{1}{T}\int_0^T f(t)\mathrm{d}t$$

练习题 2.4

1. 求极限 $\displaystyle\lim_{x \to +\infty} \sqrt[3]{x}\int_x^{x+1} \frac{\sin t}{\sqrt{t+\cos t}}\mathrm{d}t$.

2. 求 $\displaystyle\int_0^{\frac{\pi}{2}} \cos^n x \sin nx \, \mathrm{d}x$.

3. 证明: $\displaystyle\int_0^\pi \mathrm{e}^{\sin^2 x}\mathrm{d}x \geqslant \sqrt{\mathrm{e}}\,\pi$.

4. 设 $f(x)$ 在 $[0,1]$ 上连续, $f(0) = 0, 0 \leqslant f'(x) \leqslant 1$,证明

$$\left[\int_0^1 f(x)\mathrm{d}x\right]^2 \geqslant \int_0^1 [f(x)]^3\mathrm{d}x$$

5. 设函数 $f(x)$ 在 $[a,b]$ 上有连续导数,且 $f(a) = 0$,证明

$$\int_a^b f^2(x)\mathrm{d}x \leqslant \frac{(b-a)^2}{2}\int_a^b [f'(x)]^2\mathrm{d}x$$

并说明常数 $C = \dfrac{(b-a)^2}{2}$ 是最优的,即存在函数 f,使以上不等式变为等式.

6. 设函数 $f(x)$ 在 $[0,1]$ 上可积,且当 $0 \leqslant x < y \leqslant 1$ 时,有

$$| f(x) - f(y) | \leqslant | \arctan x - \arctan y |, f(1) = 0$$

证明：$\left| \int_0^1 f(x) \mathrm{d}x \right| \leqslant \dfrac{1}{2} \ln 2.$

7. 计算 $\displaystyle\int_0^{2\pi} \sqrt{1 + \sin x}\, \mathrm{d}x.$

8. 计算 $\displaystyle\int_2^4 \dfrac{\sqrt{\ln(9-x)}}{\sqrt{\ln(9-x)} + \sqrt{\ln(x+3)}}\, \mathrm{d}x.$

B. 积分的应用

例 2.18　设 f 是 $[0, +\infty)$ 上的连续函数，且

$$| f(x) | \leqslant \int_0^x | f(t) | \mathrm{d}t, \quad x \in [0, +\infty)$$

证明：$f(x) \equiv 0.$

证明　令 $F(x) = \displaystyle\int_0^x | f(t) | \mathrm{d}t$，则 $F'(x) = | f(x) |$，由于

$$\left[\mathrm{e}^{-x} F(x) \right]' = \mathrm{e}^{-x} F'(x) - \mathrm{e}^{-x} F(x) \leqslant 0$$

所以

$$\mathrm{e}^{-x} F(x) \leqslant \mathrm{e}^{-0} F(0) = 0$$

又 $F(x) \geqslant 0$，故 $F(x) = 0$，从而 $F'(x) = | f(x) | = 0.$

例 2.19　设 $f(x)$ 在 $[a, b]$ 上满足如下条件：

对 $\forall x, y \in [a, b], \lambda \in [0, 1]$，有

$$f(\lambda x + (1-\lambda)y) \leqslant \lambda f(x) + (1-\lambda) f(y)$$

证明：$f\left(\dfrac{a+b}{2} \right) \leqslant \dfrac{1}{b-a} \displaystyle\int_a^b f(x) \mathrm{d}x \leqslant \dfrac{f(a) + f(b)}{2}.$

这是著名的哈达玛(J. S. Hadamard)[①] 不等式.

证明　当 $x \in \left[\dfrac{a+b}{2}, b \right]$ 时，$a + b - x \in \left[a, \dfrac{a+b}{2} \right]$，由于

$$\dfrac{a+b}{2} = \dfrac{a+b-x}{2} + \dfrac{x}{2}$$

---

①　哈达玛(1865—1963)是法国数学家，他与比利时数学家瓦莱普森(C. J. Vallee-Poussin)在1896 年各自独立证明了如下著名的素数分布定理：设 $\pi(x)$ 表示不超过 x 的素数个数，那么

$$\lim_{x \to +\infty} \dfrac{\pi(x)}{\dfrac{x}{\ln x}} = 1$$

证明用到了复变函数论及相关黎曼函数的性质，这个定理是 19 世纪下半叶数论最伟大的成果之一.

那么

$$f\left(\frac{a+b}{2}\right) \leqslant \frac{1}{2}f(a+b-x) + \frac{1}{2}f(x)$$

而

$$\int_a^b f(x)\mathrm{d}x = \int_a^{\frac{a+b}{2}} f(x)\mathrm{d}x + \int_{\frac{a+b}{2}}^b f(x)\mathrm{d}x =$$

$$\int_{\frac{a+b}{2}}^b [f(a+b-x) + f(x)]\mathrm{d}x \geqslant$$

$$2\int_{\frac{a+b}{2}}^b f\left(\frac{a+b}{2}\right)\mathrm{d}x = (b-a)f\left(\frac{a+b}{2}\right)$$

另一方面:令 $\lambda = \dfrac{b-x}{b-a}$,那么 $x = \lambda a + (1-\lambda)b, \lambda \in [0,1]$

$$\int_a^b f(x)\mathrm{d}x = \int_0^1 f(\lambda a + (1-\lambda)b)(b-a)\mathrm{d}\lambda =$$

$$(b-a)\int_0^1 f(\lambda a + (1-\lambda)b)\mathrm{d}\lambda \leqslant$$

$$(b-a)\left[\int_0^1 \lambda f(a)\mathrm{d}\lambda + f(b)\int_0^1 (1-\lambda)\mathrm{d}\lambda\right] =$$

$$(b-a)\left[\frac{f(a)}{2} + \frac{f(b)}{2}\right]$$

即

$$\frac{1}{b-a}\int_a^b f(x)\mathrm{d}x \leqslant \frac{f(a)+f(b)}{2}$$

例 2.20　设 $f(x)$ 是 $[0,1]$ 上连续函数,证明

$$\left(\int_0^1 \frac{f(x)\mathrm{d}x}{1+x^2}\right)^2 \leqslant \frac{\pi}{4}\int_0^1 \frac{f^2(x)}{1+x^2}\mathrm{d}x$$

证明　因为

$$\left(\int_0^1 \frac{f(x)\mathrm{d}x}{1+x^2}\right)^2 \leqslant \left(\int_0^1 \frac{1}{\sqrt{1+x^2}} \cdot \frac{|f(x)|}{\sqrt{1+x^2}}\mathrm{d}x\right)^2 \leqslant$$

$$\int_0^1 \frac{\mathrm{d}x}{1+x^2} \cdot \int_0^1 \frac{f^2(x)}{1+x^2}\mathrm{d}x =$$

$$\frac{\pi}{4}\int_0^1 \frac{f^2(x)}{1+x^2}\mathrm{d}x$$

注　见本节 A 部分例 2.12,积分形式的柯西不等式.

例 2.21　设 $f(x)$ 在 $[0,1]$ 上连续,且 $\int_0^1 f(x)\mathrm{d}x = 0$,$\int_0^1 xf(x)\mathrm{d}x = 1$,证明:(1) 存在 $\xi \in [0,1]$,使 $|f(\xi)| > 4$;(2) 存在 $\eta \in [0,1]$,使 $|f(\eta)| = 4$.

61

证明　注意到 $\int_0^1 \left| x - \dfrac{1}{2} \right| \mathrm{d}x = \dfrac{1}{4}$,那么,若 $|f(x)| \leqslant 4$,有

$$1 = \int_0^1 \left(x - \frac{1}{2} \right) f(x) \mathrm{d}x \leqslant \int_0^1 \left| x - \frac{1}{2} \right| |f(x)| \mathrm{d}x \leqslant 4 \int_0^1 \left| x - \frac{1}{2} \right| \mathrm{d}x = 1$$

故 $\int_0^1 \left| x - \dfrac{1}{2} \right| (4 - |f(x)|) \mathrm{d}x = 0$,于是得 $|f(x)| \equiv 4$. 这与 $\int_0^1 f(x) \mathrm{d}x = 0$ 矛盾! 于是存在 $\xi \in [0,1]$,使 $|f(\xi)| > 4$.

另一方面,若所有 $x \in [0,1]$,有 $|f(x)| > 4$,由连续性,知 $f(x) > 4$ 或 $f(x) < -4$,这与 $\int_0^1 f(x) \mathrm{d}x = 0$ 矛盾!

故由介值定理,必存在 $\eta \in [0,1]$,使 $|f(\eta)| = 4$.

例 2.22　设函数 $f(x)$ 在 $[a,b]$ 上连续可导,$f(a) = f(b) = 0$,证明

$$\int_a^b |f(x)| \mathrm{d}x \leqslant \frac{(b-a)^2}{4} \max_{x \in [a,b]} |f'(x)|$$

证明　记 $M = \max\limits_{x \in [a,b]} |f'(x)|$,在 $[a,x]$ 及 $[x,b]$ 上应用中值定理,有

$$|f(x)| \leqslant M(x-a) \quad \text{或} \quad |f(x)| \leqslant M(b-x)$$

于是

$$\int_a^b |f(t)| \mathrm{d}t = \int_a^x |f(t)| \mathrm{d}t + \int_x^b |f(t)| \mathrm{d}t \leqslant$$

$$M \int_a^x (t-a) \mathrm{d}t + \int_x^b M(b-t) \mathrm{d}t =$$

$$M \left[\frac{(x-a)^2}{2} + \frac{(b-x)^2}{2} \right]$$

由于函数 $g(x) = \dfrac{(x-a)^2}{2} + \dfrac{(b-x)^2}{2}$ 在 $[a,b]$ 上取的最小值时 $x = \dfrac{a+b}{2}$,于是 $g(x)$ 的最小值为 $\dfrac{(b-a)^2}{4}$,故

$$\int_a^b |f(t)| \mathrm{d}t \leqslant \frac{(b-a)^2}{4} \max_{x \in [a,b]} |f'(x)|$$

例 2.23　设 $f(x)$ 在 $[0,1]$ 上具有二阶连续导函数,且 $f\left(\dfrac{1}{2}\right) = 0$,证明:

$$\left| \int_0^1 f(x) \mathrm{d}x \right| \leqslant \frac{1}{24} M,\text{其中},M = \max_{x \in [0,1]} |f''(x)|.$$

证明　令 $F(x) = \int_0^x f(t) \mathrm{d}t$,则

$$F'(x) = f(x), F''(x) = f'(x), F'''(x) = f''(x)$$

62

将函数 $F(x)$ 泰勒展开

$$F(0) = F\left(\frac{1}{2}\right) + F'\left(\frac{1}{2}\right)\left(0 - \frac{1}{2}\right) + \frac{1}{2!}F''\left(\frac{1}{2}\right)\left(0 - \frac{1}{2}\right)^2 +$$

$$\frac{1}{3!}F'''(\xi_1)\left(0 - \frac{1}{2}\right)^3$$

$$F(1) = F\left(\frac{1}{2}\right) + F'\left(\frac{1}{2}\right)\left(1 - \frac{1}{2}\right) + \frac{1}{2!}F''\left(\frac{1}{2}\right)\left(1 - \frac{1}{2}\right)^2 +$$

$$\frac{1}{3!}F'''(\xi_2)\left(1 - \frac{1}{2}\right)^3$$

这里 $\xi_1 \in \left(0, \frac{1}{2}\right)$, $\xi_2 \in \left(\frac{1}{2}, 1\right)$, 整理上面两式得

$$0 = F\left(\frac{1}{2}\right) + \frac{1}{8}f'\left(\frac{1}{2}\right) - \frac{1}{48}F'''(\xi_1)$$

$$\int_0^1 f(x)\,\mathrm{d}x = F\left(\frac{1}{2}\right) + \frac{1}{8}f'\left(\frac{1}{2}\right) + \frac{1}{48}F'''(\xi_2)$$

两式相减得

$$\int_0^1 f(x)\,\mathrm{d}x = \frac{1}{48}F'''(\xi_1) + \frac{1}{48}F'''(\xi_2) \leqslant \frac{1}{24}\max_{x \in [0,1]}|f''(x)|$$

例 2.24 设 $f(x)$ 在 $[0,1]$ 上连续可微, 证明

$$|f(x)| \leqslant \int_0^1 [|f(t)| + |f'(t)|]\,\mathrm{d}t, \quad \forall x \in [0,1]$$

证明 注意到

$$\int_0^x tf'(t)\,\mathrm{d}t = xf(x) - \int_0^x f(t)\,\mathrm{d}t$$

$$\int_x^1 (t-1)f'(t)\,\mathrm{d}t = -xf(x) + f(x) - \int_x^1 f(t)\,\mathrm{d}t$$

故两式相加得

$$f(x) = \int_0^1 f(t)\,\mathrm{d}t + \int_0^x tf'(t)\,\mathrm{d}t + \int_x^1 (t-1)f'(t)\,\mathrm{d}t$$

$$|f(x)| \leqslant \int_0^1 |f(t)|\,\mathrm{d}t + \int_0^x |f'(t)|\,\mathrm{d}t + \int_x^1 |f'(t)|\,\mathrm{d}t$$

即

$$|f(x)| \leqslant \int_0^1 |f(t)|\,\mathrm{d}t + \int_0^1 |f'(t)|\,\mathrm{d}t$$

例 2.25 设 $f(x)$ 是 $[a,b]$ 上连续函数, 证明

$$\lim_{n \to \infty} \int_a^b f(x)\sin nx\,\mathrm{d}x = 0$$

注: 本题是著名的黎曼引理, 它在傅里叶级数理论中有重要作用.

证明 令 $x = t + \dfrac{\pi}{n}$,那么

$$I(n) = \int_a^b f(x) \sin nx \, \mathrm{d}x = \int_{a-\frac{\pi}{n}}^{b-\frac{\pi}{n}} - f\left(x + \frac{\pi}{n}\right) \sin nx \, \mathrm{d}x =$$

$$-\int_{a-\frac{\pi}{n}}^{a} f\left(x + \frac{\pi}{n}\right) \sin nx \, \mathrm{d}x - \int_a^{b-\frac{\pi}{n}} f\left(x + \frac{\pi}{n}\right) \sin nx \, \mathrm{d}x$$

于是

$$2I(n) = -\int_{a-\frac{\pi}{n}}^{a} f\left(x + \frac{\pi}{n}\right) \sin nx \, \mathrm{d}x +$$

$$\int_a^{b-\frac{\pi}{n}} \left[f(x) - f\left(x + \frac{\pi}{n}\right) \right] \sin nx \, \mathrm{d}x +$$

$$\int_{b-\frac{\pi}{n}}^{b} f(x) \sin nx \, \mathrm{d}x$$

故

$$2 \mid I(n) \mid \leqslant \int_{a-\frac{\pi}{n}}^{a} \left| f\left(x + \frac{\pi}{n}\right) \right| \mathrm{d}x + \int_a^b \left| f(x) - f\left(x + \frac{\pi}{n}\right) \right| \mathrm{d}x +$$

$$\int_{b-\frac{\pi}{n}}^{b} \mid f(x) \mid \mathrm{d}x$$

由于 $f(x)$ 在 $[a,b]$ 上连续,因此 $\mid f(x) \mid \leqslant M$. 又 $f(x)$ 在 $[a,b]$ 上一致连续,所以对 $\forall \varepsilon > 0, \exists N_1$,当 $n \geqslant N_1$ 时

$$\left| f(x) - f\left(x + \frac{\pi}{n}\right) \right| < \frac{\varepsilon}{3(b-a)}, \quad \forall x \in [a,b]$$

又有自然数 N_2,使 $n \geqslant N_2$ 时,有

$$\frac{M\pi}{n} < \frac{\varepsilon}{3}$$

取 $N = \max\{N_1, N_2\}$,那么当 $n \geqslant N$ 时,有

$$2 \mid I(n) \mid < \frac{\varepsilon}{3} + \frac{\varepsilon}{3} + \frac{\varepsilon}{3} = \varepsilon$$

即

$$\lim_{n \to \infty} \mid I(n) \mid = 0$$

练习题 2.5

1. 设 $f(x)$ 在 $[0,1]$ 上具有连续的一阶导函数,$f(0) = 0, f(1) = 1$,证明:
$$\int_0^1 \mid f(x) - f'(x) \mid \mathrm{d}x \geqslant \frac{1}{\mathrm{e}}.$$

2. 设 $f(x)$ 在闭区间 $[a,b]$ 上具有连续的二阶导数,证明:存在 $c \in (a,b)$

使

$$\int_a^b f(x)\mathrm{d}x = (b-a)f\left(\frac{a+b}{2}\right) + \frac{1}{24}(b-a)^3 f''(c)$$

3. 设 $f(x)$ 在 $[a,b]$ 上连续可微，且 $f(a)=f(b)=0$，$\int_a^b f^2(x)\mathrm{d}x=1$，求 $\int_a^b xf(x)f'(x)\mathrm{d}x$.

4. 设 $f(x)$ 是满足 $\int_0^1 |f(x)|\mathrm{d}x=1$ 的连续函数，证明

$$\int_0^1 |f(\sqrt{x})|\mathrm{d}x \leqslant 2$$

且不等式中 2 是最优的，即 2 是满足

$$\int_0^1 |f(\sqrt{x})|\mathrm{d}x \leqslant C$$

的所有 C 中的最小值.

5. 设 $f(x)$ 在 $[0,2]$ 上连续可导，且 $f(0)=f(2)=1$，$|f'(x)|\leqslant 1$，证明

$$1 < \int_0^2 f(x)\mathrm{d}x < 3$$

6. 设函数 $f(x)$ 满足

$$f(\lambda x + (1-\lambda)y) \leqslant \lambda f(x) + (1-\lambda)f(y), \quad \forall x,y \in \mathbf{R}, \lambda \in [0,1]$$

$g(x)$ 是任意连续函数，对 $a>0$，证明：(1) $f(x)$ 连续；(2) $\dfrac{1}{a}\int_0^a f(g(x))\mathrm{d}x \geqslant f\left(\dfrac{1}{a}\int_0^a g(x)\mathrm{d}x\right)$.

7. 设函数 $f(x)$ 在 $[0,1]$ 上具有二阶连续导数，且 $f(0)=f(1)=0$，证明

$$\int_0^1 |f''(x)|\mathrm{d}x \geqslant 4 \max_{x\in[0,1]} |f(x)|$$

8. 设 $f(x)$ 在 $(0,+\infty)$ 上连续，且 $\int_0^1 f(x)\mathrm{d}x < -\dfrac{1}{2}$，$\lim\limits_{x\to+\infty}\dfrac{f(x)}{x}=0$，证明：存在 $\xi \in (0,+\infty)$，使 $f(\xi)+\xi=0$.

9. 设 $f(x)$ 在 $[0,1]$ 上是连续增函数，$f(0)>0$，证明

$$1 \leqslant \int_0^1 f(x)\mathrm{d}x \cdot \int_0^1 \frac{1}{f(x)}\mathrm{d}x \leqslant \frac{[f(0)+f(1)]^2}{4f(0)f(1)}$$

10. 设函数 $f(x)$ 在 $\left[-\dfrac{1}{a}, a\right]$ 上是非负可积函数，$a>0$，且 $\int_{-\frac{1}{a}}^a xf(x)\mathrm{d}x=0$，证明

$$\int_{-\frac{1}{a}}^{a} x^2 f(x) \mathrm{d}x \leqslant \int_{-\frac{1}{a}}^{a} f(x) \mathrm{d}x$$

11. 设 $f(x)$ 是 $[0, 2\pi]$ 上的连续函数,证明

$$\lim_{n \to \infty} \int_0^{2\pi} f(x) \mid \sin nx \mid \mathrm{d}x = \frac{2}{\pi} \int_0^{2\pi} f(x) \mathrm{d}x$$

12. 证明:$\int_0^{\frac{\pi}{2}} \frac{\sin x}{1+x^2} \mathrm{d}x \leqslant \int_0^{\frac{\pi}{2}} \frac{\cos x}{1+x^2} \mathrm{d}x.$

13. 设 f 在 $[a, b]$ 上连续,证明

$$\lim_{n \to \infty} \int_a^b f(x) \cos nx \, \mathrm{d}x = 0$$

14. 设 $f(x)$ 是 $[a, b]$ 上恒正的连续函数,记 $u_n = \int_a^b [f(x)]^n \mathrm{d}x (n = 1, 2, \cdots)$,证明:

(1) $\lim\limits_{n \to \infty} \sqrt[n]{u_n} = \max\{f(x) \mid x \in [a, b]\}$;

(2) $\lim\limits_{n \to \infty} \dfrac{u_{n+1}}{u_n} = \max\{f(x) \mid x \in [a, b]\}$.

15. 设 $f(x)$ 在 $[0, +\infty)$ 上单调递增,且 $\lim\limits_{x \to +\infty} \dfrac{1}{x} \int_0^x f(t) \mathrm{d}t = A$(有限数),证明:$\lim\limits_{x \to +\infty} f(x) = A$.

16. 设 $f(x)$ 是 $[0, 1]$ 上的可微函数,且 $\mid f'(x) \mid \leqslant 1$,证明

$$\left| \int_0^1 f(x) \mathrm{d}x - \frac{1}{n} \sum_{k=1}^n f\left(\frac{k}{n}\right) \right| \leqslant \frac{1}{n}$$

第二部分练习题答案与提示

练习题 1.1

1. $f'_-(0) = f'_+(0) = 0.$

2. $a = 2, b = -1.$

3. $f(x + 2\Delta x) = f(x) + f'(x)(2\Delta x) + \dfrac{1}{2} f''(\xi_1)(2\Delta x)^2$,其中 ξ_1 介于 x 与 $x + 2\Delta x$ 之间;

$f(x + \Delta x) = f(x) + f'(x)(\Delta x) + \dfrac{1}{2} f''(\xi_2)(\Delta x)^2$,其中 ξ_2 介于 x 与 $x + \Delta x$ 之间.

于是当 $\Delta x \to 0$ 时，$\xi_1 \to x, \xi_2 \to x$，由 f'' 的连续性有

$$\lim_{\Delta x \to 0} \frac{f(x + 2\Delta x) - 2f(x + \Delta x) + f(x)}{(\Delta x)^2} = \lim_{\Delta x \to 0} [2f''(\xi_1) - f''(\xi_2)] = f''(x)$$

练习题 1.2

1. $f'(x) = \sum_{k=1}^{n} ka_k \cos kx$，$f'(0) = \sum_{k=1}^{n} ka_k$，又 $f(0) = 0$，那么

$$\left| f'(0) \right| = \lim_{\Delta x \to 0} \left| \frac{f(\Delta x)}{\Delta x} \right| \leqslant \lim_{\Delta x \to 0} \left| \frac{\sin \Delta x}{\Delta x} \right| = 1$$

因此 $\left| \sum_{k=1}^{n} ka_k \right| \leqslant 1$.

2. 由

$$f(0) = f(x) + f'(x)(-x) + \frac{1}{2} f'(\xi_1) x^2$$

$$f(1) = f(x) + f'(x)(1-x) + \frac{1}{2} f''(\xi_1)(1-x)^2$$

解得

$$f'(x) = \frac{1}{2} f''(\xi_1) x^2 - \frac{1}{2} f''(\xi_2)(1-x)^2$$

因此

$$\left| f'(x) \right| \leqslant \frac{1}{2} [x^2 + (1-x)^2]$$

由于 $g(x) = x^2 + (1-x)^2$ 在 $[0,1]$ 上的最大值是 1，故 $\left| f'(x) \right| \leqslant \frac{1}{2}$.

3. 设 $\left| f(x_0) \right| = \max\{ \left| f(x) \right| \mid x \in [0,1] \}$，于是由中值定理有

$$\left| f(x_0) \right| = \left| f(x_0) - f(0) \right| = \left| f'(\xi)(x_0 - 0) \right| \leqslant$$

$$\frac{1}{2} \left| f(\xi) \right| \leqslant \frac{1}{2} \left| f(x_0) \right|$$

因此 $\left| f(x_0) \right| = 0$，故 $f(x) \equiv 0$.

4. 对于任何 $h > 0$ 及 $x \in (0, +\infty)$，由

$$f(x+h) = f(x) + f'(x)h + \frac{1}{2} f''(\xi)h^2, \quad \xi \in (x, x+h)$$

及 $\left| f(x) \right| \leqslant 1$，$\left| f''(x) \right| \leqslant 1$，得

$$\left| f'(x) \right| \leqslant \frac{2}{h} + \frac{h}{2}$$

记 $g(h) = \frac{2}{h} + \frac{h}{2}$，由于 $g(h)$ 在 $(0, +\infty)$ 上的最小值为 2，故

$$\left| f'(x) \right| \leqslant 2$$

5. 由于函数 $f(x)=x^{\frac{1}{x}}$ 在 $(0,+\infty)$ 上当 $x>\mathrm{e}$ 时单调递减，$x<\mathrm{e}$ 时单调递增，而 $8=(2^{\frac{1}{2}})^6<(3^{\frac{1}{3}})^6=9$，故 $\sqrt[3]{3}$ 是最大项.

6. 不等式等价于证明
$$(1-x)^{\frac{1}{2}}\arcsin x<(1+x)^{\frac{1}{2}}\ln(1+x)$$
令
$$g(x)=(1+x)^{\frac{1}{2}}\ln(1+x)-(1-x)^{\frac{1}{2}}\arcsin x$$
$$g'(x)=\frac{1}{2}(1+x)^{-\frac{1}{2}}\ln(1+x)+\frac{1}{2}(1-x)^{-\frac{1}{2}}\arcsin x>0,\quad x\in(0,1)$$
故 $g(x)$ 单调递增，又 $g(0)=0$，因此 $g(x)>0$.

7. 由于 $f(+\infty)=+\infty$，$f(-\infty)=-\infty$，由介值定理知存在 $\xi\in(-\infty,+\infty)$，使 $f(\xi)=0$，即方程至少有一个实根. 若 $f(x)=0$ 至少有两个实根，那么一定有某个 $x_0\in(-\infty,+\infty)$，满足 $f'(x_0)=0$. 但由于 $f'(x)=3x^2+2ax+b$ 是二次多项式，且判别式 $\Delta=4a^2-12b<0$，故 $f'(x)>0$，矛盾！

8. 令 $g(x)=f(x)-\mathrm{e}^{-x}$，那么 $g(0)=0$，且 $g(x)\leqslant|f(x)|-\mathrm{e}^{-x}\leqslant0$. 若存在另一点 $x_0>0$，使 $g(x_0)=0$，那么有 $\xi\in(0,x_0)$ 使 $g'(\xi)=0$，结论成立. 若不然，对一切 $x>0$，有 $g(x)<0$. 但 $g(x)\geqslant-2\mathrm{e}^{-x}$，那么 $\lim\limits_{x\to+\infty}g(x)\geqslant0$.

故存在某一点 $\xi\in(0,+\infty)$ 使 $g(\xi)=\min\{g(x)\mid x\in(0,+\infty)\}$，因此 $g'(\xi)=0$，结论成立.

练习题 1.3

1. 中值定理的直接结论.

2. 由 $f(0)=f(1)$，存在 $x_0\in(0,1)$，使 $f'(x_0)=0$. 考虑函数 $G(x)=(x-1)f'(x)$，那么
$$G(x_0)=(x_0-1)f'(x_0)=0,G(1)=0$$
因此存在 $\xi\in(x_0,1)$，使 $G'(\xi)=0$，即
$$2f'(\xi)+(\xi-1)f''(\xi)=0$$

3. (1) 令 $G(x)=f(x)-x$，那么 $G\left(\frac{1}{2}\right)=f\left(\frac{1}{2}\right)-\frac{1}{2}=\frac{1}{2}>0$，$G(1)=f(1)-1=-1<0$，由介值定理，存在 $\xi\in\left(\frac{1}{2},1\right)$，使 $G(\xi)=0$，即 $f(\xi)=\xi$.

(2) 令 $H(x)=\mathrm{e}^{-x}G(x)$，由 $G(0)=G(\xi)=0$，得 $H(0)=H(\xi)=0$，那么存在 $\eta\in(0,\xi)$，满足 $H'(\eta)=0$，即

$$e^{-\eta}[f'(\eta) - 1 - f(\eta) + \eta] = 0$$

故 $f'(\eta) = f(\eta) - \eta + 1$.

4. 方法 1:有

$$f(a+h) = f(a+\tau h) + f'(a+\tau h)(1-\tau)h +$$
$$\frac{1}{2}f''(a+\theta_1 h)(1-\tau)^2 h^2, \quad \theta_1 \in (\tau,1)$$

$$f(a) = f(a+\tau h) + f'(a+\tau h)(-\tau)h + \frac{1}{2}f''(a+\theta_2 h)\tau^2 h^2, \quad \theta_2 \in (0,\tau)$$

那么

$$\tau f(a+h) + (1-\tau)f(a) = f(a+\tau h) + \frac{\tau(1-\tau)h^2}{2}[\tau f''(a+\theta_1 h) +$$
$$(1-\tau)f''(a+\theta_2 \tau)]$$

由关于导函数的介值定理,存在 $\theta \in (\theta_2, \theta_1)$ 满足

$$f''(a+\theta h) = \tau f''(a+\theta_1 h) + (1-\tau)f''(a+\theta_2 h)$$

因此

$$f(a+\tau h) = \tau f(a+h) + (1-\tau)f(a) + \frac{\tau(\tau-1)}{2}h^2 f''(a+\theta h)$$

注:关于导函数的介值定理:设 $f(x)$ 在 $[a,b]$ 上可微,对任何 η 介于 $f'(a)$ 与 $f'(b)$ 之间,一定存在 $\xi \in (a,b)$ 使 $f'(\xi) = \eta$. 这是 Darboux 定理.

证明:不妨设 $f'(a) < f'(b)$,$\eta \in (f'(a), f'(b))$. 作辅助函数 $g(x) = f(x) - \eta x$,则 $g'(a) < 0, g'(b) > 0$. 由 $g'(a) < 0$,知 $\lim\limits_{x \to a^+} \dfrac{g(x) - g(a)}{x-a} < 0$,于是存在 $x_1 > a$ 使 $g(x_1) < g(a)$. 同理存在 $x_2 < b$ 使 $g(x_2) < g(b)$. 因此,函数 $g(x)$ 在 (a,b) 的内部达到最小值,记最小值点为 ξ,那么 $g'(\xi) = 0$,即 $f'(\xi) = \eta$.

方法 2:构造辅助函数

$$F(t) = f(a+th) - tf(a+h) - (1-t)f(a) - \frac{h^2}{2}t(t-1)c$$

这里常数 c 满足

$$F(\tau) = f(a+\tau h) - \tau f(a+h) - (1-\tau)f(a) - \frac{h^2}{2}\tau(\tau-1)c = 0$$

由 $F(0) = F(\tau) = F(1) = 0$,存在 $\theta \in (0,1)$ 使得 $F''(\theta) = 0$. 于是得

$$h^2 f''(a+\theta h) - ch^2 = 0$$

得 $c = f''(a+\theta h)$. 因此由 $F(\tau) = 0$,得

69

$$f(a+\tau h)=\tau f(a+h)+(1-\tau)f(a)+\frac{h^2}{2}\tau(1-\tau)f''(a+\theta h)$$

5. 由 $f(-2)=f(0)=f(2)$ 知存在两点 $\xi_1\in(-2,0),\xi_2\in(0,2)$，满足 $f'(\xi_1)=f'(\xi_2)=0$. 构造函数 $g(x)=[f(x)]^2+[f'(x)]^2$，那么 $g(\xi_1)=f^2(\xi_1)\leqslant 1,g(\xi_2)=f^2(\xi_2)\leqslant 1$. 而

$$g(0)=[f(0)]^2+[f'(0)]^2=4$$

故 $g(x)$ 在 $[\xi_1,\xi_2]$ 的内部达到最大值，记为 ξ，则 $g'(\xi)=0$，即

$$2f'(\xi)[f(\xi)+f''(\xi)]=0$$

又

$$g(\xi)=f^2(\xi)+[f'(\xi)]^2\geqslant 4$$

而 $|f(\xi)|\leqslant 1$，因此 $[f'(\xi)]^2\geqslant 3$，即 $f'(\xi)\neq 0$，所以 $f(\xi)+f''(\xi)=0$.

6. 令 $F(x)=f(x)-f(1-x)-\frac{1}{4}x^4+\frac{1}{4}(1-x)^4$，则 $f(0)=0$，$F\left(\frac{1}{2}\right)=0$，存在 $\xi\in\left(0,\frac{1}{2}\right)$，使得 $F'(\xi)=0$，即

$$f'(\xi)+f'(1-\xi)-\xi^3-(1-\xi)^3=0$$

故

$$f'(\xi)+f'(1-\xi)=\xi^3+(1-\xi)^3$$

令 $\eta=1-\xi$，则 $\eta\in\left(\frac{1}{2},1\right)$，故

$$f'(\xi)+f'(\eta)=\xi^3+\eta^3$$

7. 由 $\lim\limits_{x\to+\infty}[f(x)+f'(x)]=0$，对 $\forall\varepsilon>0$ 存在某个 X_0，当 $x>X_0$ 时，有

$$|f(x)+f'(x)|<\frac{\varepsilon}{2}$$

在 $[X_0,x]$ 上对 $e^x f(x)$ 及 e^x 应用柯西中值定理，$\exists\xi\in(X_0,x)$ 使

$$\left|\frac{e^x f(x)-e^{X_0}f(X_0)}{e^x-e^{X_0}}\right|=|f(\xi)+f'(\xi)|<\frac{\varepsilon}{2}$$

于是

$$|f(x)|<e^{X_0-x}|f(X_0)|+(1-e^{X_0-x})\frac{\varepsilon}{2}$$

取 $X_1>X_0$，使当 $x>X_1$ 时，有

$$e^{X_0-x}|f(x_0)|<\frac{\varepsilon}{2}$$

因此当 $x>X_1$ 时

$$|f(x)|<\frac{\varepsilon}{2}+\frac{\varepsilon}{2}=\varepsilon$$

故 $\lim\limits_{x \to +\infty} f(x) = 0$.

8. 若 $b=1$, 令 $F(x) = (x-a)f(x)$, 则 $F(b) = F(a) = 0$, $\exists \xi \in (a,b)$, 使 $F'(\xi) = 0$, 即

$$f(\xi) = (a-\xi)f'(\xi)$$

若 $b \neq 1$, 令 $F(x) = (x-a)^b f(x)$, 则 $F(b) = F(a) = 0$, $\exists \xi \in (a,b)$, 使 $F'(\xi) = 0$, 即

$$b(\xi-a)^{b-1}f(\xi) + (\xi-a)^b f'(\xi) = 0$$

由于 $(\xi-a)^{b-1} \neq 0$, 故

$$f(\xi) = \frac{a-\xi}{b}f'(\xi)$$

练习题 1.4

1. 因为 $\lim\limits_{x \to 0} \ln[f(x)]^{\frac{1}{x}} = \lim\limits_{x \to 0} \frac{\ln(1+kx+o(x))}{x} = \lim\limits_{x \to 0} \frac{kx+o(x)}{x} = k$,

故 $\lim\limits_{x \to 0} [f(x)]^{\frac{1}{x}} = e^k$.

2. 有

$$f\left(\frac{a+b}{2}\right) = f(a) + \frac{1}{2}f''(\xi_1)\frac{(b-a)^2}{4}, \quad \xi_1 \in \left(a, \frac{a+b}{2}\right)$$

$$f\left(\frac{a+b}{2}\right) = f(b) + \frac{1}{2}f''(\xi_2)\frac{(b-a)^2}{4}, \quad \xi_2 \in \left(\frac{a+b}{2}, b\right)$$

于是

$$\frac{1}{2}|f''(\xi_1)| + \frac{1}{2}|f''(\xi_2)| \geqslant \frac{4}{(b-a)^2}|f(b)-f(a)|$$

令

$$|f''(c)| = \max\{f''(\xi_1), f''(\xi_2)\}$$

则

$$|f''(c)| \geqslant \frac{4}{(b-a)^2}|f(b)-f(a)|$$

3. 对于 $\forall x \in (-\infty, +\infty)$, $h > 0$, 由于

$$f(x+h) = f(x) + f'(x)h + \frac{1}{2}h^2 f''(\xi)$$

ξ 介于 x 与 $x+h$ 之间, 那么

$$|f'(x)| \leqslant \frac{|f(x+h)-f(x)|}{h} + \frac{h}{2}|f''(\xi)| \leqslant \frac{2M_0}{h} + \frac{h}{2}M_2$$

而 $g(h) = \dfrac{2M_0}{h} + \dfrac{h}{2}M_2$ 在 $(0, +\infty)$ 上的最小值为 $2\sqrt{M_0 M_2}$，于是 $M_1 \leqslant 2\sqrt{M_0 M_2}$.

4. 由于

$$f'(x_0 + \theta(h)h) = f'(x_0) + f''(x_0 + \xi_1 h)\theta(h)h, \quad |\xi_1| \leqslant |\theta(h)|$$

$$f(x_0 + h) = f(x_0) + f'(x_0)h + \frac{1}{2}f''(x_0 + \xi_2 h)h^2, \quad |\xi_2| \leqslant 1$$

于是有

$$\theta(h)f''(x_0 + \xi_1 h) = \frac{1}{2}f''(x_0 + \xi_2 h)$$

又 $f''(x)$ 在 x_0 点连续，故

$$\lim_{h \to 0} f''(x_0 + \xi_1 h) = \lim_{h \to 0} f''(x_0 + \xi_2 h) = f''(x_0) \neq 0$$

因此

$$\lim_{h \to 0} \theta(h) = \frac{1}{2}$$

5. 由中值定理 $f(x) - f(\ln(1+x)) = f'(\xi(x))(x - \ln(1+x))$，这里 $\xi(x)$ 介于 x 与 $\ln(1+x)$ 之间，于是由于 $\lim\limits_{x \to 0}\dfrac{\ln(1+x)}{x} = 1$，知 $\lim\limits_{x \to 0}\dfrac{\xi(x)}{x} = 1$. 因此

$$\lim_{x \to 0}\frac{f(x) - f(\ln(1+x))}{x^3} = \lim_{x \to 0}\frac{f'(\xi(x)) - f'(0)}{\xi(x)} \cdot \frac{\xi(x)}{x}\frac{x - \ln(1+x)}{x^2} =$$

$$f''(0)\lim_{x \to 0}\frac{x - \ln(1+x)}{x^2} = \frac{1}{2}f''(0)$$

6. 对任何 $x \in [0,1]$ 有

$$f(0) = f(x) - f'(x)x + \frac{1}{2}f''(\xi_1)x^2, \quad \xi_1 \in (0,x)$$

$$f(1) = f(x) + f'(x)(1-x) + \frac{1}{2}f''(\xi_2)(1-x)^2, \quad \xi_2 \in (x,1)$$

于是

$$|f'(x)| \leqslant 2 + \frac{1}{2}[x^2 + (1-x)^2]$$

又 $g(x) = \dfrac{1}{2}[x^2 + (1-x)^2]$ 在 $[0,1]$ 上的最大值为 $\dfrac{1}{2}$，因此 $|f'(x)| \leqslant \dfrac{5}{2}$.

7. 由上题的展式及 $f(0) = f(1)$，得

$$|f'(x)| \leqslant \frac{1}{2}[x^2 + (1-x)^2] \leqslant \frac{1}{2}$$

8. 有

$$f(-1) = f(0) + f'(0)(-1) + \frac{1}{2}f'(0) + \frac{1}{3!}(-f'''(\xi_1)), \quad \xi_1 \in (-1,0)$$

$$f(1) = f(0) + f'(0) + \frac{1}{2}f'(0) + \frac{1}{3!}f'''(\xi_2), \quad \xi_2 \in (0,1)$$

故

$$1 = \frac{1}{3!}\left[f'''(\xi_1) + f'''(\xi_2)\right]$$

由介值定理,存在 $\xi \in (\xi_1, \xi_2)$,使 $f'''(\xi) = \dfrac{f'''(\xi_1) + f'''(\xi_2)}{2}$,因此 $f'''(\xi) = 3$.

9. 若不存在 x_0,使 $f''(x_0) \neq 0$,那么根据导数的介值定理,对一切 $x \in (-\infty, +\infty)$ 有 $f''(x) > 0$,或 $f''(x) < 0$.不妨设对 $f''(x) > 0$,则 $f'(x)$ 严格单调递增,取一点 x_0,满足 $f'(x_0) \neq 0$,不妨设 $f'(x_0) > 0$,则

$$f(x) = f(x_0) + f'(x_0)(x - x_0) + \frac{1}{2}f''(\xi)(x - x_0)^2 >$$

$$f(x_0) + f'(x_0)(x - x_0)$$

于是 $\lim\limits_{x \to +\infty} f(x) = +\infty$,这与 $f(x)$ 有界矛盾.

练习题 2.1

1. $\dfrac{1}{6}\ln\left|\dfrac{x^{12}+1}{x}\right| + C$.

2. $x + \ln(x^2+1) - 4\ln(x^2+2) + C$.

3. 用分部积分公式.

4. $\ln|x| - \dfrac{1}{4}\ln|1 - x^8| + \dfrac{1}{8}\ln\left|\dfrac{1+x^4}{1-x^4}\right| + C$.

练习题 2.2

1. 令 $\sqrt{x} = t, \dfrac{x}{2} + \dfrac{\sqrt{x}}{2}\sin(2\sqrt{x}) + \dfrac{1}{4}\cos(2\sqrt{x}) + C$.

2. 用分部积分公式 $-\dfrac{1}{2x^2}\left(\ln^3 x + \dfrac{3}{2}\ln^2 x + \dfrac{3}{2}\ln x + \dfrac{3}{4}\right) + C$.

3. $\dfrac{1}{3}(x^2+1)^{\frac{3}{2}}\ln\sqrt{x^2-1} - \dfrac{x^2+7}{9}\sqrt{1+x^2} - \dfrac{\sqrt{2}}{3}\ln\dfrac{\sqrt{1+x^2}-\sqrt{2}}{\sqrt{1+x^2}+\sqrt{2}} + C$.

练习题 2.3

1. $\dfrac{1}{10}\ln\dfrac{x^{10}}{1+x^{10}}+\dfrac{1}{10(1+x^{10})}+C.$

2. $-\dfrac{x}{2}+\dfrac{1}{3}\ln\mid e^{x}-1\mid+\dfrac{1}{6}\ln(e^{x}+2)+C.$

练习题 2.4

1. 有

$$\left|\sqrt[3]{x}\int_{x}^{x+1}\dfrac{\sin t}{\sqrt{t+\cos t}}dt\right|\leqslant\sqrt[3]{x}\int_{x}^{x+1}\dfrac{\mid\sin t\mid}{\sqrt{x-1}}dt\leqslant$$

$$\dfrac{\sqrt[3]{x}}{\sqrt{x-1}}\rightarrow 0\quad(x\rightarrow+\infty)$$

故 $\displaystyle\lim_{x\rightarrow+\infty}\int_{x}^{x+1}\dfrac{\sin t}{\sqrt{t+\cos t}}dt=0.$

2. 有

$$I_{n}=-\dfrac{\cos^{n}x\cos nx}{n}\Big|_{0}^{\frac{\pi}{2}}-\int_{0}^{\frac{\pi}{2}}\cos^{n-1}x\sin x\cos nx\,dx$$

$$2I_{n}=\dfrac{1}{n}+\int_{0}^{\frac{\pi}{2}}\cos^{n-1}x(\cos x\sin nx-\sin x\cos nx)dx=$$

$$\dfrac{1}{n}+\int_{0}^{\frac{\pi}{2}}\cos^{n-1}x\sin(n-1)x=\dfrac{1}{n}+I_{n-1}$$

于是

$$I_{n}=\dfrac{1}{2}\Big(\dfrac{1}{n}+I_{n-1}\Big)=\dfrac{1}{2^{n+1}}\Big(\dfrac{2}{1}+\dfrac{2^{2}}{2}+\cdots+\dfrac{2^{n}}{n}\Big)$$

3. 有

$$\int_{0}^{\pi}e^{\sin^{2}x}dx=\int_{0}^{\frac{\pi}{2}}e^{\sin^{2}x}dx+\int_{\frac{\pi}{2}}^{\pi}e^{\sin^{2}x}dx=\int_{0}^{\frac{\pi}{2}}(e^{\sin^{2}x}+e^{\cos^{2}x})dx\geqslant$$

$$2\int_{0}^{\frac{\pi}{2}}e^{\frac{1}{2}(\sin^{2}x+\cos^{2}x)}dx\geqslant\pi\sqrt{e}$$

4. 令

$$F(x)=\Big[\int_{0}^{x}f(t)dt\Big]^{2}-\int_{0}^{x}f^{3}(t)dt$$

$$F'(x)=2\Big[\int_{0}^{x}f(t)dt\Big]f(x)-f^{3}(x)=f(x)\Big[2\int_{0}^{x}f(t)dt-f^{2}(x)\Big]$$

又
$$g(x) = 2\int_0^x f(t)\mathrm{d}t - f^2(x), \quad g'(x) = 2f(x) - 2f(x)f'(x) \geqslant 0$$

且 $g(0) = 0$，故 $g(x) \geqslant 0$，因此 $F'(x) \geqslant 0$. 又 $F(0) = 0$，于是 $F(x) \geqslant 0$，因此 $F(1) \geqslant 0$.

5. 提示：考虑函数 $F(x) = \dfrac{(x-a)^2}{2}\int_a^x [f'(t)]^2 \mathrm{d}t - \int_a^x f^2(t)\mathrm{d}t$，当 $f(x) = x - a$ 时不等式变为等式.

6. 提示：$\left|\int_0^1 f(x)\mathrm{d}x\right| \leqslant \int_0^1 \left(\dfrac{\pi}{4} - \arctan x\right)\mathrm{d}x$.

7. 提示：$\int_0^{2\pi} \sqrt{1 + \sin x}\,\mathrm{d}x = \int_0^\pi (\sqrt{1 + \sin x} + \sqrt{1 - \sin x})\mathrm{d}x$.

$4\sqrt{2}$.

8. 有
$$\text{原式} = \int_2^3 \frac{\sqrt{\ln(9-x)}}{\sqrt{\ln(9-x)} + \sqrt{\ln(x+3)}}\mathrm{d}x +$$
$$\int_3^4 \frac{\sqrt{\ln(9-x)}}{\sqrt{\ln(9-x)} + \sqrt{\ln(x+3)}}\mathrm{d}x$$

注意到
$$\int_3^4 \frac{\sqrt{\ln(9-x)}}{\sqrt{\ln(9-x)} + \sqrt{\ln(x+3)}}\mathrm{d}x \xlongequal{x=6-t} \int_2^3 \frac{\sqrt{\ln(t+3)}}{\sqrt{\ln(t+3)} + \sqrt{\ln(9-t)}}\mathrm{d}t$$

因此
$$\text{原式} = \int_2^3 1\mathrm{d}x = 1$$

练习题 2.5

1. $\int_0^1 |f(x) - f'(x)|\,\mathrm{d}x \geqslant \int_0^1 |\mathrm{e}^{-x}[f(x) - f'(x)]|\,\mathrm{d}x \geqslant$ $\left|\int_0^1 [\mathrm{e}^{-x}f(x)]'\mathrm{d}x\right| = \dfrac{1}{\mathrm{e}}$.

2. 令 $F(x) = \int_a^x f(t)\mathrm{d}t$，则
$$F'(x) = f(x), \quad F''(x) = f'(x), \quad F'''(x) = f''(x)$$
$$F(b) = F\left(\frac{a+b}{2}\right) + f\left(\frac{a+b}{2}\right)\frac{b-a}{2} + \frac{1}{2!}f'\left(\frac{a+b}{2}\right)\frac{(b-a)^2}{4} +$$

$$\frac{1}{3!}f''(\xi_1)\frac{(b-a)^3}{8}$$

$$F(a)=F\left(\frac{a+b}{2}\right)-f\left(\frac{a+b}{2}\right)\frac{b-a}{2}+\frac{1}{2!}f'\left(\frac{a+b}{2}\right)\frac{(b-a)^2}{4}-$$

$$\frac{1}{3!}f''(\xi_2)\frac{(b-a)^3}{8}$$

故

$$\int_a^b f(x)\mathrm{d}x=F(b)-F(a)=f\left(\frac{a+b}{2}\right)(b-a)+$$

$$\frac{1}{48}[f''(\xi_1)+f''(\xi_2)](b-a)^3$$

取 $c\in(\xi_1,\xi_2)$，满足 $f''(c)=\frac{1}{2}[f''(\xi_1)+f''(\xi_2)]$，故结论成立.

3. $\int_a^b xf(x)f'(x)\mathrm{d}x=\frac{1}{2}\int_a^b x\mathrm{d}f^2(x)=\frac{1}{2}xf^2(x)\Big|_a^b-\frac{1}{2}\int_a^b f^2(x)\mathrm{d}x=$ $-\frac{1}{2}$.

4. 令 $\sqrt{x}=t$，则 $x=t^2$，于是

$$\int_0^1|f(\sqrt{x})|\mathrm{d}x=2\int_0^1|f(t)|t\mathrm{d}t\leqslant 2\int_0^1|f(t)|\mathrm{d}t=2$$

对任何自然数 n，令 $f_n(x)=(n+1)x^n$，则 $\int_0^1|f_n(x)|\mathrm{d}x=1$，而

$$\int_0^1|f_n(\sqrt{x})|\mathrm{d}x=2\int_0^1 t|f_n(t)|\mathrm{d}t=2\int_0^1(n+1)t^{n+1}\mathrm{d}t=\frac{2(n+1)}{n+2}$$

于是 $C\geqslant\frac{2(n+1)}{n+2}$，令 $n\to\infty$，得 $C\geqslant 2$.

5. 由中值定理知 $1-x\leqslant f(x)\leqslant 1+x,x\in[0,1];x-1\leqslant f(x)\leqslant$ $3-x,x\in[1,2]$. 于是

$$\int_0^2 f(x)\mathrm{d}x=\int_0^1 f(x)\mathrm{d}x+\int_1^2 f(x)\mathrm{d}x\leqslant\int_0^1(1+x)\mathrm{d}x+\int_1^2(3-x)\mathrm{d}x=3$$

如果等号成立，那么 $f(x)=1+x,x\in[0,1],f(x)=3-x,x\in[1,2]$，这与 $f(x)$ 的可导性矛盾. 故 $\int_0^2 f(x)\mathrm{d}x<3$. 同理可证 $\int_0^2 f(x)\mathrm{d}x>1$.

6.(1) 证明对 $\forall x_0\in\mathbf{R},f(x)$ 在 x_0 点连续. 因此等价于 $\tilde{f}(t)=f(x_0+t)-f(x_0)$ 在 $t=0$ 点的连续性. 于是可假设 $x_0=0,f(x_0)=0$. 对 $\forall x\in[-1,1]$，存在 $\lambda\in[0,1]$，使 $x=\lambda\cdot(-1)+(1-\lambda)\cdot 1$，故

$$f(x) \leqslant \lambda f(-1) + (1-\lambda)f(1) \leqslant \max\{f(1), f(-1)\} = b \geqslant 0$$

因此 $b = \max\limits_{x \in [-1,1]} f(x) > 0$,对 $\forall \varepsilon > 0$,考虑 $x \in [-\varepsilon, \varepsilon](\varepsilon < 1)$. 由于

$$x = (1-\varepsilon) \cdot 0 + \varepsilon \cdot \frac{x}{\varepsilon}, \quad \frac{x}{\varepsilon} \in [-1,1]$$

故

$$f(x) \leqslant (1-\varepsilon)f(0) + \varepsilon f\left(\frac{x}{\varepsilon}\right) \leqslant \varepsilon b$$

而

$$0 = \frac{1}{1+\varepsilon}(-x) + \frac{1}{1+\varepsilon} \cdot x = \frac{\varepsilon}{1+\varepsilon}\left(-\frac{x}{\varepsilon}\right) + \frac{1}{1+\varepsilon}x$$

$$f(0) \leqslant \frac{\varepsilon}{1+\varepsilon}f\left(-\frac{x}{\varepsilon}\right) + \frac{1}{1+\varepsilon}f(x)$$

即

$$f(x) \geqslant -\varepsilon f\left(-\frac{x}{\varepsilon}\right) \geqslant -\varepsilon b$$

可见

$$|f(x)| \leqslant \varepsilon b, \quad x \in [-\varepsilon, \varepsilon]$$

故 $f(x)$ 在 $x = 0$ 点连续,因此 $f(x)$ 在每一点连续.

(2) 根据定积分的定义,对于等分:$0 = x_0 < x_1 < \cdots < x_n = a$,有

$$\sum_{i=1}^{n} g(x_i)(x_i - x_{i-1}) = \sum_{i=1}^{n} g(x_i)\frac{a}{n} = \frac{a}{n}\sum_{i=1}^{n} g(x_i) \to \int_0^a g(x)\mathrm{d}x, \quad n \to \infty$$

因此由 f 的凸性有

$$f\left(\frac{1}{a}\frac{a}{n}\sum_{i=1}^{n} g(x_i)\right) \leqslant \sum_{i=1}^{n} f(g(x_i))\frac{1}{n} = \frac{1}{a}\frac{a}{n}\sum_{i=1}^{n} f(g(x_i)) \to$$

$$\frac{1}{a}\int_0^a f(g(x))\mathrm{d}x$$

于是有

$$f\left(\frac{1}{a}\int_0^a g(x)\mathrm{d}x\right) \leqslant \frac{1}{a}\int_0^a f(g(x))\mathrm{d}x$$

7.不妨设 $f(x) \not\equiv 0$,否则结论自然成立.取 $x_0 \in (0,1)$,使

$$|f(x_0)| = \max\limits_{x \in [0,1]} |f(x)|$$

由中值定理,$\exists \xi_1 \in (0, x_0)$,使 $f'(\xi_1) = \dfrac{f(x_0)}{x_0}$,$\exists \xi_2 \in (x_0, 1)$,使

$f'(\xi_2) = \dfrac{f(x_0)}{x_0 - 1}$,则

$$\int_0^1 |f''(x)|\mathrm{d}x \geqslant \int_{\xi_1}^{\xi_2} |f''(x)|\mathrm{d}x \geqslant \left|\int_{\xi_1}^{\xi_2} f''(x)\mathrm{d}x\right| =$$

$$|f(x_0)|\frac{1}{x_0(1-x_0)}\geqslant 4|f(x_0)|$$

8. 提示：令 $F(x)=f(x)+x$，则 $\int_0^1 F(x)\mathrm{d}x<0$，故 $\exists\, a\in(0,1]$，使

$$F(a)=\int_0^1 F(x)\mathrm{d}x<0$$

另一方面 $\lim\limits_{x\to+\infty}\dfrac{F(x)}{x}=1$，$\exists\, b\in(1,+\infty)$，使 $F(b)>0$，由中值定理知结论成立.

9. 提示：左边不等式是柯西不等式，因此，仅证右边. 注意到

$$\frac{[f(x)-f(0)][f(x)-f(1)]}{f(x)}\leqslant 0$$

即

$$f(x)+\frac{f(0)f(1)}{f(x)}\leqslant f(0)+f(1)$$

积分得

$$\int_0^1 f(x)\mathrm{d}x+f(0)f(1)\int_0^1\frac{1}{f(x)}\mathrm{d}x\leqslant f(0)+f(1)$$

记 $a=\int_0^1 f(x)\mathrm{d}x$，$b=\int_0^1\dfrac{1}{f(x)}\mathrm{d}x$，$\lambda=f(0)+f(1)$，由不等式 $4ab\leqslant\dfrac{(a+\lambda b)^2}{\lambda}$ 得到.

10. 提示：$(x-a)\left(x+\dfrac{1}{a}\right)f(x)\leqslant 0$，积分得证.

11. 有

$$\int_0^{2\pi}f(x)\,|\sin nx|\,\mathrm{d}x=\sum_{i=1}^n\int_{\frac{2\pi(i-1)}{n}}^{\frac{2\pi i}{n}}f(x)\,|\sin nx|\,\mathrm{d}x=$$

$$\sum_{i=1}^n f(\xi_i)\int_{\frac{2\pi(i-1)}{n}}^{\frac{2\pi i}{n}}|\sin nx|\,\mathrm{d}x=$$

$$\frac{1}{n}\sum_{i=1}^n f(\xi_i)\int_0^{2\pi}|\sin x|\,\mathrm{d}x=$$

$$\frac{4}{n}\sum_{i=1}^n f(\xi_i)=\frac{2}{\pi}\sum_{i=1}^n f(\xi_i)\frac{2\pi}{n}$$

这里 $\dfrac{2\pi(i-1)}{n}\leqslant\xi_i\leqslant\dfrac{2\pi i}{n}$，$i=1,2,\cdots,n$. 又 $f(x)$ 在 $[0,2\pi]$ 上连续，因此积分存在，故

$$\frac{2}{\pi}\sum_{i=1}^n f(\xi_i)\frac{2\pi}{n}\to\frac{2}{\pi}\int_0^{2\pi}f(x)\mathrm{d}x,\quad n\to\infty$$

于是结论成立.

12. 有

$$\int_0^{2\pi} \frac{\cos x - \sin x}{1 + x^2} dx = \int_0^{\frac{\pi}{4}} \frac{\cos x - \sin x}{1 + x^2} dx + \int_{\frac{\pi}{4}}^{\frac{\pi}{2}} \frac{\cos x - \sin x}{1 + x^2} dx =$$

$$\int_0^{\frac{\pi}{4}} \frac{\cos x - \sin x}{1 + x^2} dx - \int_0^{\frac{\pi}{4}} \frac{\cos x - \sin x}{1 + \left(\frac{\pi}{2} - x\right)^2} dx =$$

$$\left(\text{作变换 } x = \frac{\pi}{2} - t\right)$$

$$\int_0^{\frac{\pi}{4}} \frac{(\cos x - \sin x)\left[\left(\frac{\pi}{2} - x\right)^2 - x^2\right]}{(1 + x^2)\left[1 + \left(\frac{\pi}{2} - x\right)^2\right]} dx \geqslant 0$$

故不等式成立.

13. 因为 $f(x)$ 在 $[a,b]$ 上连续,因此一致连续,对 $\forall \varepsilon > 0$,存在 $\delta > 0$,满足当 $|x - y| < \delta$ 时,有

$$|f(x) - f(y)| < \frac{\varepsilon}{2(b-a)}$$

取 $[a,b]$ 的一个分划 $\Delta: a = x_0 < x_1 < \cdots < x_N = b$,满足 $\max\limits_{1 \leqslant i \leqslant N}(x_i - x_{i-1}) < \delta$.
那么

$$\left|\int_a^b f(x)\cos nx\, dx - \sum_{i=1}^N \int_{x_{i-1}}^{x_i} f(x_{i-1})\cos nx\, dx\right| =$$

$$\left|\sum_{i=1}^N \int_{x_{i-1}}^{x_i} [f(x) - f(x_{i-1})]\cos nx\, dx\right| <$$

$$\sum_{i=1}^N \frac{\varepsilon}{2(b-a)} \int_{x_{i-1}}^{x_i} |\cos nx|\, dx < \frac{\varepsilon}{2}$$

另一方面

$$\left|\sum_{i=1}^N \int_{x_{i-1}}^{x_i} f(x_{i-1})\cos nx\, dx\right| = \sum_{i=1}^N \frac{f(x_{i-1})}{n} |\sin nx_i - \sin nx_{i-1}| \leqslant$$

$$\frac{2\sum\limits_{i=1}^N |f(x_{i-1})|}{n}$$

取自然数 N_0,当 $n > N_0$ 时,满足

$$\frac{2\sum\limits_{i=1}^N |f(x_{i-1})|}{n} < \frac{\varepsilon}{2}$$

故当 $n > N_0$ 时

$$\left| \int_a^b f(x) \cos nx \, \mathrm{d}x \right| < \varepsilon$$

即

$$\lim_{n \to \infty} \left| \int_a^b f(x) \cos nx \, \mathrm{d}x \right| = 0$$

14. (1) 取 $x_0 \in [a,b]$, 满足 $f(x_0) = \max\{f(x) \mid x \in [a,b]\}$. 不妨设 $x_0 \in (a,b)$, 对 $\forall \varepsilon > 0$, 存在 $\delta > 0$, 满足当 $x \in (x_0 - \delta, x_0 + \delta)$ 时, 有

$$f(x) > f(x_0) - \frac{\varepsilon}{2}$$

于是

$$\sqrt[n]{u_n} \geqslant \left(\int_{x_0 - \delta}^{x_0 + \delta} [f(x)]^n \mathrm{d}x \right)^{\frac{1}{n}} \geqslant \left(f(x_0) - \frac{\varepsilon}{2} \right) (2\delta)^{\frac{1}{n}}$$

注意到 $\lim\limits_{n \to \infty} (2\delta)^{\frac{1}{n}} = 1$, 那么存在自然数 N, 当 $n > N$ 时, 有

$$\left(f(x_0) - \frac{\varepsilon}{2} \right) (2\delta)^{\frac{1}{n}} > f(x_0) - \varepsilon$$

又 $\sqrt[n]{u_n} \leqslant f(x_0)$, 因此当 $n > N$ 时, 有

$$| \sqrt[n]{u_n} - f(x_0) | < \varepsilon$$

即

$$\lim_{n \to \infty} \sqrt[n]{u_n} = f(x_0)$$

(2) 由于

$$u_n^2 = \left(\int_a^b [f(x)]^n \mathrm{d}x \right)^2 = \left(\int_a^b [f(x)]^{\frac{n-1}{2}} \cdot [f(x)]^{\frac{n+1}{2}} \mathrm{d}x \right)^2 \leqslant$$

$$\left(\int_a^b [f(x)]^{n-1} \mathrm{d}x \right) \left(\int_a^b [f(x)]^{n+1} \mathrm{d}x \right) =$$

$$u_{n-1} u_{n+1}$$

故 $\dfrac{u_n}{u_{n-1}} \leqslant \dfrac{u_{n+1}}{u_n}$, 而 $\dfrac{u_{n+1}}{u_n} \leqslant f(x_0)$, 因此 $\lim\limits_{n \to \infty} \dfrac{u_{n+1}}{u_n}$ 存在, 于是

$$\lim_{n \to \infty} \frac{u_{n+1}}{u_n} = \lim_{n \to \infty} \sqrt[n]{u_n} = f(x_0)$$

15. 因为 $f(x)$ 单调递增, 那么 $\lim\limits_{x \to +\infty} f(x)$ 存在(可为 $+\infty$), 记 $\lim\limits_{x \to +\infty} f(x) = a$. 不妨设 $a < +\infty$($a = +\infty$ 类似), 证明: $\lim\limits_{x \to +\infty} \dfrac{1}{x} \int_0^x f(t) \mathrm{d}t = a$.

对 $\forall \varepsilon > 0$, 取 $X_0 > 0$, 满足当 $x > X_0$ 时, 有 $| f(x) - a | < \dfrac{\varepsilon}{2}$, 那么当

$x > X_0$ 时

$$\left| \frac{1}{x}\int_0^x f(t)\mathrm{d}t - a \right| \leqslant \frac{1}{x}\int_0^{X_0} |f(t)-a|\,\mathrm{d}t + \frac{1}{x}\int_{X_0}^x |f(t)-a|\,\mathrm{d}t <$$

$$\frac{1}{x}\int_0^{X_0} |f(t)-a|\,\mathrm{d}t + \left(1-\frac{X_0}{x}\right)\frac{\varepsilon}{2} <$$

$$\frac{1}{x}\int_0^{X_0} |f(t)-a|\,\mathrm{d}t + \frac{\varepsilon}{2}$$

取 $X_1 > X_0$，当 $x > X_1$ 时

$$\frac{1}{x}\int_0^{X_0} |f(t)-a|\,\mathrm{d}t < \frac{\varepsilon}{2}$$

故当 $x > X_1$ 时，$\left| \dfrac{1}{x}\displaystyle\int_0^x f(t)\mathrm{d}t - a \right| < \varepsilon$，即 $\displaystyle\lim_{x\to+\infty}\frac{1}{x}\int_0^x f(t)\mathrm{d}t = a$，因此 $a = A$.

16. 有

$$\int_0^1 f(x)\mathrm{d}x = \sum_{k=1}^n \int_{\frac{k-1}{n}}^{\frac{k}{n}} f(x)\mathrm{d}x$$

那么

$$\left| f(x) - f\left(\frac{k}{n}\right) \right| \leqslant |f'(\xi)|\left| x - \frac{k}{n} \right| \leqslant \frac{1}{n}, \quad x \in \left[\frac{k-1}{n}, \frac{k}{n}\right]$$

于是

$$\left| \int_0^1 f(x)\mathrm{d}x - \frac{1}{n}\sum_{k=1}^n f\left(\frac{k}{n}\right) \right| = \left| \sum_{k=1}^n \int_{\frac{k-1}{n}}^{\frac{k}{n}} \left[f(x) - f\left(\frac{k}{n}\right) \right]\mathrm{d}x \right| \leqslant$$

$$\sum_{k=1}^n \int_{\frac{k-1}{n}}^{\frac{k}{n}} \left| f(x) - f\left(\frac{k}{n}\right) \right|\mathrm{d}x \leqslant$$

$$\frac{1}{n}\sum_{k=1}^n \int_{\frac{k-1}{n}}^{\frac{k}{n}} 1\,\mathrm{d}x = \frac{1}{n}$$

第三部分　级数与广义积分

§1　级　数

级数是一个十分重要的工具,在数学发展史上留下了光辉的足迹.下面提供两个有关级数的趣事,供读者鉴赏.

故事一　著名数学家赛尔伯格(Selberg,1917—2007,挪威裔美籍,菲尔兹奖和沃尔夫奖获得者)在中学时代对如下公式

$$1 - \frac{1}{3} + \frac{1}{5} - \frac{1}{7} + \cdots = \frac{\pi}{4}$$

的兴趣使他选择了数学,并且取得了伟大的成就.赛尔伯格的主要贡献是素数基本定理的初等证明及黎曼猜想的推进.在现代数学中有不少以他的姓氏命名的数学术语,如赛尔伯格不等式、赛尔伯格公式、赛尔伯格筛法等.他除了数论方面的研究外,在群论、代数几何、调和分析等领域也作出了许多重要贡献.

故事二　在一次数学聚会上,一位年轻人想测试一下大数学家冯·诺依曼的反应能力,于是出了一道如下的试题:

设两辆自行车相距 S km,自行车的速度为 a km/h,相向而行,一只苍蝇在两辆自行车间飞行,速度为 b km/h,$b > a$,从一辆自行车的前端飞到另一辆自行车的前端,碰到自行车后再返回,这样一直进行下去,问两辆自行车的前端刚好同时碰到苍蝇时,苍蝇共飞行了多少千米?

冯·诺依曼想了一会,立即给出了正确答案,年轻人听到正确答案后非常高兴地说,您没有上当,没有通过级数计算就能准确得出答案.冯·诺依曼笑着说,事实上我正是用级数计算出来的.

冯·诺依曼是通过如下级数公式

$$\frac{bS}{a+b} + \frac{(b-a)bS}{(a+b)^2} + \cdots + \frac{(b-a)^{n-1}S}{(a+b)^n} + \cdots = \frac{bS}{2a}$$

计算出了苍蝇行驶的距离.事实上,简单的计算是首先求出两辆自行车相遇的时间为 $\frac{S}{2a}$,那么苍蝇行驶的距离是 $\frac{bS}{2a}$.

冯·诺依曼(John Von Neumann,1903—1957)是 20 世纪最杰出的数家家之一,在纯粹数学和应用数学方面都做出了杰出的贡献.在纯数学方面,建立了集合论数学基础与量子力学的数学基础,发展了算子环理论及遍历理论.在应用数学方面,建立了博弈论和计算机逻辑理论,发展了人工智能理论.冯·诺依曼作为科学顾问参与了美国许多军事科学研究计划和工程项目,包括原子弹和氢弹的研制,为美国的武器科学发展作出了重要贡献.

给定数列 $\{a_k\}_{k=1}^{\infty}$,记前 n 项和为

$$S_n = \sum_{k=1}^{n} a_k$$

称级数 $\sum_{k=1}^{\infty} a_k$ 收敛,是指数列 $\{S_n\}$ 收敛.

1.若级数 $\sum_{k=1}^{\infty} a_k$ 收敛,则 $\lim_{k\to\infty} a_k = 0$.

2.级数 $\sum_{k=1}^{\infty} a_k$ 收敛的充要条件为:

对 $\forall \varepsilon > 0$,存在自然数 N,当 $m > n \geqslant N$ 时,有

$$\left| \sum_{k=n+1}^{m} a_k \right| < \varepsilon \quad \text{(柯西收敛准则)}$$

3.若级数 $\sum_{k=1}^{\infty} a_k$ 及 $\sum_{k=1}^{\infty} b_k$ 收敛,那么 $\sum_{k=1}^{\infty} (a_k+b_k)$ 及 $\sum_{k=1}^{\infty} \alpha a_k (\alpha \in \mathbf{R})$ 均收敛.

4.若 $a_k \geqslant 0, b_k \geqslant a_k$,且 $\sum_{k=1}^{\infty} b_k$ 收敛,则 $\sum_{k=1}^{\infty} a_k$ 收敛(比较判别法).

5.级数 $\sum_{n=1}^{\infty} \frac{1}{n^p} = \begin{cases} 收敛, p > 1 \\ 发散, p \leqslant 1 \end{cases}$,级数 $\sum_{k=1}^{\infty} \alpha^n$ 收敛$(\alpha \in (0,1))$.

A. 正项级数

例 1.1 设 $a_n > 0$,证明:级数 $\sum_{n=1}^{\infty} \frac{a_n}{(1+a_1)\cdots(1+a_n)}$ 收敛.

证明 有

$$\frac{a_n}{(1+a_1)\cdots(1+a_n)} = \frac{1}{(1+a_1)(1+a_2)\cdots(1+a_{n-1})} - \frac{1}{(1+a_1)(1+a_2)\cdots(1+a_n)}$$

故 $\quad S_n = \frac{a_1}{1+a_1} + \frac{1}{1+a_1} - \frac{1}{(1+a_1)(1+a_2)\cdots(1+a_n)}$

令 $R_n = \dfrac{1}{(1+a_1)(1+a_2)\cdots(1+a_n)}$ ，那么 $\{R_n\}$ 单调递减且有界，故 $\lim\limits_{n\to\infty} R_n$ 存在，从而 $\{S_n\}$ 收敛，即原级数收敛.

例 1.2 设 $\{a_n\}_{n=1}^{\infty}$ 是单调递增趋于无穷的正数列，记

$$u_n = \frac{a_{n+1} - a_n}{a_n^p a_{n+1}}$$

证明：当 $p > 0$ 时，级数 $\sum\limits_{n=1}^{\infty} u_n$ 收敛.

证明 当 $p = 1$ 时

$$u_n = \frac{1}{a_n} - \frac{1}{a_{n+1}}$$

那么前 k 项和

$$S_k = \frac{1}{a_1} - \frac{1}{a_{k+1}} \to \frac{1}{a_1}, \quad k \to \infty$$

故级数 $\sum\limits_{n=1}^{\infty} u_n$ 收敛.

当 $p > 1$ 时，n 充分大时 $a_n > 1$，故

$$u_n = \frac{a_{n+1} - a_n}{a_n^p a_{n+1}} \leqslant \frac{a_{n+1} - a_n}{a_n a_{n+1}} = \frac{1}{a_n} - \frac{1}{a_{n+1}}$$

由比较判别法，$\sum\limits_{n=1}^{\infty} u_n$ 收敛.

当 $0 < p < 1$ 时，由不等式 $1 - x^p \geqslant p(1-x), x \in (0,1]$，取 $x = \dfrac{a_n}{a_{n+1}}$，得

$$1 - \left(\frac{a_n}{a_{n+1}}\right)^p \geqslant p\left(1 - \frac{a_n}{a_{n+1}}\right)$$

即

$$u_n = \frac{a_{n+1} - a_n}{a_n^p a_{n+1}} \leqslant \frac{1}{p}\left(\frac{1}{a_n^p} - \frac{1}{a_{n+1}^p}\right) = v_n$$

而级数 $\sum\limits_{n=1}^{\infty} v_n$ 收敛，故 $\sum\limits_{n=1}^{\infty} u_n$ 也收敛.

例 1.3 证明：级数 $\sum\limits_{n=1}^{\infty} \left(\dfrac{1}{n} - \ln\left(1 + \dfrac{1}{n}\right)\right)$ 是收敛的.

证明 由不等式 $x > \ln(1+x), x > 0$ 知级数是正项级数，又

$$\ln\left(1 + \frac{1}{n}\right) = \frac{1}{n} - \frac{1}{2}\left(\frac{1}{n^2}\right) + o\left(\frac{1}{n^2}\right)$$

84

因此
$$\frac{1}{n} - \ln\left(1 + \frac{1}{n}\right) \sim \frac{1}{2n^2}$$

而级数 $\sum\limits_{n=1}^{\infty} \frac{1}{2n^2}$ 收敛,由比较判别法,原级数收敛.

例 1.4 证明:级数 $\sum\limits_{n=1}^{\infty} 2^n \sin \frac{\pi}{3^n}$ 收敛.

证明 注意到

$$\lim_{n\to\infty} \frac{2^{n+1} \sin \dfrac{\pi}{3^{n+1}}}{2^n \sin \dfrac{\pi}{3^n}} = 2 \lim_{n\to\infty} \frac{\sin \dfrac{\pi}{3^{n+1}}}{\dfrac{\pi}{3^{n+1}}} \cdot \frac{\dfrac{\pi}{3^n}}{\sin \dfrac{\pi}{3^n}} \cdot \frac{1}{3} = \frac{2}{3} < 1$$

故当 n 充分大时,有

$$u_{n+1} < \frac{2}{3} u_n$$

不妨设 $n \geqslant N$ 时,有

$$u_{n+1} < \frac{2}{3} u_n < \left(\frac{2}{3}\right)^{n-N} u_N$$

那么

$$u_{N+1} + \cdots + u_m < \left[\frac{2}{3} + \left(\frac{2}{3}\right)^2 + \cdots + \left(\frac{2}{3}\right)^{m-1-N}\right] u_N < \frac{\dfrac{2}{3} u_N}{1 - \dfrac{2}{3}} = 2u_N$$

故原级数的前 m 项和有界,因此收敛.

注 (1) 对于正项级数 $\sum\limits_{n=1}^{\infty} a_n$,如果满足

$$\lim_{n\to\infty} \frac{a_{n+1}}{a_n} = \alpha, \quad \alpha \in [0,1)$$

那么级数 $\sum\limits_{n=1}^{\infty} a_n$ 收敛.

(2) 对于正项级数 $\sum\limits_{n=1}^{\infty} a_n$,如果满足

$$\lim_{n\to\infty} \sqrt[n]{a_n} = \alpha, \quad \alpha \in [0,1)$$

那么级数 $\sum\limits_{n=1}^{\infty} a_n$ 收敛.

例 1.5 设 $\sum\limits_{n=1}^{\infty} a_n$ 与 $\sum\limits_{n=1}^{\infty} b_n$ 为正项级数.

(1) 若 $\lim\limits_{n\to\infty}\left(\dfrac{a_n}{a_{n+1}b_n}-\dfrac{1}{b_{n+1}}\right)>0$, 则 $\sum\limits_{n=1}^{\infty}a_n$ 收敛.

(2) 若 $\lim\limits_{n\to\infty}\left(\dfrac{a_n}{a_{n+1}b_n}-\dfrac{1}{b_{n+1}}\right)<0$, 且 $\sum\limits_{n=1}^{\infty}b_n$ 发散, 则 $\sum\limits_{n=1}^{\infty}a_n$ 发散.

证明 (1) 由 $\lim\limits_{n\to\infty}\left(\dfrac{a_n}{a_{n+1}b_n}-\dfrac{1}{b_{n+1}}\right)>0$, 取充分小的正数 $\alpha>0$, 则存在自然数 N, 当 $n\geqslant N$ 时, 有

$$\frac{a_n}{a_{n+1}b_n}-\frac{1}{b_{n+1}}>\alpha$$

即

$$a_{n+1}<\frac{1}{\alpha}\left(\frac{a_n}{b_n}-\frac{a_{n+1}}{b_{n+1}}\right)$$

于是对任何 $m>N$, 有

$$\sum_{n=N}^{m}a_{n+1}<\frac{1}{\alpha}\left(\frac{a_N}{b_N}-\frac{a_{m+1}}{b_{m+1}}\right)<\frac{1}{\alpha}\frac{a_N}{b_N}$$

因此 $\sum\limits_{n=1}^{\infty}a_n$ 的前 m 项之和有界, 故级数 $\sum\limits_{n=1}^{\infty}a_n$ 收敛.

(2) 若 $\lim\limits_{n\to\infty}\left(\dfrac{a_n}{a_{n+1}b_n}-\dfrac{1}{b_{n+1}}\right)<0$, 则存在自然数 N, 当 $n\geqslant N$ 时, 有

$$\frac{a_n}{a_{n+1}b_n}-\frac{1}{b_{n+1}}<0$$

即

$$\frac{a_n}{b_n}-\frac{a_{n+1}}{b_{n+1}}<0 \quad 或 \quad \frac{a_n}{b_n}<\frac{a_{n+1}}{b_{n+1}}$$

因此

$$a_{n+1}>b_{n+1}\frac{a_n}{b_n}>\cdots>b_{n+1}\frac{a_N}{b_N}$$

故由 $\sum\limits_{n=1}^{\infty}b_n$ 发散, 知 $\sum\limits_{n=1}^{\infty}a_n$ 也发散.

注 关于正项级数有如下常用判别法:

1. 达朗贝尔(D'Alembert, 1717—1783, 法国数学家、物理学家和天文学家) 判别法:

对于正项级数 $\sum\limits_{n=1}^{\infty}a_n$, 若 $\lim\limits_{n\to\infty}\dfrac{a_{n+1}}{a_n}=\alpha$, 则当 $\alpha<1$ 时级数收敛; 当 $\alpha>1$ (包括 $\alpha=+\infty$) 时级数发散.

2. 柯西(Cauchy, 1789—1857, 法国数学家) 判别法:

对于正项级数 $\sum\limits_{n=1}^{\infty}a_n$, 若 $\lim\limits_{n\to\infty}\sqrt[n]{a_n}=\alpha$, 则当 $\alpha<1$ 时级数收敛; 当 $\alpha>1$ 时

级数发散.

柯西是法国历史上最伟大的数学家之一,他的主要贡献是建立了单复变函数理论及微积分的数学基础(极限论).他的缺点是忽视青年学者的创造,由于对阿贝尔(Abel,1802—1829,挪威天才数学家)和伽罗瓦(Galois,1811—1832,法国数学奇才)工作的忽视,造成群论晚了半个世纪问世.1857年5月23日,柯西68岁时出人意料地去世了.他最后遗言是对大主教说的"人们走了,但他们的功绩留下了".

练习题 1.1

1.设 $\sum\limits_{n=1}^{\infty} a_n$ 为收敛的正项级数,$\{a_n - a_{n+1}\}_{n=1}^{\infty}$ 严格单调递减,证明:

$$\lim_{n \to \infty}\left(\frac{1}{a_{n+1}} - \frac{1}{a_n}\right) = +\infty.$$

2.设 $a_n > 0$,$\lim\limits_{n \to \infty}[n^p(e^{\frac{1}{n}} - 1)a_n] = 1$,证明:当 $p > 2$ 时,$\sum\limits_{n=1}^{\infty} a_n$ 收敛;当 $1 < p \leqslant 2$ 时,$\sum\limits_{n=1}^{\infty} a_n$ 发散.

3.设 $a_n > 0$ 且 $\{a_n\}$ 单调递增,证明:$\sum\limits_{n=1}^{\infty} \frac{1}{a_n}$ 收敛的充要条件是

$\sum\limits_{n=1}^{\infty} \frac{n}{a_1 + a_2 + \cdots + a_n}$ 收敛.

4.设 $\{a_n\}_{n=1}^{\infty}$ 为满足 $0 \leqslant a_n \leqslant 5$ 的整数数列,证明:$\sum\limits_{n=1}^{\infty} a_n \cdot 10^{-n}$ 收敛且和不超过 $\frac{5}{9}$.

5.设 $a_n > 0$,$s_n = \sum\limits_{k=1}^{n} a_k$,且 $\sum\limits_{n=1}^{\infty} a_n$ 发散,证明:$\sum\limits_{n=1}^{\infty} \frac{a_n}{s_n^2}$ 收敛.

6.设 $a_n > 0$ 且 $\{a_n\}$ 单调递增,讨论级数 $\sum\limits_{n=1}^{\infty}\left(1 - \frac{a_n}{a_{n+1}}\right)$ 的敛散性.

7.设 $a_n > 0$ 且级数 $\sum\limits_{n=1}^{\infty} a_n$ 收敛,b_n 满足 $e^{a_n} = a_n + e^{b_n}$,证明:$b_n > 0$,且

$\sum\limits_{n=1}^{\infty} \frac{b_n}{a_n}$ 收敛.

8.设 $a_n \geqslant 0$ 且 $\{a_n\}$ 单调递增或递减,证明:级数 $\sum\limits_{n=1}^{\infty} a_n$ 收敛的充要条件是

$$\sum_{k=0}^{\infty} 2^k a_{2^k} \text{ 收敛.}$$

9. 设 $a_n > 0, S_n = \sum_{k=1}^{n} a_k$，证明：

(1) $\alpha > 1$，级数 $\sum_{n=1}^{\infty} \dfrac{a_n}{S_n^\alpha}$ 收敛；

(2) 当 $\alpha \leqslant 1$，且 $S_n \to \infty (n \to \infty)$ 时，级数 $\sum_{n=1}^{\infty} \dfrac{a_n}{S_n^\alpha}$ 发散.

B. 绝对收敛与条件收敛（变号级数）

给定级数 $\sum_{n=1}^{\infty} u_n$，称级数绝对收敛，是指 $\sum_{n=1}^{\infty} |u_n|$ 收敛；称级数条件收敛，是指级数收敛但不绝对收敛.

下面关于变号级数的判别法是常用的.

（1）莱布尼兹判别法：

若 $\{a_n\}$ 单调递减趋于零，则 $\sum_{n=1}^{\infty} (-1)^{n-1} a_n$ 收敛.

（2）阿贝尔判别法：给定级数 $\sum_{n=1}^{\infty} a_n b_n$，并且 $\{b_n\}$ 是单调递减的正数列，$\sum_{n=1}^{\infty} a_n$ 收敛，那么级数 $\sum_{n=1}^{\infty} a_n b_n$ 收敛.

（3）狄利克雷（Dirichlet）判别法：给定级数 $\sum_{n=1}^{\infty} a_n b_n$，并且 $\{b_n\}$ 单调递增或递减，$\lim\limits_{n \to \infty} b_n = 0$，存在常数 $M > 0$，使 $\left| \sum_{i=1}^{n} a_i \right| < M$，那么级数 $\sum_{n=1}^{\infty} a_n b_n$ 收敛.

例 1.6 判别下面级数的绝对收敛性与条件收敛性

$$\sum_{n=1}^{\infty} \ln\left(1 + \frac{(-1)^n}{n^p}\right), \quad p > 0$$

解 由 $\ln(1+x) = x - \dfrac{x^2}{2} + o(x^2)$ 知

$$\ln\left(1 + \frac{(-1)^n}{n^p}\right) = \frac{(-1)^n}{n^p} - \frac{1}{2n^{2p}} + o\left(\frac{1}{n^{2p}}\right)$$

当 $p > 1$ 时绝对收敛，$\dfrac{1}{2} < p \leqslant 1$ 时条件收敛，$0 < p \leqslant \dfrac{1}{2}$ 时发散.

例 1.7 设 $0 < x < \pi$,证明:级数 $\sum\limits_{n=1}^{\infty} \dfrac{\sin nx}{n}$ 条件收敛.

证明 首先由于 $\left| \dfrac{\sin nx}{n} \right| \geqslant \dfrac{\sin^2 nx}{n} = \dfrac{1}{2n} - \dfrac{\cos 2nx}{2n}$,再由狄利克雷判别法,$\sum\limits_{n=1}^{\infty} \dfrac{\cos nx}{2n}$ 收敛,故 $\sum\limits_{n=1}^{\infty} \left| \dfrac{\sin nx}{n} \right|$ 发散.

另一方面,再由狄利克雷判别法,级数 $\sum\limits_{n=1}^{\infty} \dfrac{\sin nx}{n}$ 收敛.

例 1.8 设 $f(x)$ 在 $(-\infty, +\infty)$ 内可微,且满足 $f(x) > 0$,$|f'(x)| < \dfrac{1}{2} |f(x)|$,任取 $a_0 \in (-\infty, +\infty)$,定义 $a_n = \ln f(a_{n-1}) \,(n=1,2,\cdots)$,证明:$\sum\limits_{n=1}^{\infty} (a_n - a_{n+1})$ 绝对收敛.

证明 有

$$|a_{n+1} - a_n| = |\ln f(a_n) - \ln f(a_{n-1})| \leqslant$$

$$\frac{1}{2} |a_n - a_{n-1}| \leqslant \cdots \leqslant$$

$$\left(\frac{1}{2}\right)^n |a_1 - a_0|$$

而级数 $\sum\limits_{n=1}^{\infty} \left(\dfrac{1}{2}\right)^n |a_1 - a_0|$ 收敛,故 $\sum\limits_{n=1}^{\infty} |a_n - a_{n+1}|$ 收敛.

例 1.9 判断级数 $\sum\limits_{n=1}^{\infty} \left(1 + \dfrac{1}{2} + \dfrac{1}{3} + \cdots + \dfrac{1}{n}\right) \dfrac{\sin nx}{n}$ 的敛散性.

解 令

$$b_n = \left(1 + \frac{1}{2} + \frac{1}{3} + \cdots + \frac{1}{n}\right) \frac{1}{n}, \quad a_n = \sin nx$$

$$b_{n+1} - b_n = \frac{n\left(1 + \dfrac{1}{2} + \cdots + \dfrac{1}{n+1}\right) - (n+1)\left(1 + \dfrac{1}{2} + \cdots + \dfrac{1}{n}\right)}{n(n+1)} =$$

$$\frac{\dfrac{n}{n+1} - \left(1 + \dfrac{1}{2} + \cdots + \dfrac{1}{n}\right)}{n(n+1)} < 0$$

$$b_n \to 0, \quad n \to \infty$$

$$\left| \sum_{k=1}^{n} \sin kx \right| = \left| \sum_{k=1}^{n} \frac{2\sin kx \sin x}{2\sin x} \right| \leqslant \frac{2}{|\sin x|}, \quad x \neq n\pi$$

由狄利克雷判别法,级数收敛. 当 $x = n\pi$ 时,级数显然收敛.

例 1.10 对于任何收敛于零的数列 $\{x_n\}$，级数 $\sum\limits_{n=1}^{\infty} a_n x_n$ 都收敛，证明：级数 $\sum\limits_{n=1}^{\infty} |a_n|$ 收敛.

证明 反证法. 若 $\sum\limits_{n=1}^{\infty} |a_n|$ 发散，则对任何自然数 k，存在 N_k 满足

$$\sum_{n=N_{k-1}+1}^{N_k} |a_n| > k$$

且 $N_0 = 0, N_k \to \infty (k \to \infty)$.

构造数列 x_n 为：$N_{k-1} + 1 \leqslant n \leqslant N_k$ 时，取

$$x_n = (\text{sgn } a_n) \cdot \frac{1}{k}$$

那么，当 $n \to \infty$ 时，有 $k \to \infty$，故 $x_n \to 0$. 但

$$\sum_{n=N_{k-1}+1}^{N_k} a_n x_n = \frac{1}{k} \sum_{n=N_{k-1}+1}^{N_k} |a_n| > 1$$

因此级数 $\sum\limits_{n=1}^{\infty} a_n x_n$ 不收敛，这与假设矛盾！

练习题 1.2

1. 判断如下级数的敛散性：

(1) $\sum\limits_{n=1}^{\infty} \sin(\pi \sqrt{n^2 + 1})$；   (2) $\sum\limits_{n=1}^{\infty} (-1)^n (\sqrt[n]{n} - 1)$.

2. 设 $a_n > a_{n+1}$ 且 $a_n \to 0$，证明：级数 $\sum\limits_{n=1}^{\infty} (-1)^{n-1} \dfrac{a_1 + a_2 + \cdots + a_n}{n}$ 收敛.

3. 设 $a_n > 0$ 且级数 $\sum\limits_{n=1}^{\infty} \dfrac{1}{a_n}$ 收敛，证明：级数 $\sum\limits_{n=1}^{\infty} \dfrac{n^2 a_n}{(a_1 + a_2 + \cdots + a_n)^2}$ 收敛.

4. 根据 P 的取值，讨论级数 $\sum\limits_{n=1}^{\infty} (-1)^{n+1} \dfrac{\sqrt{n+1} - \sqrt{n}}{n^P}$ 的条件收敛、绝对收敛和发散.

5. 设函数 $f(x)$ 在 $x = 0$ 的某个邻域内连续可导，且 $\lim\limits_{x \to 0} \dfrac{f(x)}{x} = a > 0$，证明：级数 $\sum\limits_{n=1}^{\infty} (-1)^n f\left(\dfrac{1}{n}\right)$ 条件收敛.

C. 幂级数

1. 给定幂级数 $\sum\limits_{n=0}^{\infty} a_n(x-x_0)^n$,记

$$\frac{1}{\rho} = \lim_{n \to \infty} \sqrt[n]{|a_n|} \quad \text{或} \quad \rho = \lim_{n \to \infty} \left| \frac{a_{n+1}}{a_n} \right|$$

则 ρ 为幂级数的收敛半径,该幂级数在 $(x_0 - \rho, x_0 + \rho)$ 内收敛.

2. 性质(逐项微分):幂级数 $\sum\limits_{n=0}^{\infty} a_n(x-x_0)^n$ 在收敛域内可逐项微分,即记

$$S(x) = \sum_{n=0}^{\infty} a_n(x-x_0)^n, \text{则} \ S'(x) = \sum_{n=0}^{\infty} (a_n(x-x_0)^n)'.$$

3. 性质(逐项积分):幂级数 $\sum\limits_{n=0}^{\infty} a_n(x-x_0)^n$ 在收敛域内可逐项积分,即记

$$S(x) = \sum_{n=0}^{\infty} a_n(x-x_0)^n, \text{那么}$$

$$\int_{x_0}^{t} S(x)\,\mathrm{d}x = \sum_{n=0}^{\infty} a_n \int_{x_0}^{t} (x-x_0)^n \mathrm{d}x = \sum_{n=0}^{\infty} \frac{a_n}{n+1}(x-x_0)^{n+1}$$

注:幂级数逐项微分或积分后得到的幂级数其收敛半径不变.

4. 阿贝尔定理:若幂级数 $\sum\limits_{n=0}^{\infty} a_n x^n$ 在其收敛区间的左(右)端点处收敛,那么其和函数在这点左(相应地右)连续.

阿贝尔(1802—1929)是 19 世纪挪威出现的最伟大数学家,主要贡献是证明了一元五次方程不能通过代数求解,建立了群论的初期工作及椭圆函数理论. 但这位天才数学家的工作一直到他去世后才得到承认. 为了纪念这位伟大的数学家,2001 年挪威政府设立了阿贝尔奖,奖金的数额与诺贝尔奖相近,是数学界的一项大奖,至 2014 年,已有十余位著名数学家获得此奖.

例 1.11 求幂级数 $\sum\limits_{n=1}^{\infty} \frac{x^{2n-1}}{2n-1}$ 的和.

解 令

$$f(x) = \sum_{n=1}^{\infty} \frac{x^{2n-1}}{2n-1}$$

$$f'(x) = \sum_{n=1}^{\infty} x^{2n-2} = \sum_{n=0}^{\infty} (x^2)^n = \frac{1}{1-x^2}$$

又 $f(0) = 0$,有

$$f(x) = \int_0^x f'(t)\,\mathrm{d}t = \int_0^x \frac{\mathrm{d}t}{1-t^2} = \frac{1}{2}\ln\frac{1+x}{1-x}$$

例 1.12 求幂级数 $\sum\limits_{n=1}^{\infty} n(n+1)x^n$ 的和函数.

解 令

$$f(x) = \sum_{n=1}^{\infty} n(n+1)x^n$$

$$\int_0^x f(t)\,\mathrm{d}t = \sum_{n=1}^{\infty}\int_0^x n(n+1)t^n\,\mathrm{d}t = \sum_{n=1}^{\infty} nx^{n+1} = x^2\left(\sum_{n=1}^{\infty} nx^{n-1}\right)$$

$$g(x) = \sum_{n=1}^{\infty} nx^{n-1}$$

$$\int_0^x g(t)\,\mathrm{d}t = \sum_{n=1}^{\infty}\int_0^x nt^{n-1}\,\mathrm{d}t = \sum_{n=1}^{\infty} x^n = \frac{x}{1-x}$$

$$g'(x) = \left(\frac{x}{1-x}\right)' = \frac{1}{(1-x)^2}$$

故

$$f(x) = \left(\frac{x^2}{(1-x)^2}\right)' = \frac{2x}{(1-x)^3}$$

例 1.13 求级数 $\left(\sum\limits_{n=1}^{\infty} x^n\right)^3$ 中 x^{20} 的系数.

解 由 $\sum\limits_{n=1}^{\infty} x^n = \dfrac{x}{1-x}$，得

$$f(x) = \left(\sum_{n=1}^{\infty} x^n\right)^3 = \frac{x^3}{(1-x)^3}$$

$$\frac{1}{1-x} = \sum_{n=0}^{\infty} x^n$$

$$\left(\frac{1}{1-x}\right)' = \sum_{n=1}^{\infty} nx^{n-1}$$

$$\left[\frac{1}{(1-x)}\right]'' = \sum_{n=1}^{\infty} n(n+1)x^{n-1}$$

即

$$\frac{2}{(1-x)^3} = \sum_{n=1}^{\infty} n(n+1)x^{n-1}$$

$$\frac{x^3}{(1-x)^3} = \sum_{n=1}^{\infty} \frac{n(n+1)}{2} x^{n+2}$$

故 x^{20} 的系数为 $\dfrac{18 \times 19}{2} = 171$.

例 1.14   求函数 $f(x) = x^2 \ln(1+x)$ 在点 $x = 0$ 处的 100 阶导数值.

解   有

$$\frac{1}{1+x} = \sum_{n=0}^{\infty} (-1)^n x^n$$

$$\ln(1+x) = \sum_{n=0}^{\infty} (-1)^n \frac{x^{n+1}}{n+1}$$

因此

$$f(x) = \sum_{n=1}^{\infty} (-1)^n \frac{x^{n+3}}{n+1} = x^3 - \frac{x^4}{2} + \frac{x^5}{3} - \cdots - \frac{x^{100}}{98} + \cdots$$

所以

$$f_{(0)}^{(100)} = 100! \times \left(-\frac{1}{98} \right) = -9\,900 \times 97!$$

例 1.15   已知 $f(x) = \sum_{n=1}^{\infty} \dfrac{1}{n \cdot 4^n} (x+1)^{2n} \ (-3 < x < 1)$，求 $f(x)$ 在 $x = 0$ 点处的 10 阶导数值.

解   若 $f(x)$ 写成关于 x 的幂级数情形

$$f(x) = \sum_{n=1}^{\infty} \frac{1}{n} \left[\left(\frac{x+1}{2} \right)^2 \right]^n$$

由于 $\sum_{n=1}^{\infty} \dfrac{1}{n} t^n = -\ln(1-t)$，所以

$$f(x) = -\ln \left[1 - \left(\frac{x+1}{2} \right)^2 \right] =$$

$$2\ln 2 + \ln(3+x) + \ln(1-x) =$$

$$2\ln 2 + \ln 3 + \ln \left(1 + \frac{x}{3} \right) + \ln(1-x) =$$

$$2\ln 2 + \ln 3 + \sum_{n=1}^{\infty} (-1)^{n-1} \frac{1}{n} \left(\frac{x}{3} \right)^n - \sum_{n=1}^{\infty} \frac{1}{n} x^n =$$

$$2\ln 2 + \ln 3 + \sum_{n=1}^{\infty} \frac{1}{n} \left[(-1)^{n-1} \frac{1}{3^n} - 1 \right] x^n$$

因此

$$f^{(10)}(0) = 10! \times \left[\frac{1}{10} (-1)^{10-1} \frac{1}{3^{10}} - 1 \right] = -10! \times \left(\frac{1}{3^{10} \times 10} - 1 \right)$$

练习题 1.3

1. 求 $\displaystyle\sum_{n=1}^{\infty} \frac{n}{2^n}$.

2. 求幂级数 $\displaystyle\sum_{n=1}^{\infty} \frac{n^n}{n!} x^{n-1}$ 的和函数.

3. 求级数 $\displaystyle\sum_{n=1}^{\infty} (-1)^n \frac{1}{2n}$ 的和,进而,求 $\displaystyle\sum_{n=1}^{\infty} (-1)^{\frac{1}{2}n \cdot (n-1)} \frac{1}{n}$ 的和.

4. 求幂级数 $\displaystyle\sum_{n=1}^{\infty} \frac{2n-1}{2^n} x^{2n-2}$ 的和函数,并求级数 $\displaystyle\sum_{n=1}^{\infty} \frac{2^{n-1}}{2^{2n-1}}$ 的和.

5. 求 $f(x) = \ln(1 + 3x + 2x^2)$ 在 $x = 0$ 点的 10 阶导数值.

6. 证明: $\displaystyle\lim_{x \to 1} \int_0^x \sum_{n=1}^{\infty} (-1)^{n-1} \frac{t^{n-1}}{1+t^n} dt = \frac{\pi}{4} \ln 2$.

7. 设 $f(x) = \displaystyle\sum_{n=1}^{\infty} \frac{x^2}{n^2}, 0 \leqslant x \leqslant 1, \displaystyle\sum_{n=1}^{\infty} \frac{1}{n^2} = \frac{\pi^2}{6}$,证明: $0 < x < 1$ 时,有

$$f(x) + f(1-x) + (\ln x)[\ln(1-x)] = \frac{\pi^2}{6}$$

8. 设 $a_n > 0, A_n = \displaystyle\sum_{k=0}^{n} a_k$,且 $A_n \to +\infty, \dfrac{a_n}{A_n} \to 0$,证明:幂级数 $\displaystyle\sum_{n=0}^{\infty} a_n x^n$ 的收敛半径为 1.

9. 设 $f(x)$ 具有各阶导数,且

$$f(x) = 1 + 2x + 3x^2 + \cdots, \quad |x| < 1$$

由 $f(x) = \displaystyle\sum_{n=0}^{\infty} a_n \left(x + \frac{1}{2}\right)^n$ 确定实数 $a_0, a_1, a_2, \cdots$,求级数 $\displaystyle\sum_{n=0}^{\infty} a_n x^n$ 的收敛半径.

10. 求级数 $\displaystyle\sum_{n=3}^{\infty} \frac{1}{n(n-2)2^n}$ 的和.

D. 傅里叶级数

法国著名数学家傅里叶(Fourier, 1768—1830)于 1807 年发现了三角函数的正交性,即任何周期为 2π 的函数均可展开为正弦和余弦函数的线性组合,从而创立了三角级数理论.这一理论是现代调和分析的基础,在数学、物理与工程等众多领域都有十分广泛的应用.

$f(x)$ 在 $[a,b]$ 上称为分段连续的,是指存在 $[a,b]$ 的分划

$$a = x_0 < x_1 < \cdots < x_n = b$$

满足 $f(x)$ 在 (x_{i-1}, x_i) 内连续,且在左、右端点极限存在.

例如: $f(x) = \begin{cases} x, 1 \leqslant x < 2 \\ x^2, 2 < x < 3 \end{cases}$ 当然,在 $[a,b]$ 上连续的函数一定是分段连续的. 称 $f(x)$ 在 $[a,b]$ 上是分段光滑的,是指 $f(x)$ 及 $f'(x)$ 在 $[a,b]$ 上都是分段连续的,自然,$f(x)$ 在 $[a,b]$ 上连续可微,那么 $f(x)$ 是分段光滑的.

设 $f(x)$ 在 $[-\pi, \pi]$ 上是分段连续的,那么如下两个积分

$$a_n = \frac{1}{\pi} \int_{-\pi}^{\pi} f(x) \cos nx \, \mathrm{d}x, \quad n = 0, 1, 2, \cdots$$

$$b_n = \frac{1}{\pi} \int_{-\pi}^{\pi} f(x) \sin nx \, \mathrm{d}x, \quad n = 1, 2, \cdots$$

都是存在的,称三角级数

$$\frac{a_0}{2} + \sum_{n=1}^{\infty} (a_n \cos nx + b_n \sin nx)$$

为 $f(x)$ 的傅里叶级数,a_n, b_n 称为 $f(x)$ 的傅里叶系数.

定理 若 $f(x)$ 是 $[-\pi, \pi]$ 上分段光滑且以 2π 为周期的函数,那么 $f(x)$ 的傅里叶级数处处收敛且

$$\frac{a_0}{2} + \sum_{n=1}^{\infty} (a_n \cos nx + b_n \sin nx) = \frac{f(x+0) + f(x-0)}{2}$$

性质 1(逐项积分) $f(x)$ 在 $[-\pi, \pi]$ 上分段连续,以 2π 为周期,那么对 $\forall \alpha < \beta$,有

$$\int_{\alpha}^{\beta} f(x) \mathrm{d}x = \int_{\alpha}^{\beta} \frac{a_0}{2} \mathrm{d}x + \sum_{n=1}^{\infty} \int_{\alpha}^{\beta} (a_n \cos nx + b_n \sin nx) \mathrm{d}x$$

性质 2(逐项微分) 设 $f(x)$ 是以 2π 为周期的连续函数,并且导函数 $f'(x)$ 在 $[-\pi, \pi]$ 上分段光滑,若

$$f(x) = \frac{a_0}{2} + \sum_{n=1}^{\infty} (a_n \cos nx + b_n \sin nx)$$

则

$$\sum_{n=1}^{\infty} (a_n \cos nx + b_n \sin nx)' = \frac{1}{2} [f'(x+0) + f'(x-0)]$$

性质 3(三角系的完备性,Parserval 等式) 若 $f^2(x)$ 在 $[-\pi, \pi]$ 上可积,则

$$\frac{1}{2} a_0^2 + \sum_{n=1}^{\infty} (a_n^2 + b_n^2) = \frac{1}{\pi} \int_{-\pi}^{\pi} [f(x)]^2 \mathrm{d}x$$

例 1.16 将函数 $f(x) = |x|$ 在 $[-\pi, \pi]$ 上展开为傅里叶级数,并求

$\sum\limits_{n=0}^{\infty} \dfrac{1}{(2n+1)^2}$ 的和.

解 由于 $f(x)$ 是偶函数,所以

$$b_n = \frac{1}{\pi}\int_{-\pi}^{\pi} f(x)\sin nx\,\mathrm{d}x = 0, \quad n = 1, 2, \cdots$$

$$a_0 = \frac{1}{\pi}\int_{-\pi}^{\pi} |x|\,\mathrm{d}x = \frac{2}{\pi}\int_0^{\pi} x\,\mathrm{d}x = \pi$$

$$a_n = \frac{1}{\pi}\int_{-\pi}^{\pi} |x|\cos nx\,\mathrm{d}x = \frac{2}{\pi}\int_0^{\pi} x\cos nx\,\mathrm{d}x = \begin{cases} 0, n\ \text{为偶数} \\ \dfrac{4}{\pi}\cdot\dfrac{1}{n^2}, n\ \text{为奇数} \end{cases}$$

故 $$|x| = \frac{\pi}{2} - \frac{4}{\pi}\sum_{n=0}^{\infty} \frac{\cos(2n+1)x}{(2n+1)^2}, \quad |x| \leqslant \pi$$

令 $x = 0$,得

$$\sum_{n=0}^{\infty} \frac{1}{(2n+1)^2} = \frac{\pi^2}{8}$$

例 1.17 设 $f(x)$ 是 $[-\pi, \pi]$ 上的连续函数,且傅里叶展开为 $\dfrac{a_0}{2} + \sum\limits_{n=1}^{\infty}(a_n\cos nx + b_n\sin nx)$,证明:级数 $\sum\limits_{n=1}^{\infty} \dfrac{b_n}{n}$ 收敛.

证明 令 $F(x) = \int_0^x\left[f(t) - \dfrac{a_0}{2}\right]\mathrm{d}t, x \in [-\pi, \pi]$,那么 $F(x)$ 是连续可微函数,且

$$F(\pi) - F(-\pi) = \int_{-\pi}^{\pi} f(t)\,\mathrm{d}t - \pi a_0 = 0$$

因此 $F(x)$ 可延拓为 $(-\infty, +\infty)$ 上的周期为 2π 的连续可微函数,将 $F(x)$ 展开为

$$F(x) = \frac{A_0}{2} + \sum_{n=1}^{\infty}(A_n\cos nx + B_n\sin nx)$$

$$A_n = \frac{1}{\pi}\int_{-\pi}^{\pi} F(x)\cos nx\,\mathrm{d}x = -\frac{b_n}{n}$$

$$F(0) = \frac{A_0}{2} + \sum_{n=1}^{\infty} A_n$$

即 $$\sum_{n=1}^{\infty} \frac{b_n}{n} = \frac{A_0}{2} = \frac{1}{2\pi}\int_{-\pi}^{\pi} F(x)\,\mathrm{d}x$$

收敛.

例 1. 18 设 $f(x)$ 是 $[0,\pi]$ 上连续可微函数,且 $f(0)=f(\pi)=0$,证明

$$\int_0^\pi f^2(x)\mathrm{d}x \leqslant \int_0^\pi [f'(x)]^2\mathrm{d}x$$

并说明 $f(x)$ 为何函数时,等号成立?

证明 将 $f(x)$ 扩展为 $[-\pi,\pi]$ 上的奇函数,且

$$f(x)=\sum_{n=1}^\infty b_n \sin nx$$

$$f'(x)=\frac{A_0}{2}+\sum_{n=1}^\infty (A_n \cos nx + B_n \sin nx)=\frac{A_0}{2}+\sum_{n=1}^\infty A_n \cos nx$$

而

$$A_0=\frac{1}{\pi}\int_{-\pi}^\pi f'(x)\mathrm{d}x=0, A_n=nb_n, \quad n=1,2,\cdots$$

所以由 Parserval 等式

$$\sum_{n=1}^\infty b_n^2=\frac{1}{\pi}\int_{-\pi}^\pi f^2(x)\mathrm{d}x=\frac{2}{\pi}\int_0^\pi f^2(x)\mathrm{d}x$$

$$\sum_{n=1}^\infty A_n^2=\sum_{n=1}^\infty (nb_n)^2=\frac{1}{\pi}\int_{-\pi}^\pi [f'(x)]^2\mathrm{d}x=\frac{2}{\pi}\int_0^\pi [f'(x)]^2\mathrm{d}x$$

由于 $\sum_{n=1}^\infty nb_n^2 \geqslant \sum_{n=1}^\infty b_n^2$ 得不等式成立,当 $f(x)=\sin x$ 时,等号成立.

例 1. 19 证明下面的恒等式成立

$$\sum_{n=1}^\infty \frac{\cos nx}{n^2}=\frac{1}{4}x^2-\frac{\pi}{2}\mid x\mid+\frac{\pi^2}{6}, \quad \mid x\mid<\pi$$

证明 将 $f(x)=\mid x\mid$ 展开为

$$\mid x\mid=\frac{\pi}{2}-\frac{4}{\pi}\sum_{n=0}^\infty \frac{\cos(2n+1)x}{(2n+1)^2}$$

将 $f(x)=x^2$ 展开为

$$x^2=\frac{\pi^2}{3}+4\sum_{n=1}^\infty (-1)^n \frac{\cos nx}{n^2}, \quad \mid x\mid<\pi$$

记

$$A=\sum_{n=0}^\infty \frac{\cos(2n+1)x}{(2n+1)^2}, B=\sum_{n=1}^\infty \frac{\cos 2nx}{(2n)^2}$$

那么

$$\mid x\mid=\frac{\pi}{2}-\frac{4}{\pi}A, x^2=\frac{\pi}{3}-4A+4B$$

解 A,B,得

$$A+B=\frac{1}{4}x^2-\frac{\pi}{2}\mid x\mid+\frac{\pi^2}{6}$$

例 1. 20 设 $f(x)$ 是以 2π 为周期的连续可微函数,记傅里叶系数为 a_n,

b_n.

(1) 试求 $f(x+l)$（l 为常数）的傅里叶系数；

(2) 证明：$F(x)=\dfrac{1}{\pi}\displaystyle\int_{-\pi}^{\pi}f(t)f(x+t)\mathrm{d}t$ 是周期为 2π 的连续偶函数，并由此

证明如下等式成立

$$\frac{1}{\pi}\int_{-\pi}^{\pi}f^2(t)\mathrm{d}t=\frac{a_0^2}{2}+\sum_{n=1}^{\infty}(a_n^2+b_n^2)$$

解 （1）设 $f(x+l)$ 的傅里叶系数为 A_n,B_n，则

$$A_n=\frac{1}{\pi}\int_{-\pi}^{\pi}f(x+l)\cos nx\,\mathrm{d}x=$$

$$\frac{1}{\pi}\int_{-\pi+l}^{\pi+l}f(t)\cos n(t-l)\mathrm{d}t=$$

$$a_n\cos nl+b_n\sin nl,\quad n=0,1,2,\cdots$$

同理可得

$$B_n=b_n\cos nl-a_n\sin nl,\quad n=1,2,\cdots$$

（2）因

$$F(x+2\pi)=\frac{1}{\pi}\int_{-\pi}^{\pi}f(t)f(x+2\pi+t)\mathrm{d}t=F(x)$$

$$F(-x)=\frac{1}{\pi}\int_{-\pi}^{\pi}f(t)f(-x+t)\mathrm{d}t=$$

$$\frac{1}{\pi}\int_{-x-\pi}^{-x+\pi}f(x+u)f(u)\mathrm{d}u=$$

$$\frac{1}{\pi}\int_{-\pi}^{\pi}f(x+u)f(u)\mathrm{d}u=F(x)$$

所以 $F(x)$ 是周期 2π 的偶函数.

记 $F(u)$ 的傅里叶函数为 A_n,B_n，则

$$B_n=0$$

$$A_0=\frac{1}{\pi}\int_{-\pi}^{\pi}F(x)\mathrm{d}x=\frac{1}{\pi}\int_{-\pi}^{\pi}\left[\frac{1}{\pi}\int_{-\pi}^{\pi}f(t)f(x+t)\mathrm{d}t\right]\mathrm{d}x=$$

$$\frac{1}{\pi}\int_{-\pi}^{\pi}f(t)\left[\frac{1}{\pi}\int_{-\pi+t}^{\pi+t}f(u)\mathrm{d}u\right]\mathrm{d}t=a_0^2$$

$$A_n=\frac{1}{\pi}\int_{-\pi}^{\pi}F(x)\cos nx\,\mathrm{d}x=\frac{1}{\pi}\int_{-\pi}^{\pi}\left[\frac{1}{\pi}\int_{-\pi}^{\pi}f(t)f(x+t)\mathrm{d}t\right]\cos nx\,\mathrm{d}x=$$

$$\frac{1}{\pi}\int_{-\pi}^{\pi}\left[f(t)a_n\cos nt+b_n\sin nt\right]\mathrm{d}t=a_n^2+b_n^2$$

而
$$F(x) = \frac{A_0}{2} + \sum_{n=1}^{\infty} A_n \cos nx$$

令 $x = 0$，得
$$\frac{1}{\pi} \int_{-\pi}^{\pi} f^2(t) \, \mathrm{d}t = \frac{a_0^2}{2} + \sum_{n=1}^{\infty} (a_n^2 + b_n^2)$$

注：这里用到一个基本事实，即若 $f(x)$ 是周期为 T 的连续函数，则对任何实数 α，有
$$\int_{\alpha}^{\alpha+T} f(t) \, \mathrm{d}t = \int_0^T f(t) \, \mathrm{d}t$$

证明：令 $g(\alpha) = \int_{\alpha}^{\alpha+T} f(t) \, \mathrm{d}t$，则
$$g'(\alpha) = f(\alpha + T) - f(\alpha) = 0$$

故 $g(\alpha) \equiv$ 常数，即
$$g(\alpha) = g(0) = \int_0^T f(t) \, \mathrm{d}t$$

练习题 1.4

1. 在 $[0, \pi]$ 上将函数 $f(x) = x(\pi - x)$ 分别展成余弦级数和正弦级数的形式.

2. 将函数 $f(x) = x^2$ 在 $[-\pi, \pi]$ 上展开为余弦级数，在 $[0, \pi]$ 上展开为正弦级数

3. 通过 $f(x) = x$ 的傅里叶展开式及逐项积分，求：

(1) $\sum_{n=0}^{\infty} \frac{1}{(2n+1)^4}$；　(2) $\sum_{n=1}^{\infty} \frac{1}{n^4}$.

4. 设函数 $f(x)$ 是以 2π 为周期的周期函数，且 $f(x) = \mathrm{e}^x \, (0 \leqslant x < 2\pi)$ 将 $f(x)$ 展开成傅里叶级数，并求和 $\sum_{n=1}^{\infty} \frac{1}{1+n^2}$.

5. 证明：$\sum_{n=0}^{\infty} \frac{\sin(2n+1)x}{(2n+1)^3} = \frac{\pi}{8}(\pi x - x^2), 0 \leqslant x \leqslant \pi.$

§2　广义积分

广义积分与级数之间有天然的联系，因此本书将两者放到同一章讨论.

A. 定义在无穷区间的广义积分

设 $f(x)$ 在 $[a, +\infty)$ 上有定义,且对 $\forall b > a, f(x)$ 在 $[a,b]$ 上可积,记 $F(b) = \int_a^b f(x)\mathrm{d}x$,如果 $\lim\limits_{b \to +\infty} F(b)$ 存在,则称广义积分 $\int_a^{+\infty} f(x)\mathrm{d}x$ 收敛.

1. 收敛判别法.

柯西准则: $\int_a^{+\infty} f(x)\mathrm{d}x$ 收敛当且仅当对 $\forall \varepsilon > 0, \exists X > a$,使对 $\forall x_1, x_2 > X$,有

$$\left| \int_{x_1}^{x_2} f(x)\mathrm{d}x \right| < \varepsilon$$

2. 比较判别法.

(1) 若 $0 \leqslant f(x) \leqslant g(x)$,则若 $\int_a^{+\infty} g(x)\mathrm{d}x$ 收敛,那么 $\int_a^{+\infty} f(x)\mathrm{d}x$ 收敛;若 $\int_a^{+\infty} f(x)\mathrm{d}x$ 发散,则 $\int_a^{+\infty} g(x)\mathrm{d}x$ 发散.

(2) 若 $f(x)$ 在 $[a, +\infty)$ 的任何有限区间上可积,且 $\int_a^{+\infty} |f(x)|\mathrm{d}x$ 收敛,那么 $\int_a^{+\infty} f(x)\mathrm{d}x$ 收敛.

(3) 狄利克雷判别法:若 $g(x)$ 单调且 $\lim\limits_{x \to +\infty} g(x) = 0$,存在常数 $M > 0$,使 $\left| \int_a^b f(x)\mathrm{d}x \right| \leqslant M, \forall b \in [a, +\infty)$,则 $\int_a^{+\infty} f(x)g(x)\mathrm{d}x$ 收敛.

(4) 阿贝尔判别法: 若 $\int_a^{+\infty} f(x)\mathrm{d}x$ 收敛,$g(x)$ 单调有界,那么 $\int_a^{+\infty} f(x)g(x)\mathrm{d}x$ 收敛.

常用广义积分:

(1) $\int_0^{+\infty} \mathrm{e}^{-x^2}\mathrm{d}x = \dfrac{\sqrt{\pi}}{2}$;

(2) $\int_a^{+\infty} \dfrac{1}{x^p}\mathrm{d}x = \begin{cases} \dfrac{1}{(p-1)a^{p-1}}, & \text{当 } p > 1 \\ \text{发散}, & \text{当 } p \leqslant 1 \end{cases}$ ($a > 0$ 的常数).

例 2.1 已知函数

$$f(x) = \begin{cases} \mathrm{sgn}(\sin x), & -\pi \leqslant x < 1 \\ \dfrac{1}{n(n+1)}, & n \leqslant x < (n+1), n = 1, 2, \cdots \end{cases}$$

100

求 $\int_{-\pi}^{+\infty} f(x)\mathrm{d}x$.

解 有

$$\int_{-\pi}^{+\infty} f(x)\mathrm{d}x = \int_{-\pi}^{1} f(x)\mathrm{d}x + \sum_{n=1}^{\infty}\int_{n}^{n+1} f(x)\mathrm{d}x =$$

$$-\pi + 1 + \sum_{n=1}^{\infty}\frac{1}{n(n+1)} = 2 - \pi$$

例 2.2 求 $\int_{0}^{\infty}\dfrac{x\mathrm{e}^{-x}}{(1+\mathrm{e}^{-x})^2}\mathrm{d}x$.

解 有

$$\int_{0}^{\infty}\frac{x\mathrm{e}^{-x}}{(1+\mathrm{e}^{-x})^2}\mathrm{d}x = \int_{0}^{\infty}\frac{x\mathrm{e}^{x}\mathrm{d}x}{(\mathrm{e}^{x}+1)^2} = -\frac{x}{\mathrm{e}^{x}+1}\bigg|_{0}^{+\infty} + \int_{0}^{\infty}\frac{\mathrm{d}x}{\mathrm{e}^{x}+1} =$$

$$\int_{0}^{\infty}\frac{\mathrm{e}^{-x}}{\mathrm{e}^{-x}+1}\mathrm{d}x = -\ln(\mathrm{e}^{-x}+1)\bigg|_{0}^{\infty} = \ln 2$$

例 2.3 $\int_{0}^{\infty}\dfrac{\mathrm{e}^{-x^2}}{\left(x^2+\dfrac{1}{2}\right)^2}\mathrm{d}x$.

解 令 $I = \int_{0}^{\infty}\dfrac{\mathrm{e}^{-x^2}}{\left(x^2+\dfrac{1}{2}\right)^2}\mathrm{d}x$,那么

$$I = 2\left[\int_{0}^{\infty}\frac{\mathrm{e}^{-x^2}}{x^2+\dfrac{1}{2}}\mathrm{d}x - \int_{0}^{\infty}\frac{x^2\mathrm{e}^{-x^2}}{\left(x^2+\dfrac{1}{2}\right)^2}\mathrm{d}x\right] =$$

$$2\left[\int_{0}^{\infty}\frac{\mathrm{e}^{-x^2}}{x^2+\dfrac{1}{2}}\mathrm{d}x + \int_{0}^{\infty}\frac{-x^2+\dfrac{1}{2}}{\left(x^2+\dfrac{1}{2}\right)^2}\mathrm{e}^{-x^2}\mathrm{d}x\right] - I$$

故

$$I = \int_{0}^{\infty}\frac{\mathrm{e}^{-x^2}}{x^2+\dfrac{1}{2}}\mathrm{d}x + \int_{0}^{\infty}\frac{-x^2+\dfrac{1}{2}}{\left(x^2+\dfrac{1}{2}\right)^2}\mathrm{e}^{-x^2}\mathrm{d}x$$

而

$$\int_{0}^{\infty}\frac{-x^2+\dfrac{1}{2}}{\left(x^2+\dfrac{1}{2}\right)^2}\mathrm{e}^{-x^2}\mathrm{d}x = \int_{0}^{\infty}\mathrm{e}^{-x^2}\mathrm{d}\left(\frac{x}{x^2+\dfrac{1}{2}}\right) =$$

$$\frac{x}{x^2+\dfrac{1}{2}}\mathrm{e}^{-x^2}\bigg|_{0}^{\infty} - \int_{0}^{\infty}\frac{-2x^2\mathrm{e}^{-x^2}}{x^2+\dfrac{1}{2}}\mathrm{d}x =$$

$$\int_0^\infty \frac{2x^2 e^{-x^2}}{x^2 + \frac{1}{2}} \mathrm{d}x =$$

$$2\int_0^\infty e^{-x^2} \mathrm{d}x - \int_0^\infty \frac{e^{-x^2}}{x^2 + \frac{1}{2}} \mathrm{d}x$$

因此

$$I = 2\int_0^\infty e^{-x^2} \mathrm{d}x = \sqrt{\pi}$$

例 2.4 设 $f(x)$ 在 $[a, +\infty)$ 满足 $\int_a^{+\infty} f(x)\mathrm{d}x$ 收敛，$xf(x)$ 在 $[a, +\infty)$ 上单调递减且 $xf(x) \to 0(x \to +\infty)$，证明: $\lim\limits_{x \to +\infty} xf(x)\ln x = 0$.

证明 由 $xf(x)$ 单调递减趋于 0 知 $f(x) \geqslant 0$. 因此由 $\int_a^{+\infty} f(x)\mathrm{d}x$ 收敛知

$$\lim_{x \to +\infty} \int_{\sqrt{x}}^x f(t)\mathrm{d}t = 0$$

注意到

$$\int_{\sqrt{x}}^x f(t)\mathrm{d}t = \int_{\sqrt{x}}^x tf(t)\,\frac{\mathrm{d}t}{t} \geqslant xf(x)\int_{\sqrt{x}}^x \frac{\mathrm{d}t}{t} = \frac{1}{2}xf(x)\ln x$$

那么由 $\lim\limits_{x \to +\infty} \int_{\sqrt{x}}^x f(t)\mathrm{d}t = 0$ 得 $\lim\limits_{x \to +\infty} xf(x)\ln x = 0$.

例 2.5 设 $\int_{-\infty}^{+\infty} f(t)\mathrm{d}t = A$，令 $F(u) = \int_{-u}^u f(t)\mathrm{d}t$，证明

$$\lim_{x \to +\infty} \frac{1}{x} \int_0^x F(u)\mathrm{d}u = A$$

证明 由 $\int_{-\infty}^{+\infty} f(t)\mathrm{d}t$ 收敛，知 $F(u)$ 有界，记为 $|F(u)| \leqslant M$. 对 $\forall \varepsilon > 0$，存在 X_0，使当 $|u| \geqslant X_0$ 时，有

$$|F(u) - A| < \frac{\varepsilon}{2}$$

另一方面

$$\left| \frac{1}{x}\int_0^x F(u)\mathrm{d}u - A \right| \leqslant \frac{1}{x}\int_0^x |F(u) - A|\,\mathrm{d}u =$$

$$\frac{1}{x}\int_0^{X_0} |F(u) - A|\,\mathrm{d}u + \frac{1}{x}\int_{X_0}^x |F(u) - A|\,\mathrm{d}u <$$

$$\frac{X_0}{x}(M + |A|) + \frac{(x - X_0)}{x}\,\frac{\varepsilon}{2}$$

102

取 X_1，满足当 $x \geqslant X_1$ 时，有$(X_1 > X_0)$

$$\frac{X_0}{x}(M + |A|) < \frac{\varepsilon}{2}$$

那么

$$\left| \frac{1}{x} \int_0^x F(u) \mathrm{d}u - A \right| < \varepsilon$$

故

$$\lim_{x \to +\infty} \frac{1}{x} \int_0^x F(u) \mathrm{d}u = A$$

例 2.6 设 $f(x)$ 在$[0, +\infty)$ 上连续，$\int_0^{+\infty} f(x)\mathrm{d}x$ 收敛，求

$$\lim_{y \to +\infty} \frac{1}{y} \int_0^y x f(x) \mathrm{d}x$$

证明 记 $\int_0^{+\infty} f(x)\mathrm{d}x = A$，令 $F(u) = \int_0^u f(x)\mathrm{d}x$，那么

$$\lim_{u \to +\infty} F(u) = A$$

注意到

$$\frac{1}{y} \int_0^y x f(x) \mathrm{d}x = \frac{1}{y} \int_0^y x \mathrm{d}F(x) = F(y) - \frac{1}{y} \int_0^y F(x) \mathrm{d}x$$

因此仅需考虑 $\lim\limits_{y \to +\infty} \dfrac{1}{y} \int_0^y F(x) \mathrm{d}x$.

(1) 当 $A \neq 0$ 时，$\int_0^y F(x)\mathrm{d}x \to \infty$(当 $A > 0$ 为$+\infty$，当 $A < 0$ 为 $-\infty$)，那么由洛必达法则，有

$$\lim_{y \to +\infty} \frac{1}{y} \int_0^y F(x) \mathrm{d}x = \lim_{y \to +\infty} F(y) = A$$

(2)$A = 0$ 时，不能用洛必达法则，但注意到，$\lim\limits_{x \to +\infty} F(x) = 0$，对 $\forall \varepsilon > 0$，那么存在 X_0，当 $x \geqslant X_0$ 时，有

$$|F(x)| < \frac{\varepsilon}{2}$$

于是

$$\left| \frac{1}{y} \int_0^y F(x) \mathrm{d}x \right| \leqslant \frac{1}{y} \left| \int_0^{X_0} F(x) \mathrm{d}x \right| + \frac{1}{y} \left| \int_{X_0}^y F(x) \mathrm{d}x \right| \leqslant$$

$$\frac{1}{y} \int_0^{X_0} |F(x)| \mathrm{d}x + \frac{y - X_0}{y} \frac{\varepsilon}{2}$$

于是取 $X_1 > X_0$，满足 $y \geqslant X_1$ 时，有

$$\frac{1}{y}\int_0^{X_0} |F(x)| \,\mathrm{d}x < \frac{\varepsilon}{2}$$

故
$$\left|\frac{1}{y}\int_0^y F(x)\,\mathrm{d}x\right| < \varepsilon$$

综上
$$\lim_{y\to+\infty}\frac{1}{y}\int_0^y xf(x)\,\mathrm{d}x = 0$$

例 2.7 证明：$\displaystyle\int_0^{+\infty}\frac{x\mathrm{d}x}{1+x^6\sin^2 x}$ 收敛.

证明 $\displaystyle\int_0^{+\infty}\frac{x\mathrm{d}x}{1+x^6\sin^2 x}$ 收敛等价于级数 $\displaystyle\sum_{n=1}^{\infty}\int_{(n-\frac{1}{2})\pi}^{(n+\frac{1}{2})\pi}\frac{x\mathrm{d}x}{1+x^6\sin^2 x}$ 收敛.
下面来估计积分项. 注意到如下不等式

$$|\sin t| \geqslant \frac{2}{\pi}|t|, \quad t\in\left[-\frac{\pi}{2}, \frac{\pi}{2}\right]$$

我们有 $\left(n-\dfrac{1}{2}\right)\pi \leqslant x \leqslant \left(n+\dfrac{1}{2}\right)\pi$ 时

$$1+x^6\sin^2 x = 1+x^6\sin^2(x-n\pi) \geqslant$$
$$1+\left(n-\frac{1}{2}\right)^6\pi^6\cdot\frac{4}{\pi^2}(x-n\pi)^2 >$$
$$1+\left(n-\frac{1}{2}\right)^6(x-n\pi)^2$$

于是

$$\int_{(n-\frac{1}{2})\pi}^{(n+\frac{1}{2})\pi}\frac{x\mathrm{d}x}{1+x^6\sin^2 x} < \left(n+\frac{1}{2}\right)\pi\int_{(n-\frac{1}{2})\pi}^{n+\frac{1}{2}\pi}\frac{\mathrm{d}x}{1+\left(n-\frac{1}{2}\right)^6(x-n\pi)^2} <$$
$$\left(n+\frac{1}{2}\right)\pi\int_{-\frac{1}{2}\pi}^{\frac{1}{2}\pi}\frac{\mathrm{d}u}{1+\left(n-\frac{1}{2}\right)^6 u^2} <$$
$$\left(n+\frac{1}{2}\right)\pi\int_{-\infty}^{+\infty}\frac{\mathrm{d}u}{1+\left(n-\frac{1}{2}\right)^6 u^2} =$$
$$\frac{\left(n+\frac{1}{2}\right)\pi^2}{\left(n-\frac{1}{2}\right)^3} < \frac{\pi^2}{\left(n-\frac{1}{2}\right)^2}$$

而级数 $\displaystyle\sum_{n=1}^{\infty}\frac{1}{\left(n-\frac{1}{2}\right)^2}$ 收敛,所以 $\displaystyle\int_0^{+\infty}\frac{x\mathrm{d}x}{1+x^6\sin^2 x}$ 收敛.

104

例 2.8 计算 $\int_0^{+\infty} \mathrm{e}^{-2x} \mid \sin x \mid \mathrm{d}x$.

解 由于

$$\int_0^{n\pi} \mathrm{e}^{-2x} \mid \sin x \mid \mathrm{d}x = \sum_{k=1}^n \int_{(k-1)\pi}^{k\pi} \mathrm{e}^{-2x} \mid \sin x \mid \mathrm{d}x =$$

$$\sum_{k=1}^n (-1)^{k-1} \int_{(k-1)\pi}^{k\pi} \mathrm{e}^{-2x} \sin x \mathrm{d}x$$

而

$$(-1)^{k-1} \int_{(k-1)\pi}^{k\pi} \mathrm{e}^{-2x} \sin x \mathrm{d}x = \frac{1}{5} \mathrm{e}^{-2k\pi} (1 + \mathrm{e}^{2\pi})$$

因此

$$\int_0^{n\pi} \mathrm{e}^{-2x} \mid \sin x \mid \mathrm{d}x = \frac{1}{5} (1 + \mathrm{e}^{2\pi}) \sum_{k=1}^n \mathrm{e}^{-2k\pi} = \frac{1}{5} (1 + \mathrm{e}^{2\pi}) \frac{\mathrm{e}^{-2\pi} - \mathrm{e}^{-2(n+1)\pi}}{1 - \mathrm{e}^{-2\pi}}$$

而

$$\int_0^{+\infty} \mathrm{e}^{-2x} \mid \sin x \mid \mathrm{d}x = \lim_{n \to 0} \int_0^{n\pi} \mathrm{e}^{-2x} \mid \sin x \mid =$$

$$\frac{1}{5} (1 + \mathrm{e}^{2\pi}) \frac{\mathrm{e}^{-2\pi}}{1 - \mathrm{e}^{-2\pi}} =$$

$$\frac{1}{5} \frac{\mathrm{e}^{2\pi} + 1}{\mathrm{e}^{2\pi} - 1}$$

练习题 2.1

1. 计算 $\int_0^\infty \dfrac{\mathrm{d}x}{(2x^2 + 1)\sqrt{1 + x^2}}$.

2. 计算 $\int_1^{+\infty} \dfrac{\mathrm{d}x}{\mathrm{e}^{x+1} + \mathrm{e}^{3-x}}$.

3. 求 $\int_0^{+\infty} \dfrac{\mathrm{e}^{-2x^2} - \mathrm{e}^{-3x^2}}{x^2} \mathrm{d}x$ 的值.

4. 证明：$\int_1^{+\infty} \left[\dfrac{1}{\sqrt{x}} - \sqrt{\ln \dfrac{x+1}{x}} \right] \mathrm{d}x$ 收敛.

5. 讨论广义积分 $\int_0^\infty \dfrac{\mathrm{d}x}{1 + x^\alpha \sin^2 x}$ 的敛散性,其中 α 是参数.

6. 设 $s > 0, I_n = \int_0^{+\infty} \mathrm{e}^{-sx} x^n \mathrm{d}x (n = 1, 2, \cdots)$,求 I_n.

7. 若 $f'(x)$ 在 $[a, +\infty)$ 上连续且 $f'(x) \leqslant 0, \int_a^{+\infty} f(x) \mathrm{d}x$ 收敛,证明：

$$\int_a^{+\infty} x f'(x) \mathrm{d}x \text{ 收敛}.$$

8. 讨论 $\int_0^{+\infty} \dfrac{x}{\cos^2 x + x^\alpha \sin^2 x} \mathrm{d}x$ 的敛散性,其中 α 是实参数.

9. 设 $f(x), g(x)$ 在 $[a, +\infty)$ 上有连续导数,$f'(x) \geqslant 0$,$\lim\limits_{x \to +\infty} f(x) = 0$, $g(x)$ 有界,证明:$\int_a^{+\infty} f(x) g'(x) \mathrm{d}x$ 收敛.

10. 设 $f(x) \geqslant 0$,在任何有限区间上可积,且满足
$$\int_{-\infty}^{+\infty} f(x) \mathrm{d}x = \int_{-\infty}^{+\infty} x^2 f(x) \mathrm{d}x = 1, \int_{-\infty}^{+\infty} x f(x) \mathrm{d}x = 0$$
证明:对任何 $a < 0$,有
$$\int_{-\infty}^{a} f(x) \mathrm{d}x \leqslant \frac{1}{1 + a^2}$$

B. 定义在有限区间上的广义积分

设 $f(x)$ 在有限区间 $(a, b]$ 上有定义,且 $\lim\limits_{x \to a^+} f(x) = \infty$(或极限不存在),称

广义积分 $\int_a^b f(x) \mathrm{d}x$ 收敛,是指对 $\forall y \in (a, b]$,积分 $\int_y^b f(x) \mathrm{d}x$ 存在,且

$\lim\limits_{y \to a^+} \int_y^b f(x) \mathrm{d}x$ 存在.

例如:$\int_0^1 \dfrac{1}{x^p} \mathrm{d}x$ 当 $0 < p < 1$ 时,积分存在,由于

$$\int_y^1 \frac{1}{x^p} \mathrm{d}x = \frac{1}{1 - p} [1 - y^{-p+1}]$$

而
$$\lim\limits_{y \to 0^+} y^{-p+1} = 0$$

所以
$$\lim\limits_{y \to 0^+} \int_y^1 \frac{1}{x^p} \mathrm{d}x = \frac{1}{1 - p}$$

当 $p \geqslant 1$ 时,$\int_0^1 \dfrac{1}{x^p} \mathrm{d}x = +\infty$,发散.

注 1　当 $p \leqslant 0$ 时,是通常定义下的积分.

注 2　有限区间上的广义积分可化成无穷区间上的广义积分,且收敛的判别法与无穷区间上的广义积分类似.

例 2.9　计算积分 $I = \int_0^{\frac{\pi}{2}} \ln \sin x \mathrm{d}x$ 的值.

解　这是一个广义积分

$$I = \int_0^{\frac{\pi}{2}} \ln \sin x \mathrm{d}x = \int_{\frac{\pi}{2}}^{\pi} \ln \sin x \mathrm{d}x = \int_0^{\frac{\pi}{2}} \ln \cos x \mathrm{d}x$$

$$\int_0^{\pi} \ln \sin x \mathrm{d}x = 2 \int_0^{\frac{\pi}{2}} \ln \sin x \mathrm{d}x$$

$$\int_0^{\frac{\pi}{2}} \ln \sin 2x \mathrm{d}x = \int_0^{\frac{\pi}{2}} \ln \sin x \mathrm{d}x + \int_0^{\frac{\pi}{2}} \ln \cos x \mathrm{d}x + \frac{\pi}{2} \ln 2$$

求得 $I = -\dfrac{\pi}{2} \ln 2$.

例 2.10 证明：$\int_0^1 x \left[\dfrac{1}{x} \right] \mathrm{d}x$ 存在，并求其值，这里符号 $[A]$ 表示不超 A 的非负整数，例如 $A = 5.3$，$[A] = 5$；$A = 0.34$，$[A] = 0$.

证明 令 $\dfrac{1}{x} = y$，那么

$$\int_0^1 x \left[\frac{1}{x} \right] \mathrm{d}x = \int_1^{+\infty} \frac{[y]}{y^3} \mathrm{d}y$$

由于 $[y] \leqslant y$，那么 $\dfrac{[y]}{y^3} \leqslant \dfrac{1}{y^2}$，而 $\displaystyle\int_1^{+\infty} \dfrac{\mathrm{d}y}{y^2}$ 收敛，故原积分收敛

$$\int_1^{+\infty} \frac{[y]}{y^3} \mathrm{d}y = \sum_{n=1}^{\infty} \int_n^{n+1} \frac{[y]}{y^3} \mathrm{d}y = \sum_{n=1}^{\infty} \int_n^{n+1} \frac{n}{y^3} \mathrm{d}y =$$

$$\frac{1}{2} \sum_{n=1}^{\infty} \frac{2n+1}{n(n+1)^2} =$$

$$\frac{1}{2} \left[\sum_{n=1}^{\infty} \frac{1}{(n+1)^2} + \sum_{n=1}^{\infty} \frac{1}{n(n+1)} \right]$$

由于

$$\sum_{n=1}^{\infty} \frac{1}{(n+1)^2} = \frac{\pi^2}{6} - 1, \sum_{n=1}^{\infty} \frac{1}{n(n+1)} = 1$$

所以

$$\int_1^{+\infty} \frac{[y]}{y^3} \mathrm{d}y = \frac{\pi^2}{12}$$

练习题 2.2

1. 计算：$(1) \displaystyle\int_0^1 \ln x \mathrm{d}x$；$(2) \displaystyle\int_0^1 \frac{\mathrm{d}x}{(2-x)\sqrt{1-x}}$.

2. 判断下面的两个广义积分的敛散性.

(1) $\int_0^1 \dfrac{\ln x}{1-x^2}\mathrm{d}x$;(2) $\int_0^{\frac{\pi}{2}} \dfrac{\mathrm{d}x}{\sin^p x \cos^q x}(p,q>0)$.

3. 设 $f(x)$ 在 $[0,1]$ 上连续,在 $(0,1)$ 内可微,且满足

$$|\, xf'(x)-f(x)+f(0)\,| \leqslant \frac{x}{|\ln^2 x|}, \quad x\in(0,1)$$

证明: $f(x)$ 在 $x=0$ 点存在导数.

4. 设 $f(x)$ 在 $(0,1]$ 上单调递减, $\lim\limits_{x\to 0^+} f(x)=+\infty$, $\int_0^1 f(x)\mathrm{d}x$ 收敛,证明

$$\lim_{n\to\infty} \frac{1}{n}\sum_{k=1}^{n} f\left(\frac{k}{n}\right) = \int_0^1 f(x)\mathrm{d}x$$

5. 证明: $\int_0^1\left(\left[\dfrac{2}{x}\right]-2\left[\dfrac{1}{x}\right]\right)\mathrm{d}x$ 存在,并求其值.

第三部分练习题答案与提示

练习题 1.1

1. 提示:有

$$\frac{a_n - a_{n+1}}{a_{n+1}a_n} > \frac{a_n - a_{n+1}}{a_n^2}$$

$$\frac{a_n^2}{a_n - a_{n+1}} = \frac{\sum\limits_{k=n}^{\infty}(a_k^2 - a_{k+1}^2)}{a_n - a_{n+1}} \leqslant \sum_{k=n}^{\infty}(a_k + a_{k+1})$$

故

$$\left(\frac{1}{a_{n+1}} - \frac{1}{a_n}\right) \geqslant \frac{1}{\sum\limits_{k=n}^{\infty}(a_k + a_{k+1})} \to +\infty, \quad n\to\infty$$

2. 提示:当 $n \geqslant N$ 时,有

$$\frac{1}{2} < n^p(\mathrm{e}^{\frac{1}{n}}-1)a_n < \frac{3}{2}, \frac{1}{2} < n(\mathrm{e}^{\frac{1}{n}}-1) < \frac{3}{2}$$

故

$$\frac{1}{4} < n^{p-1}a_n < \frac{9}{4}$$

3. 提示:(1) $\dfrac{1}{a_n} = \dfrac{n}{na_n} \leqslant \dfrac{n}{a_1 + a_2 + \cdots + a_n}$.

(2) $u_{2n} = \dfrac{2n}{a_1 + a_2 + \cdots + a_{2n}} \leqslant \dfrac{2n}{a_{n+1} + \cdots + a_{2n}} \leqslant \dfrac{2n}{na_n} = \dfrac{2}{a_n}$;

$$u_{2n+1} = \frac{2n+1}{a_1 + a_2 + \cdots + a_{2n+1}} \leqslant \frac{2n+1}{a_{n+1} + \cdots + a_{2n}} \leqslant \frac{2n+1}{na_n} \leqslant \frac{3}{a_n}.$$

故 $\sum\limits_{n=1}^{\infty}(u_{2n} + u_{2n+1})$ 收敛,那么 $\sum\limits_{n=1}^{\infty} \dfrac{n}{a_1 + a_2 + \cdots + a_n}$ 收敛.

4. 提示: $\sum\limits_{n=1}^{k} a_n \cdot 10^{-n} \leqslant 5\sum\limits_{n=1}^{k} 10^{-n} = 5 \cdot \dfrac{\dfrac{1}{10} - \left(\dfrac{1}{10}\right)^{k+1}}{1 - \dfrac{1}{10}}.$

5. 提示: $n \geqslant 2, \dfrac{a_n}{s_n^2} \leqslant \dfrac{a_n}{s_n s_{n-1}} = \dfrac{1}{s_{n-1}} - \dfrac{1}{s_n}.$

6. 提示: 记 $\lim\limits_{n \to \infty} a_n = A$, 则 $A > 0.$

(1) 若 $A < +\infty$, 则存在 N, 使当 $n \geqslant N$ 时, $a_n \geqslant \dfrac{A}{2}$, 那么

$$\left(1 - \frac{a_n}{a_{n+1}}\right) = \frac{a_{n+1} - a_n}{a_{n+1}} \leqslant \frac{2}{A}(a_{n+1} - a_n).$$

则级数收敛.

(2) 若 $A = +\infty$, 对于任何自然数 N

$$\lim_{n \to \infty} \frac{a_{N+1}}{a_n} = 0$$

存在自然数 m, 使 $\dfrac{a_{N+1}}{a_{m+1}} < \dfrac{1}{2}$, 于是

$$\sum_{k=N+1}^{m} \left(1 - \frac{a_k}{a_{k+1}}\right) > \frac{a_{m+1} - a_{N+1}}{a_{m+1}} > \frac{1}{2}$$

故级数发散.

7. 提示: (1) 由 $e^x > 1 + x$ 得 $e^{a_n} - a_n > 1$, 即 $b_n > 0.$

(2) $\lim\limits_{x \to 0^+} \dfrac{\ln(e^x - x)}{x^2} = \dfrac{1}{2}$, 知 $\lim\limits_{n \to \infty} \dfrac{\ln(e^{a_n} - a_n)}{a_n^2} = \dfrac{1}{2}$, 由比较判别法知 $\sum\limits_{n=1}^{\infty} \dfrac{b_n}{a_n}$ 收敛.

8. 提示: 记 $A_n = \sum\limits_{k=1}^{n} a_k, B_n = \sum\limits_{k=0}^{n} 2^k a_{2^k}$, 对任意 n, 存在 $m > 2^n$, 满足 $B_n \leqslant 2A_m$, 同样, 存在 m, 有 $n < 2^m$ 且 $A_n \leqslant B_m.$

9. 当 $\alpha > 1$, 由中值定理知

$$\frac{1}{S_{n-1}^{\alpha-1}} - \frac{1}{S_n^{\alpha-1}} \geqslant (\alpha - 1)\frac{a_n}{S_n^{\alpha}}$$

而 $\left\{\dfrac{1}{S_{n-1}^{\alpha-1}} - \dfrac{1}{S_n^{\alpha-1}}\right\}$ 的前 n 项和有界, 故级数收敛.

$\alpha = 1$ 时

$$\sum_{k=n+1}^{n+p} \frac{a_k}{S_k} \geqslant \frac{1}{S_{n+p}} \sum_{k=n+1}^{n+p} a_k = \frac{S_{n+p} - S_n}{S_{n+p}} = 1 - \frac{S_n}{S_{n+p}}$$

由于 $S_n \to +\infty$,对任何 n,取 p 充分大时,$\dfrac{S_n}{S_{n+p}} < \dfrac{1}{2}$,故

$$\sum_{k=n+1}^{n+p} \frac{a_k}{S_k} > \frac{1}{2}$$

则级数发散.

由 $\alpha < 1, \dfrac{a_k}{S_k^\alpha} \geqslant \dfrac{a_k}{S_k}$,由 $\alpha = 1$ 的情形及比较判别法知发散.

练习题 1.2

1. (1),(2) 均收敛.

2. 提示:注意 $\dfrac{a_1 + a_2 + \cdots + a_n}{n}$ 单调递减趋于 0.

3. 略.

4. $P > \dfrac{1}{2}$ 绝对收敛,$P \in \left(-\dfrac{1}{2}, \dfrac{1}{2}\right]$ 条件收敛,$P \leqslant -\dfrac{1}{2}$ 发散.

5. 略.

练习题 1.3

1. $(1 - \ln 2)$.

2. $(1 + x)\mathrm{e}^x$.

3. 提示:根据莱布尼兹判别式,$\displaystyle\sum_{n=1}^{\infty} (-1)^n \frac{1}{2n}$ 收敛,因此幂级数 $\displaystyle\sum_{n=1}^{\infty} (-1)^n \frac{1}{2n} x^n$ 在 $x = 1$ 处收敛,求得和函数 $S(x) = -\dfrac{1}{2} \ln(1 + x)$,那么由阿贝尔定理

$$\sum_{n=1}^{\infty} (-1)^n \frac{1}{2n} = -\frac{1}{2} \ln(1 + x) \Big|_{x=1} = -\frac{1}{2} \ln 2$$

$$\sum_{n=1}^{\infty} (-1)^{\frac{1}{2} n \cdot (n-1)} \frac{1}{n} = 1 + \sum_{n=1}^{\infty} (-1)^n \left[\frac{1}{2n} + \frac{1}{2n+1}\right]$$

$\displaystyle\sum_{n=1}^{\infty} (-1)^n \frac{1}{2n+1}$ 的和函数为 $-x + \arctan x$,那么由阿贝尔定理

$$\sum_{n=1}^{\infty}(-1)^n\frac{1}{2n+1}=-x+\arctan x\Big|_{x=1}=\frac{\pi}{4}-1$$

4. $\dfrac{2+x^2}{(2-x^2)^2},\dfrac{10}{9}.$

5. $\dfrac{-(1+2^{10})}{10}.$

6. 有

$$\int_0^x\sum_{n=1}^{\infty}(-1)^{n-1}\frac{t^{n-1}}{1+t^n}\mathrm{d}t=\sum_{n=0}^{\infty}(-1)^{n-1}\int_0^x\frac{t^{n-1}}{1+t^n}\mathrm{d}t=$$

$$\sum_{n=0}^{\infty}(-1)^{n-1}\frac{\arctan x^n}{n}$$

而 $\displaystyle\sum_{n=0}^{\infty}\frac{(-1)^{n-1}}{n}\arctan 1=\frac{\pi}{4}\sum_{n=0}^{\infty}\frac{(-1)^{n-1}}{n}$ 收敛,故

$$\lim_{x\to 1}\int_0^x\sum_{n=1}^{\infty}(-1)^{n-1}\frac{t^{n-1}}{1+t^n}\mathrm{d}t=\frac{\pi}{4}\sum_{n=0}^{\infty}\frac{(-1)^{n-1}}{n}=\frac{\pi}{4}\ln 2$$

7. 记

$$F(x)=f(x)+f(1-x)+(\ln x)[\ln(1-x)]$$

$$F'(x)=\left[f'(x)+\frac{\ln(1-x)}{x}\right]-\left[f'(1-x)+\frac{\ln x}{1-x}\right]$$

$$f'(x)+\frac{\ln(1-x)}{x}=0$$

再由对称性

$$f'(1-x)+\frac{\ln x}{1-x}=0$$

故 $F'(x)=0(0<x<1)$,即 $F(x)\equiv$ 常数 $=F(1)=\dfrac{\pi^2}{6}.$

8. 提示:考虑幂级数 $\displaystyle\sum_{n=0}^{\infty}A_n x^n$,它的收敛半径为 1,而 $\displaystyle\sum_{n=1}^{\infty}a_n x^n$ 的收敛半径

不小于1,但 $\displaystyle\sum_{n=0}^{\infty}a_n$ 发散,故收敛半径只能是 1.

9. 提示:有

$$f(x)=\frac{1}{(1-x)^2}$$

$$f^{(n)}(x)=\frac{(n+1)!}{(1-x)^{n+2}}$$

111

因此

$$a_n = \frac{f^{(n)}\left(-\frac{1}{2}\right)}{n!} = \frac{(n+1)2^{n+2}}{3^{n+2}}, \quad n = 0, 1, 2, \cdots$$

$\sum\limits_{n=1}^{\infty} a_n x^n$ 的收敛半径为 $\frac{3}{2}$.

10. 提示：考虑幂级数

$$\sum_{n=3}^{\infty} \frac{x^n}{n(n-2)} = \frac{1}{2} \left[\sum_{n=3}^{\infty} \frac{x^n}{n-2} - \sum_{n=3}^{\infty} \frac{x^n}{n} \right]$$

求得和函数为

$$\frac{1}{2}(1-x^2)\ln(1-x) + \frac{x}{2} + \frac{1}{4}x^2$$

于是级数和为

$$\frac{5}{16} - \frac{3}{8}\ln 2$$

练习题 1.4

1. $x(\pi-x) = \frac{\pi^2}{6} - \sum\limits_{k=1}^{\infty} \frac{\cos 2kx}{k^2}, x \in [0, \pi];$

$x(\pi-x) = \frac{8}{\pi} \sum\limits_{k=1}^{\infty} \frac{\sin(2k-1)x}{(2k-1)^3}, 0 \leqslant x < \pi.$

2. $x^2 = \frac{\pi^2}{3} + 4\sum\limits_{n=1}^{\infty} (-1)^n \frac{\cos nx}{n^2}, -\pi \leqslant x \leqslant \pi;$

$x^2 = 2\pi \sum\limits_{n=1}^{\infty} (-1)^{n+1} \frac{\sin nx}{n} - \frac{8}{\pi} \sum\limits_{k=0}^{\infty} \frac{\sin(2k+1)x}{(2k+1)^3}, 0 \leqslant x < \pi.$

3. 提示：$f(x) = x$ 在 $(-\pi, \pi)$ 上的展开式为

$$x = 2\sum_{n=1}^{\infty} (-1)^{n+1} \frac{\sin nx}{n}$$

逐项积分得

$$\int_0^x t\,\mathrm{d}t = 2\sum_{n=1}^{\infty} (-1)^{n+1} \int_0^x \frac{\sin nt}{n}\,\mathrm{d}t$$

$$\frac{1}{2}x^2 = 2\sum_{n=1}^{\infty} (-1)^n \frac{\cos nx - 1}{n^2}$$

$$x^2 = 4\sum_{n=1}^{\infty} (-1)^n \frac{\cos nx - 1}{n^2}$$

$$\frac{1}{3}x^3 = 4\sum_{n=1}^{\infty}(-1)^n\frac{\sin nx}{n^3} + 4\sum_{n=1}^{\infty}(-1)^{n+1}\frac{x}{n^2} = \frac{\pi^2}{3}x + 4\sum_{n=1}^{\infty}(-1)^n\frac{\sin nx}{n^3}$$

即
$$x^3 = \pi^2 x + 12\sum_{n=1}^{\infty}(-1)^n\frac{\sin nx}{n^3}$$

这里用到了
$$\sum_{n=1}^{\infty}\frac{(-1)^{n+1}}{n^2} = \frac{\pi^2}{12}$$

$$x^4 = 2\pi^2 x^2 - 48\sum_{n=1}^{\infty}(-1)^n\frac{\cos nx - 1}{n^4}$$

令 $x = \pi$，得
$$\sum_{n=0}^{\infty}\frac{1}{(2n+1)^4} = \frac{\pi^4}{96}$$

又
$$\sum_{n=1}^{\infty}\frac{1}{(2n)^4} = \sum_{n=1}^{\infty}\frac{1}{n^4} - \sum_{n=0}^{\infty}\frac{1}{(2n+1)^2} = \sum_{n=1}^{\infty}\frac{1}{n^4} - \frac{\pi^4}{96}$$

即
$$\frac{1}{16}\left(\sum_{n=1}^{\infty}\frac{1}{n^4}\right) = \left(\sum_{n=1}^{\infty}\frac{1}{n^4}\right) - \frac{\pi^4}{96}$$

故
$$\sum_{n=1}^{\infty}\frac{1}{n^4} = \frac{\pi^4}{96}$$

4. 有
$$f(x) = \frac{e^{2\pi}-1}{\pi}\left[\frac{1}{2} + \sum_{n=1}^{\infty}\frac{\cos nx - n\sin nx}{1+n^2}\right], \quad 0 \leqslant x < 2\pi$$

$$\frac{f(2\pi+0)+f(2\pi-0)}{2} = \frac{e^{2\pi}-1}{\pi}\left[\frac{1}{2} + \sum_{n=1}^{\infty}\frac{1}{1+n^2}\right]$$

故
$$\sum_{n=1}^{\infty}\frac{1}{1+n^2} = \frac{\pi}{2}\frac{e^{2\pi}+1}{e^{2\pi}-1} - \frac{1}{2}$$

5. 提示：根据
$$|x| = \frac{\pi}{2} - \frac{4}{\pi}\sum_{n=0}^{\infty}\frac{\cos(2n+1)x}{(2n+1)^2}$$

得
$$\sum_{n=0}^{\infty}\frac{\cos(2n+1)x}{(2n+1)^2} = \frac{\pi}{8}(\pi - 2|x|)$$

逐项积分即得.

练习题 2.1

1. $\dfrac{\pi}{4}$.

2. $\dfrac{\pi}{4\mathrm{e}^2}$.

3. 提示：用分部积分及 $\displaystyle\int_0^{+\infty}\mathrm{e}^{-kx^2}\,\mathrm{d}x=\dfrac{\sqrt{\pi}}{\sqrt{k}}\,(k>0)$.

$\sqrt{\pi}\,(\sqrt{3}-\sqrt{2})$.

4. 提示：由于

$$\ln\frac{x+1}{x}=\ln\Big(1+\frac{1}{x}\Big)=\frac{1}{x}+o\Big(\frac{1}{x^2}\Big),\quad x\to+\infty$$

那么

$$\frac{1}{\sqrt{x}}-\sqrt{\ln\frac{x+1}{x}}=o\Big(\frac{1}{x^{\frac{3}{2}}}\Big)$$

由 $\displaystyle\int_1^{+\infty}\dfrac{\mathrm{d}x}{x^{\frac{3}{2}}}$ 收敛知结论成立.

5. 提示：广义积分与如下级数

$$\sum_{n=0}^{\infty}\int_0^{\pi}\frac{\mathrm{d}t}{1+(n\pi+t)^{\alpha}\sin^2 t}$$

的敛散性相同.

当 $\alpha\geqslant 0$ 时

$$\int_0^{\pi}\frac{\mathrm{d}t}{1+[\pi(n+1)]^{\alpha}\sin^2 t}\leqslant\int_0^{\pi}\frac{\mathrm{d}t}{1+(n\pi+t)^{\alpha}\sin^2 t}\leqslant\int_0^{\pi}\frac{\mathrm{d}t}{1+(n\pi)^{\alpha}\sin^2 t}$$

当 $\alpha<0$ 时，上述不等式反号，注意到

$$\int_0^{\pi}\frac{\mathrm{d}t}{1+a^2\sin^2 t}=2\int_0^{\frac{\pi}{2}}\frac{\mathrm{d}y}{1+a^2\sin^2 t}=$$

$$2\int_0^{+\infty}\frac{\mathrm{d}y}{1+(a^2+1)y^2}\,(y=\tan t)=\frac{\pi}{\sqrt{a^2+1}}$$

从而得 $\alpha>2$ 时原积分收敛，$\alpha\leqslant 2$ 时发散.

6. 提示：$I_n=-\dfrac{1}{s}\displaystyle\int_0^{+\infty}x^n\mathrm{d}\mathrm{e}^{-\alpha s}=\dfrac{n}{s}I_{n-1}$，$I_0=\dfrac{1}{s}$，得 $I_n=\dfrac{n!}{s^{n+1}}$.

7. 提示：由于 $f(x)$ 单调递减，一定存在某个常数 $M>0$，使在 $[M,+\infty)$ 上 $f(x)\geqslant 0$（或 $\leqslant 0$），不妨设 $f(x)\geqslant 0$，那么对 $\forall x>M$ 有

$$\int_{\frac{x}{2}}^{x} f(t)\mathrm{d}t \geqslant f(x)\int_{\frac{x}{2}}^{x} 1\mathrm{d}t = \frac{1}{2}xf(x)$$

又 $\lim\limits_{x\to+\infty}\int_{\frac{x}{2}}^{x} f(t)\mathrm{d}t = 0$，因此 $\lim\limits_{x\to+\infty} xf(x) = 0$.

从而对 $\forall y > a$，由分部积分有

$$\int_{a}^{y} xf'(x)\mathrm{d}x = xf(x)\Big|_{a}^{y} - \int_{a}^{y} f(x)\mathrm{d}x$$

于是有 $\lim\limits_{y\to+\infty} yf(y)$ 存在及 $\int_{a}^{+\infty} f(x)\mathrm{d}x$ 收敛知 $\lim\limits_{y\to+\infty}\int_{a}^{y} xf'(x)\mathrm{d}x$ 存在，故 $\int_{0}^{+\infty} xf'(x)\mathrm{d}x$ 收敛.

8. 提示：$\int_{0}^{+\infty} \dfrac{x}{\cos^2 x + x^\alpha \sin^2 x}\mathrm{d}x$ 的敛散性等价于下面级数

$\sum\limits_{n=0}^{\infty}\int_{n\pi}^{(n+1)\pi} \dfrac{x}{\cos^2 x + x^\alpha \sin^2 x}\mathrm{d}x$ 的敛散性.

注意

$$\frac{n\pi}{1+\{[(n+1)\pi]^2-1\}\sin^2 x} \leqslant \frac{x}{\cos^2 x + x^\alpha \sin^2 x} \leqslant \frac{(n+1)\pi}{1+[(n\pi)^\alpha-1]\sin^2 x}$$

转化为级数来讨论，当 $\alpha > 4$ 时收敛，当 $\alpha \leqslant 4$ 时发散.

9. 提示：由 $\lim\limits_{x\to+\infty} f(x) = 0$，对 $\forall \varepsilon > 0$，$\exists X_0$，当 $x \geqslant X_0$ 时 $|f(x)| < \varepsilon$.

设 $|g(x)| \leqslant M$，对 $\forall x_1, x_2 > X_0$，有

$$\left|\int_{x_1}^{x_2} f(x)g'(x)\mathrm{d}x\right| = \left|f(x)g(x)\Big|_{x_1}^{x_2} - \int_{x_1}^{x_2} g(x)f'(x)\mathrm{d}x\right| \leqslant$$
$$2M\varepsilon + |g(\xi)||f(x_2)-f(x_1)| \leqslant$$
$$4M\varepsilon$$

由柯西收敛准则，原积分收敛.

10. 提示：反证法，若存在 $\alpha_0 < 0$，使

$$\int_{-\infty}^{\alpha_0} f(x)\mathrm{d}x > \frac{1}{1+\alpha_0^2}$$

那么

$$\int_{-\infty}^{\alpha_0} x^2 f(x)\mathrm{d}x > \frac{\alpha_0^2}{1+\alpha_0^2}$$

$$\int_{0}^{\infty} f(x)\mathrm{d}x \leqslant 1 - \int_{-\infty}^{\alpha_0} f(x)\mathrm{d}x < \frac{\alpha_0^2}{1+\alpha_0^2}$$

$$\int_{0}^{\infty} xf(x)\mathrm{d}x > \frac{|\alpha_0|}{1+\alpha_0^2}$$

由柯西不等式

$$\int_0^\infty x^2 \frac{f(x)\mathrm{d}x}{\int_0^\infty f(t)\mathrm{d}t} \geqslant \left[\int_0^\infty \frac{xf(x)}{\int_0^\infty f(t)\mathrm{d}t}\mathrm{d}x\right]^2$$

得

$$\int_0^\infty x^2 f(x)\mathrm{d}x \geqslant \frac{\left[\int_0^\infty xf(x)\mathrm{d}x\right]^2}{\int_0^\infty f(x)\mathrm{d}x} \geqslant \frac{\left(\frac{|\alpha_0|}{1+\alpha_0^2}\right)^2}{\frac{\alpha_0^2}{1+\alpha_0^2}} = \frac{1}{1+\alpha_0^2}$$

故

$$\int_{-\infty}^{+\infty} x^2 f(x)\mathrm{d}x \geqslant \int_{-\infty}^{\alpha_0} x^2 f(x)\mathrm{d}x + \int_0^{+\infty} x^2 f(x)\mathrm{d}x > \frac{\alpha_0^2}{1+\alpha_0^2} + \frac{1}{1+\alpha_0^2} = 1$$

这与假设矛盾.

练习题 2.2

1.(1) -1;(2) $\dfrac{\pi}{2}$.

2.(1) 收敛;(2) $p < 1, q < 1$ 时收敛.

3. 提示:令 $g(x) = \dfrac{f(x) - f(0)}{x}$,来证明 $\lim\limits_{x\to 0^+} g(x)$ 存在,注意到

$$g'(x) = \frac{xf'(x) - f(x) + f(0)}{x^2}$$

且

$$|g'(x)| \leqslant \frac{1}{x|\ln^2 x|}$$

而 $\displaystyle\int_0^1 \frac{\mathrm{d}x}{x|\ln^2 x|}$ 收敛,由柯西准则得 $\lim\limits_{x\to 0^+} g(x)$ 存在.

4. 提示:不妨设 $f(x) \geqslant 0$,否则用 $f(x) - f(1)$ 来代替 $f(x)$. 注意到

$$f\left(\frac{k-1}{n}\right) \geqslant f(x) \geqslant f\left(\frac{k}{n}\right), x \in \left[\frac{k-1}{n}, \frac{k}{n}\right], \quad k = 2, 3, \cdots$$

于是有

$$\int_0^1 f(x)\mathrm{d}x \geqslant \frac{1}{n}\sum_{k=1}^n f\left(\frac{k}{n}\right) \geqslant \frac{1}{n}\sum_{k=2}^n f\left(\frac{k-1}{n}\right) \geqslant \int_{\frac{1}{n}}^1 f(x)\mathrm{d}x$$

故 $\lim\limits_{n\to\infty} \dfrac{1}{n}\sum\limits_{k=1}^n f\left(\dfrac{k}{n}\right) = \int_0^1 f(x)\mathrm{d}x$.

5.有

原积分 $= \displaystyle\int_{1}^{+\infty} ([2y] - 2[y]) \frac{\mathrm{d}y}{y^2} (\text{代换} \frac{1}{x} = y) =$

$\displaystyle\sum_{n=1}^{\infty} \int_{n}^{n+1} ([2y] - 2[y]) \frac{\mathrm{d}y}{y^2} =$

$\displaystyle\sum_{n=1}^{\infty} \left[\int_{n}^{n+\frac{1}{2}} ([2y] - 2[y]) \frac{\mathrm{d}y}{y^2} + \int_{n+\frac{1}{2}}^{n+1} ([2y] - 2[y]) \frac{\mathrm{d}y}{y^2} \right] =$

$\displaystyle\sum_{n=1}^{\infty} \int_{n+\frac{1}{2}}^{n+1} \frac{\mathrm{d}y}{y^2} = \sum_{n=1}^{\infty} \frac{2}{(2n+1)(2n+2)} =$

$2 \displaystyle\sum_{n=1}^{\infty} (-1)^{n-1} \frac{1}{n} - 2 \left(1 - \frac{1}{2} \right) =$

$2\ln 2 - 1$

第四部分　　多元函数微积分

§1　　多元函数微分学

本节以 $\mathbf{R}^3$ 的函数为例,说明基本定义.

设函数 $u=f(x,y,z)$ 在区域 D 内有定义,$(x_0,y_0,z_0)\in D$,定义

$$\frac{\partial f}{\partial x}\bigg|_{(x_0,y_0,z_0)}=\lim_{\Delta x\to 0}\frac{f(x_0+\Delta x,y_0,z_0)-f(x_0,y_0,z_0)}{\Delta x}$$

同理可定义 $\dfrac{\partial f}{\partial y}\bigg|_{(x_0,y_0,z_0)}$,$\dfrac{\partial f}{\partial z}\bigg|_{(x_0,y_0,z_0)}$.

如果 $u=f(x,y,z)$ 在 (x_0,y_0,z_0) 处表示为

$$u=f(x_0,y_0,z_0)+A(x-x_0)+B(y-y_0)+C(z-z_0)+o(\rho)$$

其中
$$\rho=\sqrt{(x-x_0)^2+(y-y_0)^2+(z-z_0)^2}$$

则称 u 在 (x_0,y_0,z_0) 点处是可微的,且 u 在 (x_0,y_0,z_0) 处的全微分为

$$\mathrm{d}u_{(x_0,y_0,z_0)}=\frac{\partial f}{\partial x}\bigg|_{(x_0,y_0,z_0)}\mathrm{d}x+\frac{\partial f}{\partial y}\bigg|_{(x_0,y_0,z_0)}\mathrm{d}y+\frac{\partial f}{\partial z}\bigg|_{(x_0,y_0,z_0)}\mathrm{d}z$$

称 $\nabla u=\operatorname{grad} u=\left(\dfrac{\partial u}{\partial x},\dfrac{\partial u}{\partial y},\dfrac{\partial u}{\partial z}\right)$ 为函数 u 的梯度.

链式法则:设 $u=f(x,y,z)$,$x=x(\xi,\eta)$,$y=y(\xi,\eta)$,$z=z(\xi,\eta)$,那么

$$\frac{\partial u}{\partial\xi}=\frac{\partial u}{\partial x}\frac{\partial x}{\partial\xi}+\frac{\partial u}{\partial y}\frac{\partial y}{\partial\xi}+\frac{\partial u}{\partial z}\frac{\partial z}{\partial\xi}$$

$$\frac{\partial u}{\partial\eta}=\frac{\partial u}{\partial x}\frac{\partial x}{\partial\eta}+\frac{\partial u}{\partial y}\frac{\partial y}{\partial\eta}+\frac{\partial u}{\partial z}\frac{\partial z}{\partial\eta}$$

A. 直接求导

例 1.1　设 $u=\varphi(x-at)+\psi(x+at)$,证明

$$\frac{\partial^2 u}{\partial t^2}=a^2\frac{\partial^2 u}{\partial x^2}\tag{1}$$

其中 φ,ψ 是二次连续可微函数.

证明 有

$$\frac{\partial u}{\partial t} = -a\varphi'(x-at) + a\psi'(x+at)$$

$$\frac{\partial u}{\partial x} = \varphi'(x-at) + \psi'(x+at)$$

$$\frac{\partial^2 u}{\partial t^2} = a^2\varphi''(x-at) + a^2\psi''(x+at)$$

$$\frac{\partial^2 u}{\partial x^2} = \varphi''(x-at) + \psi''(x+at)$$

故

$$\frac{\partial^2 u}{\partial t^2} = a^2\frac{\partial^2 u}{\partial x^2}$$

注 偏微分方程(1)称为双曲型方程或波动方程,它的通解为 $\varphi(x-at) + \psi(x+at)$,描述波的运动.这种方程来自声学、电磁学和流体力学等领域,历史上许多著名数学家如欧拉、拉格朗日等都研究过此类方程.

例 1.2 求方程 $\frac{\partial^2 u}{\partial x \partial y} = x+y$,满足条件 $u(x,0)=x$,$u(0,y)=y^2$ 的解 $u(x,y)$.

解 由方程得

$$\frac{\partial u}{\partial y} = \frac{1}{2}x^2 + xy + \varphi(y)$$

于是

$$u(x,y) = \frac{1}{2}x^2y + \frac{1}{2}xy^2 + \varphi(y) + \tilde{\varphi}(x)$$

同理得

$$\frac{\partial u}{\partial x} = \frac{1}{2}y^2 + xy + \psi_1(x)$$

于是

$$u(x,y) = \frac{1}{2}x^2y + \frac{1}{2}xy^2 + \psi_1(x) + \tilde{\psi}_1(y)$$

于是

$$u(x,y) = \frac{1}{2}x^2y + \frac{1}{2}xy^2 + \psi(y) + \tilde{\psi}(x)$$

由 $u(x,0)=x$,得 $\psi(0) + \tilde{\psi}(x) = x$,由 $u(0,y)=y^2$,得

$$\tilde{\psi}(0) + \psi(y) = y^2, \psi(0) + \tilde{\psi}(0) = 0$$

令 $\psi(0)=c$,解得

$$\tilde{\psi}(x) = x - c, \psi(y) = y^2 - \tilde{\psi}(0) = y^2 + c$$

故
$$u(x,y) = \frac{1}{2}x^2 y + \frac{1}{2}xy^2 + x + y^2$$

例 1.3 设 f 满足 $\left(\dfrac{\partial f}{\partial x}\right)^2 + \left(\dfrac{\partial f}{\partial y}\right)^2 = 4$，用变量代换 $x = uv, y = \dfrac{1}{2}(u^2 - v^2)$，求常数 a, b，满足

$$a\left(\frac{\partial f}{\partial u}\right)^2 - b\left(\frac{\partial f}{\partial v}\right)^2 = u^2 + v^2$$

解 有

$$\frac{\partial f}{\partial u} = \frac{\partial f}{\partial x}v + \frac{\partial f}{\partial y}u$$

$$\frac{\partial f}{\partial v} = \frac{\partial f}{\partial x}u - \frac{\partial f}{\partial y}v$$

代入解得 $a = \dfrac{1}{4}, b = -\dfrac{1}{4}$.

例 1.4 设函数 $f(x,y)$ 具有连续的一阶偏导数且满足方程 $x\dfrac{\partial f}{\partial x} + y\dfrac{\partial f}{\partial y} = 0$，证明：$f(x,y)$ 在极坐标下与 r 无关.

证明 有

$$\frac{\partial f}{\partial x} = \frac{\partial f}{\partial r}\frac{\partial r}{\partial x} + \frac{\partial f}{\partial \theta}\frac{\partial \theta}{\partial x} = \frac{\partial f}{\partial r}\frac{x}{\sqrt{x^2+y^2}} + \frac{\partial f}{\partial \theta}\left(-\frac{y}{x^2+y^2}\right)$$

$$\frac{\partial f}{\partial y} = \frac{\partial f}{\partial r}\frac{\partial r}{\partial y} + \frac{\partial f}{\partial \theta}\frac{\partial \theta}{\partial y} = \frac{\partial f}{\partial r}\frac{y}{\sqrt{x^2+y^2}} + \frac{\partial f}{\partial \theta}\left(\frac{x}{x^2+y^2}\right)$$

代入方程中得

$$r\frac{\partial f}{\partial r} = 0$$

即 $\dfrac{\partial f}{\partial r} = 0$，故 f 与 r 无关.

另证

$$\frac{\partial f}{\partial r} = \frac{\partial f}{\partial x}\frac{\partial x}{\partial r} + \frac{\partial f}{\partial y}\frac{\partial y}{\partial r} =$$

$$\cos\theta\frac{\partial f}{\partial x} + \sin\theta\frac{\partial f}{\partial y} =$$

$$\frac{1}{r}\left(x\frac{\partial f}{\partial x} + y\frac{\partial f}{\partial y}\right) = 0$$

故与 r 无关.

例 1.5 设 $z = xf\left(\dfrac{y}{x}\right) + 2yg\left(\dfrac{x}{y}\right)$, 其中 f, g 二次可微. (1) 求 $\dfrac{\partial z}{\partial x}, \dfrac{\partial^2 z}{\partial x \partial y}$;

(2) 当 $f = g$ 时, 且 $\dfrac{\partial^2 z}{\partial x \partial y}\bigg|_{x=1} = -y^2$, 求 $f(y)$.

解 (1) 有

$$\frac{\partial z}{\partial x} = f\left(\frac{y}{x}\right) + xf'\left(\frac{y}{x}\right)\left(-\frac{y}{x^2}\right) + 2yg'\left(\frac{x}{y}\right)\left(\frac{1}{y}\right) =$$

$$f\left(\frac{y}{x}\right) - \frac{y}{x}f'\left(\frac{y}{x}\right) + 2g'\left(\frac{x}{y}\right)$$

$$\frac{\partial^2 z}{\partial x \partial y} = f'\left(\frac{y}{x}\right)\left(\frac{1}{x}\right) - \frac{1}{x}f'\left(\frac{y}{x}\right) - \frac{y}{x}f''\left(\frac{y}{x}\right)\left(\frac{1}{x}\right) + 2g''\left(\frac{x}{y}\right)\left(-\frac{x}{y^2}\right) =$$

$$-\frac{y}{x^2}f''\left(\frac{y}{x}\right) - \frac{2x}{y^2}g''\left(\frac{x}{y}\right)$$

(2) 当 $f = g$ 时, 由条件得

$$yf''(y) + \frac{2}{y^2}f''\left(\frac{1}{y}\right) = y^2$$

用 $\dfrac{1}{y}$ 代替 y, 得

$$\frac{1}{y}f''\left(\frac{1}{y}\right) + 2y^2f''(y) = \frac{1}{y^2}$$

消去 $f''\left(\dfrac{1}{y}\right)$, 解得

$$f''(y) = \frac{1}{3}\left(\frac{2}{y^4} - y\right)$$

故

$$f(y) = \frac{1}{9}\frac{1}{y^2} - \frac{1}{18}y^3 + c_1 y + c_2$$

其中 c_1, c_2 是常数.

练习题 1.1

1. 设 f, g 是二次可微函数, $u = f\left(\dfrac{y}{x}\right) + xg\left(\dfrac{y}{x}\right)$, 证明

$$x^2\frac{\partial^2 y}{\partial x^2} + 2xy\frac{\partial^2 y}{\partial x \partial y} + y^2\frac{\partial^2 y}{\partial y^2} = 0$$

2. 设二元函数 $u = u(x, y)$ 满足拉普拉斯方程 $\Delta u = \dfrac{\partial^2 u}{\partial x^2} + \dfrac{\partial^2 u}{\partial y^2} = 0$, 证明:

$u=u\left(\dfrac{x}{x^2+y^2},\dfrac{y}{x^2+y^2}\right)$ 也满足该方程.

3. 设函数 $u=f(r)$ 满足拉普拉斯方程 $\Delta u=\dfrac{\partial^2 u}{\partial x^2}+\dfrac{\partial^2 u}{\partial y^2}+\dfrac{\partial^2 u}{\partial z^2}=0$,求 $f(r)$,其中 $r=\sqrt{x^2+y^2+z^2}$.

4. 已知函数 $z=u(x,y)\mathrm{e}^{ax+by}$,且 $\dfrac{\partial^2 u}{\partial x\partial y}=0$,确定常数 a 和 b,使函数 $z=z(x,y)$ 满足方程

$$\frac{\partial^2 z}{\partial x\partial y}-\frac{\partial z}{\partial x}-\frac{\partial z}{\partial y}+z=0$$

5. 设函数 $f(r)$ 在 $(1,\infty)$ 上有连续的二阶导数,$f(1)=0,f'(1)=1$,若 $z=(x^2+y^2)f(x^2+y^2)$ 满足拉普拉斯方程 $\dfrac{\partial^2 z}{\partial x^2}+\dfrac{\partial^2 z}{\partial y^2}=0$,求 $f(r)$.

6. 设函数 $u=u(x,y)$ 满足如下偏微分方程

$$\frac{\partial^2 u}{\partial x^2}-\frac{\partial^2 u}{\partial y^2}=0 \tag{1}$$

(1) 证明:用变量代换 $\xi=x-y,\eta=x+y$ 可将(1)化成如下偏微分方程

$$\frac{\partial^2 u}{\partial \xi\partial \eta}=0 \tag{2}$$

(2) 求满足 $u(x,2x)=x,\dfrac{\partial u}{\partial x}(x,2x)=x^2$ 的方程(1)的解.

7. 设 $u=u(\sqrt{x^2+y^2})$ 二次连续可微,且满足

$$\frac{\partial^2 u}{\partial x^2}+\frac{\partial^2 u}{\partial y^2}=x^2+y^2$$

求函数 u.

8. 设 f 是定义在 $x^2+y^2\leqslant 1$ 上具有一阶偏导数的连续函数,且 $|f(x,y)|<1$,证明:在单位圆内必存在一点 (x_0,y_0) 满足

$$\left(\frac{\partial f}{\partial x}(x_0,y_0)\right)^2+\left(\frac{\partial f}{\partial y}(x_0,y_0)\right)^2<16$$

9. 设 $x>1,y>0$,证明:$\ln x>y(x\mathrm{e}^y-\mathrm{e}^{xy})$.

10. 设函数 $f(x,y)$ 满足 $f(x,x^2)=1$,且 $\dfrac{\partial f}{\partial y}=x^2+2y$,求 $f(x,y)$.

B. 隐函数求导

隐函数定义:设 $x\in\mathbf{R}^n,x_0\in\mathbf{R}^n,u,u_0\in\mathbf{R}$. 如果函数 $u=f(x)$ 由方程

$F(x,u)=0$ 解出的,则称 $u=f(x)$ 为隐函数.

隐函数存在定理:设 $F(x,u),F'_u(x,u)$ 在 (x_0,u_0) 的一个邻域内连续,且

$$F(x_0,u_0)=0,F'_u(x_0,u_0)\neq 0$$

那么在 (x_0,u_0) 的一个邻域内 $F(x,u)=0$ 有唯一连续解 $u=f(x)$ 满足 $u_0=f(x_0)$.

进一步,如果 $\dfrac{\partial F}{\partial x_i}(i=1,2,\cdots,n)$ 还在 x_0 的某个邻域内连续,那么 $u=f(x)$ 存在连续偏导数,且

$$\frac{\partial u}{\partial x_i}=-\frac{\dfrac{\partial F}{\partial x_i}}{\dfrac{\partial F}{\partial u}},\quad i=1,2,\cdots,n$$

例 1.6 设 $y=y(x)$ 是由方程 $\ln\sqrt{x^2+y^2}=\arctan\dfrac{y}{x}$ 所确定的隐函数,求 $\dfrac{\mathrm{d}y}{\mathrm{d}x}$.

解 在方程的两边关于 x 求导得

$$\frac{1}{\sqrt{x^2+y^2}}\frac{2x+2y\cdot y'}{2\sqrt{x^2+y^2}}=\frac{\dfrac{y'x-y}{x^2}}{1+\left(\dfrac{y}{x}\right)^2}$$

解得

$$y'=\frac{x+y}{x-y}$$

例 1.7 设 $F(u,v)$ 对 u,v 有连续偏导数,且 $\dfrac{\partial F}{\partial v}\neq 0$,证明:由 $F(xy,z-2x)=0$ 所确定的隐函数 $z=z(x,y)$ 满足方程

$$x\left(\frac{\partial z}{\partial x}\right)-y\left(\frac{\partial z}{\partial y}\right)=2x$$

证明 令 $u=xy,v=z-2x$,先对方程关于 x 求导得 $F'_u\cdot y+F'_v\left(\dfrac{\partial z}{\partial x}-2\right)=0$,解得

$$\frac{\partial z}{\partial x}=\frac{2F'_v-F'_u\cdot y}{F'_v}$$

再对方程关于 y 求导,得

$$F'_u\cdot x+F'_v\cdot\frac{\partial z}{\partial y}=0$$

得
$$\frac{\partial z}{\partial y} = -\frac{F'_u \cdot x}{F'_v}$$

那么
$$x\left(\frac{\partial z}{\partial x}\right) - y\left(\frac{\partial z}{\partial y}\right) = \frac{2xF'_v - F'_u xy + F'_u xy}{F'_v} = 2x$$

例 1.8 设 $z = z(x, y)$ 是由方程 $F\left(z + \dfrac{1}{x}, z - \dfrac{1}{y}\right) = 0$ 确定的隐函数,具有连续的二阶偏导数,证明:

$(1)\, x^2 \dfrac{\partial z}{\partial x} + y^2 \dfrac{\partial z}{\partial y} = 0$; $(2)\, x^3 \dfrac{\partial^2 z}{\partial x^2} + xy(x + y)\dfrac{\partial^2 z}{\partial x \partial y} + y^3 \dfrac{\partial^2 z}{\partial y^2} = 0.$

证明 (1) 令 $u = z + \dfrac{1}{x}, v = z - \dfrac{1}{y}$,分别关于 x 及 y 求导,得

$$F'_u\left(\frac{\partial z}{\partial x} - \frac{1}{x^2}\right) + F'_v \frac{\partial z}{\partial x} = 0, F'_u \frac{\partial z}{\partial y} + F'_v\left(\frac{\partial z}{\partial y} + \frac{1}{y^2}\right) = 0$$

解得
$$\frac{\partial z}{\partial x} = \frac{1}{x^2}\, \frac{1}{F'_u + F'_v}, \frac{\partial z}{\partial y} = -\frac{1}{y^2}\, \frac{1}{F'_u + F'_v}$$

故
$$x^2 \frac{\partial z}{\partial x} + y^2 \frac{\partial z}{\partial y} = 0 \tag{1}$$

(2) 式 (1) 关于 x 求导得
$$2x\, \frac{\partial z}{\partial x} + x^2 \frac{\partial^2 z}{\partial x^2} + y^2 \frac{\partial^2 z}{\partial x \partial y} = 0$$

即
$$2x^2 \frac{\partial z}{\partial y^2} + x^3 \frac{\partial^2 z}{\partial x^2} + xy^2 \frac{\partial^2 z}{\partial x \partial y} = 0 \tag{2}$$

式 (1) 关于 y 求导得
$$x^2 \frac{\partial^2 z}{\partial x \partial y} + 2y\, \frac{\partial z}{\partial y} + y^2 \frac{\partial^2 z}{\partial y^2} = 0$$

即
$$x^2 y \frac{\partial^2 z}{\partial x \partial y} + 2y^2 \frac{\partial z}{\partial y} + y^3 \frac{\partial^2 z}{\partial y^2} = 0 \tag{3}$$

那么 (2) 与 (3) 相加,再利用式 (1) 得结论成立.

例 1.9 证明由方程
$$\arccos y = n\ln x, \quad x > 0 \tag{1}$$

所确定的函数 $y(x)$,当 $|y(x)| < 1$ 时,满足

124

$$x^2 y^{(n+2)} + (2n+1)xy^{(n+1)} + 2n^2 y^{(n)} = 0$$

这里 $y^{(k)}$ 表示函数 y 的 k 阶导数.

证明　对式(1)求导得

$$-\frac{y'}{\sqrt{1-y^2}} = \frac{n}{x}$$

再求导

$$-\frac{y''(\sqrt{1-y^2}) + \dfrac{y(y')^2}{\sqrt{1-y^2}}}{1-y^2} = -\frac{n}{x^2}$$

即

$$\frac{y'' + y\left(\dfrac{y'}{\sqrt{1-y^2}}\right)^2}{\sqrt{1-y^2}} = \frac{n}{x^2}$$

由 $\left(\dfrac{y'}{\sqrt{1-y^2}}\right)^2 = \dfrac{n^2}{x^2}$ 得

$$y'' + \frac{yn^2}{x^2} = \frac{n}{x^2}\sqrt{1-y^2} = -\frac{1}{x}\left(-\frac{n\sqrt{1-y^2}}{x}\right) = -\frac{1}{x}y'$$

两边乘以 x^2 得

$$x^2 y'' + xy' + n^2 y = 0$$

对上式求 n 次导数,得

$$x^2 y^{(n+2)} + (2n+1)xy^{(n+1)} + 2n^2 y^{(n)} = 0$$

练习题 1.2

1.由方程 $x^y = y^x\ (x \neq y)$ 确定的函数 $y = y(x)$,求 $\dfrac{\mathrm{d}y}{\mathrm{d}x}$.

2.设 $u = u(x, y, z)$ 由如下方程

$$\frac{x^2}{a^2+u} + \frac{y^2}{b^2+u} + \frac{z^2}{c^2+u} = 1$$

所确定,证明

$$\left(\frac{\partial u}{\partial x}\right)^2 + \left(\frac{\partial u}{\partial y}\right)^2 + \left(\frac{\partial u}{\partial z}\right)^2 = 2\left(x\frac{\partial u}{\partial x} + y\frac{\partial u}{\partial y} + z\frac{\partial u}{\partial z}\right)$$

3.设 $z = z(x, y)$ 是由方程

$$ax + by + cz = \varphi(x^2 + y^2 + z^2)$$

所确定的函数,其中 $\varphi(u)$ 可微,a, b, c 是常数,证明下式成立

$$(cy - bz) \frac{\partial z}{\partial x} + (az - cx) \frac{\partial z}{\partial y} = bz - ay$$

4. 设 $z = z(x,y)$ 由方程 $y = z + x^2 z^3$ 所确定,求 $u = \cos z$ 的偏导数 $\frac{\partial u}{\partial x}, \frac{\partial u}{\partial y}$.

5. 设 $y = y(x)$ 是由方程 $f(x,y) = 0$ 所确定的函数,如果 $\frac{\partial f}{\partial y} \neq 0$,且

$$\left(\frac{\partial f}{\partial x}\right)^2 \frac{\partial^2 f}{\partial y^2} - 2 \frac{\partial f}{\partial x} \frac{\partial f}{\partial y} \frac{\partial^2 f}{\partial x \partial y} + \left(\frac{\partial f}{\partial y}\right)^2 \frac{\partial^2 f}{\partial x^2} = 0$$

证明: $y = y(x)$ 是线性函数,即存在 a, b,使 $y(x) = ax + b$.

C. 多元函数的极值

1. 必要条件.

设 $u = f(x_1, x_2, \cdots, x_n)$ 在点 $p(x_1^0, x_2^0, \cdots, x_n^0)$ 取得极值,且函数 $f(x_1, x_2, \cdots, x_n)$ 在点 p 附近存在偏导数,那么 $\frac{\partial f}{\partial x_i}(x_1^0, x_2^0, \cdots, x_n^0) = 0 (i = 1, 2, \cdots, n)$. 如果 $\frac{\partial f}{\partial x_i}(x_1^0, x_2^0, \cdots, x_n^0) = 0 (i = 1, 2, \cdots, n)$,则称 $(x_1^0, x_2^0, \cdots, x_n^0)$ 为 f 的驻点. 注意,函数取得极值的点一定是驻点(对可微函数而言);反之,驻点未必能达到极值.

2. 充分条件.

设 $u = f(x_1, x_2, \cdots, x_n)$ 在点 $p(x_1^0, x_2^0, \cdots, x_n^0)$ 附近二阶连续可导,且 p 为 f 的驻点,如果矩阵

$$\boldsymbol{A} = \begin{vmatrix} \frac{\partial^2 f}{\partial x_1^2} & \frac{\partial^2 f}{\partial x_1 \partial x_2} & \cdots & \frac{\partial^2 f}{\partial x_1 \partial x_n} \\ \frac{\partial^2 f}{\partial x_1 \partial x_2} & \frac{\partial^2 f}{\partial x_2^2} & \cdots & \frac{\partial^2 f}{\partial x_2 \partial x_n} \\ \vdots & \vdots & & \vdots \\ \frac{\partial^2 f}{\partial x_1 \partial x_n} & \frac{\partial^2 f}{\partial x_2 \partial x_n} & \cdots & \frac{\partial^2 f}{\partial x_n^2} \end{vmatrix} (x_1^0, x_2^0, \cdots, x_n^0)$$

正定(负定),则 $f(x_1^0, x_2^0, \cdots, x_n^0)$ 是极小值(相应地,极大值);如果矩阵 $\boldsymbol{A}$ 不定,那么 $f(x_1^0, x_2^0, \cdots, x_n^0)$ 不是极值点.

特别,对于二元函数 $u = f(x,y)$,$p(x_0, y_0)$ 是驻点,记 $A = f''_{xx}(x_0, y_0)$,$B = f''_{xy}(x_0, y_0)$,$C = f''_{yy}(x_0, y_0)$,则当 $B^2 - AC < 0, A > 0$ 时,$f(x_0, y_0)$ 为极小值;当 $B^2 - AC < 0, A < 0$ 时,$f(x_0, y_0)$ 为极大值.

3. 拉格朗日乘子法.

以三变元和单约束为例,设 $u=f(x,y,z)$ 在约束条件 $\varphi(x,y,z)=0$ 下求极值,其中 f,φ 是可微函数. 构造拉格朗日函数

$$L(x,y,z,\lambda)=f(x,y,z)+\lambda\varphi(x,y,z)$$

那么函数达到极值点的必要条件为

$$\frac{\partial L}{\partial x}=\frac{\partial L}{\partial y}=\frac{\partial L}{\partial z}=\frac{\partial L}{\partial \lambda}=0$$

即

$$\begin{cases} f'_x+\lambda\varphi'_x=0 \\ f'_y+\lambda\varphi'_y=0 \\ f'_z+\lambda\varphi'_z=0 \\ \varphi=0 \end{cases}$$

拉格朗日(Lagrange,1736—1813)是法国数学家,也是 18 世纪最伟大的科学家之一,对数学、力学和天文学三个学科都有重要贡献. 他在数学上最突出的贡献是将分析、几何与物理学相结合,使数学发挥巨大作用. 拉格朗日是分析力学的创立者,也是数值数学的奠基人,在许多学科中留下了以他的名字命名的定理、方法和术语.

例 1.10 证明函数 $f(x,y)=Ax^2+2Bxy+Cy^2$ 在约束条件 $\dfrac{x^2}{a^2}+\dfrac{y^2}{b^2}=1$ 下有最大值和最小值,且它们是方程 $k^2-(Aa^2+Cb^2)k+(AC-B^2)a^2b^2=0$ 的根.

证明 因为 $\dfrac{x^2}{a^2}+\dfrac{y^2}{b^2}=1$ 是 $\mathbf{R}^2$ 中有界闭集,$f(x,y)$ 是连续函数,所以最大值、最小值存在,令拉朗格日函数

$$L(x,y)=f(x,y)+\lambda\varphi(x,y)$$

这里 $\varphi(x,y)=1-\dfrac{x^2}{a^2}-\dfrac{y^2}{b^2}$,求导得

$$\begin{cases} \dfrac{\partial L}{\partial x}=2\left[\left(A-\dfrac{\lambda}{a^2}\right)x+By\right]=0 & (1) \\[3mm] \dfrac{\partial L}{\partial y}=2\left[\left(C-\dfrac{\lambda}{b^2}\right)y+Bx\right]=0 & (2) \\[3mm] 1-\dfrac{x^2}{a^2}-\dfrac{y^2}{b^2}=0 & (3) \end{cases}$$

设 λ_1,λ_2 分别对应于最大点 (x_1,y_1)、最小点 (x_2,y_2) 的乘子,那么 (x_1,y_1,λ_1) 和 (x_2,y_2,λ_2) 满足方程(1)和(2)和(3).

因此奇次线性方程组(1),(2)有非零解,则对应的系数矩阵奇异即行列

式为零. 故

$$\left(A-\frac{\lambda}{a^2}\right)\left(C-\frac{\lambda}{b^2}\right)-B^2=0$$

即
$$\lambda^2-(Aa^2+Cb^2)\lambda+(AC-B^2)a^2b^2=0$$

即 λ_1,λ_2 是此二次方程的根.

例 1.11 设函数 $f(x,y,z)=\dfrac{x^2+yz}{x^2+y^2+z^2}$,定义在 $D=\{(x,y,z)\mid 1\leqslant x^2+y^2+z^2\leqslant 4\}$ 上.

(1) 证明函数 $f(x,y,z)$ 在 D 上的最大值和最小值等价于函数 $g(x,y,z)=x^2+yz$ 在约束 $x^2+y^2+z^2=1$ 下的最大值和最小值.

(2) 求上述最大值和最小值.

证明 (1) 设 $(x,y,z)\in D$,那么 $x^2+y^2+z^2=\rho^2$,且 $1\leqslant\rho\leqslant 2$,则 $\left(\dfrac{x}{\rho},\dfrac{y}{\rho},\dfrac{z}{\rho}\right)$ 满足 $\left(\dfrac{x}{\rho}\right)^2+\left(\dfrac{y}{\rho}\right)^2+\left(\dfrac{z}{\rho}\right)^2=1$,于是若 $(x_0,y_0,z_0)\in D$ 是 $f(x,y,z)$ 的最大值点,则

$$f(x,y,z)\leqslant f(x_0,y_0,z_0)$$
即
$$g(x',y',z')\leqslant g(x_0',y_0',z_0')$$
这里

$$(x',y',z')=\left(\frac{x}{\rho}\ \frac{y}{\rho}\ \frac{z}{\rho}\right)$$

$$(x_0',y_0',z_0')=\left(\frac{x_0}{\rho_0}\ \frac{y_0}{\rho_0}\ \frac{z_0}{\rho_0}\right),\rho_0^2=x_0^2+y_0^2+z_0^2$$

因为 $\{(x,y,z)\mid x^2+y^2+z^2=1\}\subset D$,所以 g 在 $x^2+y^2+z^2=1$ 约束下达到最大值.

反之,设 g 在约束 $(x')^2+(y')^2+(z')^2=1$ 下,在 (x_0',y_0',z_0') 处达到最大值,即

$$g(x',y',z')\leqslant g(x_0',y_0',z_0')=f(x_0',y_0',z_0')$$

那么对 $\forall(x,y,z)\in D$ 有 $f(x,y,z)=g(x',y',z')$,故

$$f(x,y,z)\leqslant f(x_0',y_0',z_0')$$

故 $g(x_0',y_0',z_0')$ 也是 f 在 D 上的最大值,同理可证最小值.

(2) 有

$$g(x,y,z)=x^2+yz\leqslant x^2+\frac{1}{2}(y^2+z^2)\leqslant x^2+y^2+z^2=1$$

取 $(1,0,0)$ 知 $g(1,0,0)=1$,故最大值为 1. 因为

$$g(x,y,z) = x^2 + yz \geqslant x^2 - \frac{1}{2}(y^2 + z^2) \geqslant -\frac{1}{2}(y^2 + z^2) =$$

$$-\frac{1}{2}(1 - x^2) = -\frac{1}{2} + \frac{1}{2}x^2 \geqslant -\frac{1}{2}$$

取 $\left(0, \frac{\sqrt{2}}{2}, \frac{\sqrt{2}}{2}\right)$，$g\left(0, \frac{\sqrt{2}}{2}, \frac{\sqrt{2}}{2}\right) = -\frac{1}{2}$，故 $g(x,y,z)$ 的最小值为 $-\frac{1}{2}$.

例 1.12 设 $A = (a_{ij})_{n \times n}$ 是 n 阶实对称矩阵，证明：二次型函数

$$f(x) = f(x_1, x_2, \cdots, x_n) = x^{\mathrm{T}} A x = \sum_{i,j} a_{ij} x_i x_j$$

在单位球面 $\sum_{i=1}^{n} x_i^2 = 1$ 上的最大（最小）值恰好是矩阵 A 的最大特征值（相应地，最小值）.

证明 令 $g(x) = \sum_{i=1}^{n} x_i^2 - 1$，作拉格朗日函数

$$L(x, \lambda) = f(x) + \lambda g(x)$$

由于 $f(x)$ 在 $\sum_{i=1}^{n} x_i^2 = 1$ 上必达到最大（最小）值. 设在 $x^0 = (x_1^0, x_2^0, \cdots, x_n^0)$ 处达到最大值，那么满足

$$\begin{cases} \sum_{j=1}^{n} a_{ij} x_j^0 - \lambda x_i^0 = 0, & i = 1, 2, \cdots, n \\ \sum_{i=1}^{n} (x_i^0)^2 = 1 \end{cases}$$

即

$$\begin{cases} (A - \lambda I) x^0 = 0 \\ \sum_{i=1}^{n} (x_i^0)^2 = 1 \end{cases} \tag{1}$$

故向量 x^0 不是零向量，即 λ 是 A 的特征值，进一步，由（1）得

$$f(x^0) = (x^0)^{\mathrm{T}} A x^0 = \lambda \left(\sum_{i=1}^{n} x_i^0 \right)^2 = \lambda$$

可见 $f(x)$ 在 $\sum_{i=1}^{n} x_i^2 = 1$ 条件下达到的最大值是 A 的特征值. 反之，设 λ_1 是 A 的最大特征值，那么有特征向量 $x' = (x_1', x_2', \cdots, x_n')$ 满足 $\sum_{i=1}^{n} (x_i')^2 = 1$，使

$$(A - \lambda_1 I) x' = 0$$

于是

$$f(x') = (x')^{\mathrm{T}} A x' = \lambda_1$$

129

故 $\lambda_1 \leqslant \lambda$，另一方面，$\lambda$ 是 A 的特征值，那么 $\lambda \leqslant \lambda_1$，即 $\lambda = \lambda_1$．同理，可证 $f(x)$ 的最小值是矩阵 A 的最小特征值．

例 1.13 在椭球面 $2x^2 + 2y^2 + z^2 = 1$ 上求一点，使函数 $f(x,y,z) = x^2 + y^2 + z^2$ 在该点沿方向 $(1,-1,0)$ 处的方向导数最大．

解 函数在椭球面上的一点 (x,y,z) 沿方向 $(1,-1,0)$ 的方向导数为
$$g(x,y,z) = 2x - 2y$$
问题转化为在约束 $2x^2 + 2y^2 + z^2 = 1$ 下求 $g(x,y,z)$ 的最大值．
构造拉格朗日函数
$$L(x,y,z,\lambda) = 2x - 2y + \lambda(2x^2 + 2y^2 + z^2 - 1)$$
则
$$\begin{cases} \dfrac{\partial L}{\partial x} = 2 + 4\lambda x = 0 \\[2mm] \dfrac{\partial L}{\partial y} = -2 + 4\lambda y = 0 \\[2mm] \dfrac{\partial L}{\partial z} = 2\lambda z = 0 \\[2mm] 2x^2 + 2y^2 + z^2 - 1 = 0 \end{cases}$$

解得 $z = 0, x = -y = \pm\dfrac{1}{2}$，得驻点为 $\left(\dfrac{1}{2}, -\dfrac{1}{2}, 0\right)$，$\left(-\dfrac{1}{2}, \dfrac{1}{2}, 0\right)$，计算可知 $g\left(\dfrac{1}{2}, -\dfrac{1}{2}, 0\right) = 2$，$g\left(-\dfrac{1}{2}, \dfrac{1}{2}, 0\right) = -2$，因此 g 的最大值为 2．

例 1.14 设 $f(x,y)$ 在 $\mathbf{R}^2$ 上连续可微，且
$$\lim_{x^2+y^2\to\infty}\left(x\frac{\partial f}{\partial x} + y\frac{\partial f}{\partial y}\right) \geqslant \alpha > 0$$
其中 α 是一常数，证明：$f(x,y)$ 在 $\mathbf{R}^2$ 上达到最小值．

证明 由于 $\lim\limits_{x^2+y^2\to\infty}\left(x\dfrac{\partial f}{\partial x} + y\dfrac{\partial f}{\partial y}\right) \geqslant \alpha > 0$，那么存在 $M > 0$，满足 $x^2 + y^2 \geqslant M^2$ 时，有
$$x\frac{\partial f}{\partial x} + y\frac{\partial f}{\partial y} \geqslant \frac{\alpha}{2} > 0$$
对于任何 $\theta \in [0, 2\pi)$ 及 $\rho > M$，由微分中值定理，存在 $\xi \in (M, \rho)$ 满足
$$f(\rho\cos\theta, \rho\sin\theta) - f(M\cos\theta, M\sin\theta) =$$
$$\left[\cos\theta\frac{\partial f}{\partial x}(\xi\cos\theta, \xi\sin\theta) + \sin\theta\frac{\partial f}{\partial y}(\xi\cos\theta, \xi\sin\theta)\right](\rho - M) =$$

$$\frac{1}{\xi}\left[\bar{x}\left.\frac{\partial f}{\partial x}\right|_{(\bar{x},\bar{y})}+\bar{y}\left.\frac{\partial f}{\partial y}\right|_{(\bar{x},\bar{y})}\right](\rho-M)>0$$

这里 $\bar{x}=\xi\cos\theta,\bar{y}=\xi\sin\theta$,故

$$f(\rho\cos\theta,\rho\sin\theta)>f(M\cos\theta,M\sin\theta)$$

因此,对任何 $x^2+y^2>M^2$,有 $f(x,y)>\min\limits_{x^2+y^2\leqslant M^2}f(x,y)$,故 $f(x,y)$ 在 $x^2+y^2\leqslant M^2$ 内达到最小值.

例 1.15 设 f 是定义在 $x^2+y^2\leqslant 1$ 上具有连续偏导数的函数,$|f(x,y)|\leqslant 1$,证明:在这个圆内有一点 (x_0,y_0),使

$$\left(\frac{\partial f}{\partial x}(x_0,y_0)\right)^2+\left(\frac{\partial f}{\partial y}(x_0,y_0)\right)^2<16$$

证明 令 $g(x,y)=f(x,y)+2(x^2+y^2)$,在单位圆周上,$g(x,y)\geqslant 1$,而 $g(0,0)=f(0,0)\leqslant 1$,故 $g(x,y)$ 如在单位圆内部某点 (x_0,y_0) 达到最小值,那么

$$g'_x(x_0,y_0)=g'_y(x_0,y_0)=0$$

即

$$\frac{\partial f}{\partial x}+4x\Big|_{(x_0,y_0)}=\frac{\partial f}{\partial y}+4y\Big|_{(x_0,y_0)}=0$$

故

$$\frac{\partial f}{\partial x}(x_0,y_0)=-4x_0,\frac{\partial f}{\partial y}(x_0,y_0)=-4y_0$$

则

$$\left[\frac{\partial f}{\partial x}(x_0,y_0)\right]^2+\left[\frac{\partial f}{\partial y}(x_0,y_0)\right]^2=16(x_0^2+y_0^2)<16$$

练习题 1.3

1.求函数 $f(x,y)=x^2+3xy+2y^2$ 在 $x^2+y^2\leqslant 1$ 上的最大值和最小值.

2.求函数 $f(x,y,z)=2x^2+y^2+2z^2+2yz+2zx+2xy$ 在单位球 $x^2+y^2+z^2\leqslant 1$ 上的最大、最小值.

3.证明不等式

$$ab^2c^3\leqslant 108\left(\frac{a+b+c}{6}\right)^6$$

其中 a,b,c 是任意非负实数.

4.过椭圆 $3x^2+2xy+3y^2=1$ 上任意点作椭圆的切线,求切线与坐标轴所围三角形面积的最小值.

5. 在椭球面 $2x^2 + 2y^2 + z^2 = 1$ 上求一点 $P(x_0, y_0, z_0)(x_0 > 0, z_0 > 0)$，使得 P 处的法向量与向量 $(-1, 1, 1)$ 垂直，且使函数 $\varphi(x, y, z) = x^2 + y^2 + z^2$ 在点 P 处的梯度的模为最小.

6. 设 $\Sigma_1 : \dfrac{x^2}{a^2} + \dfrac{y^2}{b^2} + \dfrac{z^2}{c^2} = 1$，其中 $a > b > c$，$\Sigma_2 : z^2 = x^2 + y^2$，$\Gamma$ 为 Σ_1 和 Σ_2 的交线，求 Σ_1 在 Γ 上各点的切平面到原点距离的最大值与最小值.

7. 证明：函数 $f(x, y) = yx^y(1 - x)$ 在区域 $D: \{(x, y) \mid 0 < x < 1, 0 < y < +\infty\}$ 上满足 $f(x, y) < e^{-1}$.

8. 求函数 $f(x, y) = x^2 - xy + y^2 - 2x + y$ 在 $\mathbf{R}^2$ 上的最小值.

9. 求函数 $f(x, y) = 4x^4 + y^4 - 2x^2 - 2\sqrt{2}xy - y^2$ 的极值.

10. 已知曲线 $C: \begin{cases} x^2 + y^2 - 2z^2 = 0 \\ x + y + 3z = 5 \end{cases}$，求 C 上距离 xOy 平面最远的点和最近的点.

§2　多元函数积分

A. 重积分

1. 二重积分的基本性质.

(1) 区域可加性：若 $D = D_1 \bigcup D_2, D_1 \bigcap D_2 = \varnothing$，则

$$\iint\limits_{D} f(x, y)\mathrm{d}x\mathrm{d}y = \iint\limits_{D_1} f(x, y)\mathrm{d}x\mathrm{d}y + \iint\limits_{D_2} f(x, y)\mathrm{d}x\mathrm{d}y$$

(2) 单调性：若 $\forall (x, y) \in D, f(x, y) \leqslant g(x, y)$，则

$$\iint\limits_{D} f(x, y)\mathrm{d}x\mathrm{d}y \leqslant \iint\limits_{D} g(x, y)\mathrm{d}x\mathrm{d}y$$

(3) 中值定理：设 $f(x, y)$ 在闭区域 D 上连续，那么存在 $(\xi, \eta) \in D$ 使得

$$\iint\limits_{D} f(x, y)\mathrm{d}x\mathrm{d}y = f(\xi, \eta) \mid D \mid$$

这里 $\mid D \mid$ 表示区域 D 的面积.

(4) 变量代换：在变量 $x = x(u, v), y = y(u, v)$ 代换下，积分区域从 xOy 平面区域 D 变为 uOv 平面区域 D'，则

$$\iint\limits_{D} f(x, y)\mathrm{d}x\mathrm{d}y = \iint\limits_{D'} f(x(u, v), y(u, v)) \left| \frac{\partial(x, y)}{\partial(u, v)} \right| \mathrm{d}u\mathrm{d}v$$

这里 $\dfrac{\partial(x,y)}{\partial(u,v)} = \begin{vmatrix} \dfrac{\partial x}{\partial u} & \dfrac{\partial x}{\partial v} \\ \dfrac{\partial y}{\partial u} & \dfrac{\partial y}{\partial v} \end{vmatrix}$,即雅可比行列式.

特别,对于极坐标有

$$\iint\limits_{D} f(x,y)\mathrm{d}x\mathrm{d}y = \iint\limits_{D'} f(r\cos\theta,r\sin\theta)r\mathrm{d}r\mathrm{d}\theta$$

(5) 直接计算:如果区域 $D = \{(x,y) \mid \varphi_1(x) \leqslant y \leqslant \varphi_2(x), a \leqslant x \leqslant b\}$,那么

$$\iint\limits_{D} f(x,y)\mathrm{d}x\mathrm{d}y = \int_a^b \mathrm{d}x \int_{\varphi_1(x)}^{\varphi_2(x)} f(x,y)\mathrm{d}y \text{(先 } y \text{ 积分,再 } x \text{ 积分)}$$

对于先 x 积分,再 y 积分类似.

2. 三重积分.

三重积分的区域可加性、单调性、中值定理、变量代换与二重积分类似.

(1) 三重积分柱坐标变换

$$x = r\cos\theta, y = r\sin\theta, z = z$$

$$\iiint\limits_{\Omega} f(x,y,z)\mathrm{d}x\mathrm{d}y\mathrm{d}z = \iiint\limits_{\Omega} f(r\cos\theta,r\sin\theta,z)r\mathrm{d}r\mathrm{d}\theta\mathrm{d}z$$

(2) 三重积分球坐标变换

$$x = r\sin\varphi\cos\theta, y = r\sin\varphi\sin\theta, z = r\cos\varphi$$

$$\iiint\limits_{\Omega} f(x,y,z)\mathrm{d}x\mathrm{d}y\mathrm{d}z = \iiint\limits_{\Omega} f(r\sin\varphi\cos\theta,r\sin\varphi\sin\theta,r\cos\varphi)r^2\sin\varphi\mathrm{d}r\mathrm{d}\varphi\mathrm{d}\theta$$

(3) 曲面面积,设 $z = f(x,y)$,定义域为 D_{xy},那么曲面的面积为

$$S = \iint\limits_{D_{xy}} \sqrt{1 + \left(\frac{\partial z}{\partial x}\right)^2 + \left(\frac{\partial z}{\partial y}\right)^2}\mathrm{d}x\mathrm{d}y$$

(4) 重心坐标:设 Ω 的密度系数为 $\rho = f(x,y,z)$,那么 Ω 的重心坐标为

$$x^* = \frac{1}{m}\iiint\limits_{\Omega} xf(x,y,z)\mathrm{d}x\mathrm{d}y\mathrm{d}z$$

$$y^* = \frac{1}{m}\iiint\limits_{\Omega} yf(x,y,z)\mathrm{d}x\mathrm{d}y\mathrm{d}z$$

$$z^* = \frac{1}{m}\iiint\limits_{\Omega} zf(x,y,z)\mathrm{d}x\mathrm{d}y\mathrm{d}z$$

其中 $m = \iiint\limits_{\Omega} f(x,y,z)\mathrm{d}x\mathrm{d}y\mathrm{d}z$.

(5) 转动惯量:设 Ω 的密度函数 $\rho=f(x,y,z)$,Ω 关于直线 ρ 的转动惯量为

$$J=\iiint\limits_{\Omega}r^2f(x,y,z)\mathrm{d}x\mathrm{d}y\mathrm{d}z$$

这里 r 为 Ω 中的点 (x,y,z) 到 ρ 的距离.

例 2.1 设函数 $f(x,y)$ 连续,$F(t)=\iint\limits_{x^2+y^2\leqslant t^2}f(x,y)\mathrm{d}x\mathrm{d}y\,(t>0)$,求 $F'(t)$.

解 由于

$$F(t)=\int_0^{2\pi}\mathrm{d}\theta\int_0^t f(r\cos\theta,r\sin\theta)r\mathrm{d}r$$

而函数 $g(t,\theta)=\int_0^t f(r\cos\theta,r\sin\theta)r\mathrm{d}r$ 关于 t 是连续可微的,因此

$$F'(t)=\int_0^{2\pi}g_t'(t,\theta)\mathrm{d}\theta=t\int_0^{2\pi}f(t\cos\theta,t\sin\theta)\mathrm{d}\theta$$

例 2.2 已知 $I=\iint\limits_{x^2+y^2\leqslant 4}(x^2+y^2-1)^{\frac{1}{3}}\mathrm{d}x\mathrm{d}y$,证明:$I>\pi$.

证明 有

$$I=\Big[\iint\limits_{x^2+y^2\leqslant 1}(x^2+y^2-1)^{\frac{1}{3}}\mathrm{d}x\mathrm{d}y+\iint\limits_{1<x^2+y^2\leqslant 2}(x^2+y^2-1)^{\frac{1}{3}}\mathrm{d}x\mathrm{d}y+$$

$$\iint\limits_{2<x^2+y^2\leqslant 4}(x^2+y^2-1)^{\frac{1}{3}}\mathrm{d}x\mathrm{d}y\Big]>$$

$$\iint\limits_{x^2+y^2\leqslant 1}-1\mathrm{d}x\mathrm{d}y+\iint\limits_{1<x^2+y^2\leqslant 2}(x^2+y^2-1)^{\frac{1}{3}}\mathrm{d}x\mathrm{d}y+\iint\limits_{2<x^2+y^2\leqslant 4}1\mathrm{d}x\mathrm{d}y>$$

$$-\pi+(4\pi-2\pi)=\pi$$

例 2.3 设 f 为偶函数,$a>0$,证明

$$\int_{-a}^a\int_{-a}^a f(y-x)\mathrm{d}x\mathrm{d}y=4a\int_0^{2a}f(u)\Big(1-\frac{u}{2a}\Big)\mathrm{d}u$$

证明 作变换 $u=y-x$,$v=y+x$,那么区域变成了由 $u+v=\pm 2a$ 及 $u-v=\pm 2a$ 围成的矩形,且 $\dfrac{\partial(x,y)}{\partial(u,v)}=-\dfrac{1}{2}$,故

$$原积分=\frac{1}{2}\Big[\int_{-2a}^0\mathrm{d}u f(u)\int_{-2a-u}^{2a+u}\mathrm{d}v+\int_0^{2a}f(u)\mathrm{d}u\int_{u-2a}^{2a-u}\mathrm{d}v\Big]=$$

$$\frac{1}{2}\Big[\int_{-2a}^0 f(u)(4a+2u)\mathrm{d}u+$$

134

$$\int_0^{2a} f(u)(4a-2u)\mathrm{d}u \Bigg] \text{(对第一个积分 } u \text{ 用} -u \text{ 代替)} =$$

$$\int_0^{2a} f(u)(4a-2u)\mathrm{d}u = 4a\int_0^{2a} f(u)\left(1-\frac{u}{2a}\right)\mathrm{d}u$$

例 2.4   若函数 $f(x)$ 与 $g(x)$ 都连续,且具有相同的单调性,证明

$$\int_0^1 f(x)g(x)\mathrm{d}x \geqslant \int_0^1 f(x)\mathrm{d}x \cdot \int_0^1 g(x)\mathrm{d}x$$

证明   由于 f,g 的单调性相同,那么对 $\forall x,y \in [0,1]$ 有

$$[f(x)-f(y)][g(x)-g(y)] \geqslant 0$$

记 $D = \{(x,y) \mid 0 \leqslant x \leqslant 1, 0 \leqslant y \leqslant 1\}$,则

$$\iint\limits_D [f(x)-f(y)][g(x)-g(y)]\mathrm{d}x\mathrm{d}y \geqslant 0$$

故

$$\iint\limits_D [f(x)g(x)+f(y)g(y)]\mathrm{d}x\mathrm{d}y \geqslant \iint\limits_D [f(x)g(y)+g(x)f(y)]\mathrm{d}x\mathrm{d}y$$

因此

$$\int_0^1 f(x)g(x)\mathrm{d}x \geqslant \left(\int_0^1 f(x)\mathrm{d}x\right)\left(\int_0^1 g(x)\mathrm{d}x\right)$$

例 2.5   计算积分 $I = \iint\limits_{x^2+4y^2 \leqslant 1} (x^2+y^2)\mathrm{d}x\mathrm{d}y$.

解   用极坐标变换

$$\begin{cases} x = r\cos\theta \\ y = r\sin\theta \end{cases}$$

那么区域 $D = \{(x,y) \mid x^2+4y^2 \leqslant 1\}$ 变成 θr 平面上的区域

$$D' = \left\{(\theta,r) \,\Big|\, 0 \leqslant \theta \leqslant 2\pi, 0 \leqslant r \leqslant \frac{1}{\sqrt{1+3\sin^2\theta}}\right\}$$

于是

$$I = \iint\limits_{D'} r^3\mathrm{d}r\mathrm{d}\theta = \int_0^{2\pi}\mathrm{d}\theta\int_0^{\frac{1}{\sqrt{1+3\sin^2\theta}}} r^3\mathrm{d}r = \frac{1}{4}\int_0^{2\pi}\frac{\mathrm{d}\theta}{(1+3\sin^2\theta)^2}$$

那么这个积分计算相对麻烦,如果用如下坐标变换

$$\begin{cases} x = r\cos\theta \\ y = \dfrac{r}{2}\sin\theta \end{cases}$$

则区域 D 变为 $D' = \{(\theta,r) \mid 0 \leqslant \theta \leqslant 2\pi, 0 \leqslant r \leqslant 1\}$, $\dfrac{\partial(x,y)}{\partial(\theta,r)} = \dfrac{r}{2}$,故

$$I = \frac{1}{2}\int_0^{2\pi}\mathrm{d}\theta\int_0^1 r^3\left(\frac{1}{4}+\frac{3}{4}\cos^2\theta\right)\mathrm{d}r =$$

$$\frac{1}{8}\int_0^{2\pi}\left[\frac{1}{4}+\frac{3}{8}(1+\cos 2\theta)\right]\mathrm{d}\theta = \frac{5\pi}{32}$$

例 2.6　设函数 f 在区域 $D=\{(x,y)\mid 0\leqslant x\leqslant 1, 0\leqslant y\leqslant 1\}$ 上四次连续可微，且在区域 D 的边界上为零，如果 $\left|\dfrac{\partial^4 f}{\partial x^2\partial y^2}\right|\leqslant 1$，证明

$$\left|\iint_D f(x,y)\mathrm{d}x\mathrm{d}y\right|\leqslant\frac{1}{144}$$

证明　作辅助函数 $g(x,y)=x(1-x)y(1-y)$，那么

$$\frac{\partial^4 g}{\partial x^2\partial y^2}=4,\iint_D x(1-x)y(1-y)\mathrm{d}x\mathrm{d}y=\left[\int_0^1 x(1-x)\mathrm{d}x\right]^2=\frac{1}{36}$$

由 $f(0,y)=f(1,y)=0$，得

$$\frac{\partial^2 f(0,y)}{\partial y^2}=\frac{\partial^2 f(1,y)}{\partial y^2}=0$$

又 $g(0,y)=g(1,y)=0$，那么

$$\iint_D\frac{\partial^4 f}{\partial x^2\partial y^2}g\mathrm{d}x\mathrm{d}y=\int_0^1\left(\int_0^1\frac{\partial^4 f}{\partial x^2\partial y^2}g\mathrm{d}x\right)\mathrm{d}y(\text{分部积分})=$$

$$-\int_0^1\left(\int_0^1\frac{\partial^3 f}{\partial x\partial y^2}\frac{\partial g}{\partial x}\mathrm{d}x\right)\mathrm{d}y=$$

$$\int_0^1\int_0^1\frac{\partial^2 f}{\partial y^2}\frac{\partial^2 g}{\partial x^2}\mathrm{d}x\mathrm{d}y(\text{分部积分})$$

同理

$$\iint_D\frac{\partial^4 g}{\partial x^2\partial y^2}f\mathrm{d}x\mathrm{d}y=\int_0^1\int_0^1\frac{\partial^2 f}{\partial y^2}\frac{\partial^2 g}{\partial x^2}\mathrm{d}x\mathrm{d}y$$

那么

$$4\iint_D f(x,y)\mathrm{d}x\mathrm{d}y=\iint_D\frac{\partial^4 f}{\partial x^2\partial y^2}g\mathrm{d}x\mathrm{d}y$$

因此

$$\left|\iint_D f(x,y)\mathrm{d}x\mathrm{d}y\right|\leqslant\frac{1}{4}\iint_D g(x,y)\mathrm{d}x\mathrm{d}y=\frac{1}{144}$$

例 2.7　计算积分

$$I=\iint_{x^2+y^2\leqslant ax}(x^3y^5+y^3\sqrt{x^2+y^2}+x\sqrt{x^2+y^2})\mathrm{d}x\mathrm{d}y$$

解　注意到 x^3y^5 及 $y^3\sqrt{x^2+y^2}$ 是关于 y 的奇函数，而积分区域关于 y

对称,故积分为零. 于是

$$I = \iint\limits_{x^2+y^2\leqslant ax} x\sqrt{x^2+y^2}\,\mathrm{d}x\mathrm{d}y$$

用极坐标变换 $x = r\cos\theta, y = r\sin\theta$,得

$$I = \int_{-\frac{\pi}{2}}^{\frac{\pi}{2}}\mathrm{d}\theta\int_0^{a\cos\theta} r^3\cos\theta\mathrm{d}r = \frac{a^4}{4}\int_{-\frac{\pi}{2}}^{\frac{\pi}{2}}\cos^5\theta\mathrm{d}\theta =$$

$$\frac{a^4}{2}\int_0^{\frac{\pi}{2}}(1-\sin^2\theta)^2\mathrm{d}(\sin\theta) = \frac{4}{15}a^4$$

例 2.8 计算积分

$$I = \iiint\limits_{x^2+y^2+z^2\leqslant a^2}\frac{(b-x)\mathrm{d}x\mathrm{d}y\mathrm{d}z}{[\sqrt{(b-x)^2+y^2+z^2}]^3}, \quad b > a > 0$$

解 作如下球坐标变换

$$\begin{cases} b - x = r\cos\varphi \\ y = r\sin\varphi\cos\theta \\ z = r\sin\varphi\sin\theta \end{cases}$$

那么

$$J = \frac{\partial(x,y,z)}{\partial(r,\varphi,\theta)} = -r^2\sin\varphi$$

球 $x^2 + y^2 + z^2 = a^2$ 变成 $b^2 + r^2 - 2br\cos\varphi = a^2$,解得

$$r = b\cos\varphi \pm \sqrt{b^2\cos^2\varphi - (b^2-a^2)}$$

设

$$r_1(\varphi,\theta) = b\cos\varphi - \sqrt{b^2\cos^2\varphi - (b^2-a^2)}$$

$$r_2(\varphi,\theta) = b\cos\varphi + \sqrt{b^2\cos^2\varphi - (b^2-a^2)}$$

于是球体 $V = \{(x,y,z) \mid x^2+y^2+z^2 \leqslant a^2\}$ 变成了

$$V^{-x}: \{(r,\varphi,\theta) \mid r_1(\varphi,\theta) \leqslant r \leqslant r_2(\varphi,\theta), 0 \leqslant \varphi \leqslant \arcsin\frac{a}{b}, 0 \leqslant \theta \leqslant 2\pi\}$$

原积分

$$I = \int_0^{2\pi}\mathrm{d}\theta\int_0^{\arcsin\frac{a}{b}}\mathrm{d}\varphi\int_{r_1(\varphi,\theta)}^{r_2(\varphi,\theta)}\frac{r\cos\varphi\, r^2\sin\varphi}{r^3}\mathrm{d}r =$$

$$4\pi\int_0^{\arcsin\frac{a}{b}}\sqrt{b^2\cos^2\varphi - (b^2-a^2)}\,\sin\varphi\cos\varphi\mathrm{d}\varphi =$$

$$2\pi\int_0^{\arcsin\frac{a}{b}}\sqrt{a^2 - b^2\sin\varphi}\,\mathrm{d}\sin^2\varphi =$$

137

$$2\pi b\int_0^{\frac{a^2}{b^2}}\sqrt{\frac{a^2}{b^2}-y}\,\mathrm{d}y=\frac{4\pi a^3}{3b^2}$$

例 2.9 证明

$$1\leqslant\iiint\limits_D[\cos(xyz)+\sin(xyz)]\mathrm{d}x\mathrm{d}y\mathrm{d}z\leqslant\sqrt{2}$$

其中 $D=\{(x,y,z)\mid 0\leqslant x\leqslant 1,0\leqslant y\leqslant 1,0\leqslant z\leqslant 1\}$.

证明 令 $f(x,y,z)=\cos(xyz)+\sin(xyz)$,求 f 在 D 上的最大值与最小值.

令 $u=xyz$. 由于

$$f(x,y,z)=\sqrt{(\cos u+\sin u)^2}=\sqrt{1+2\sin u\cos u}$$

而 $0\leqslant u\leqslant 1$,于是 $f_{\min}=1$. 又由 $\sin^2 u+\cos^2 u=1$,得 $\sin u\cos u$ 最大为 $\frac{1}{2}$,此时 $\sin u=\cos u$,即 $u=\frac{\pi}{4}$,因此 $f_{\max}=\sqrt{2}$,故

$$1\cdot\mid D\mid\leqslant\iiint\limits_D[\cos u+\sin u]\mathrm{d}x\mathrm{d}y\leqslant\sqrt{2}\mid D\mid$$

这里 $\mid D\mid$ 表示 D 的体积,而 $\mid D\mid=1$,故不等式成立.

设曲面 Σ 的参数方程为

$$x=x(u,v),y=y(u,v),z=z(u,v),(u,v)\in D$$

设 $x(u,v),y(u,v),z(u,v)$ 在区域 D 上连续可微,记

$$\rho(u,v)=\sqrt{\left[\frac{\partial(y,z)}{\partial(u,v)}\right]^2+\left[\frac{\partial(z,x)}{\partial(u,v)}\right]^2+\left[\frac{\partial(x,y)}{\partial(u,v)}\right]^2}$$

若区域 D 有界,那么曲面 Σ 的面积 S 为

$$S=\iint\limits_D\rho(u,v)\mathrm{d}u\mathrm{d}v$$

例 2.10 求锥面 $x^2=y^2+z^2$ 位于第一卦限内的部分被柱面 $(x^2+y^2)^2=2a^2xy$ 割出来的面积.

解 该曲面可用如下参数方程表示

$$x=r\cos\varphi,0\leqslant\varphi\leqslant\frac{\pi}{4}$$

$$y=r\sin\varphi,0\leqslant r\leqslant a\sqrt{\sin 2\varphi}$$

$$z=r\sqrt{\cos 2\varphi}$$

求得 $\rho(\varphi,r)=\sqrt{2}\,\dfrac{r\cos\varphi}{\sqrt{\cos 2\varphi}}$,那么

$$S = \sqrt{2} \int_0^{\frac{\pi}{4}} d\varphi \int_0^{a\sqrt{\sin 2\varphi}} \frac{\cos \varphi}{\sqrt{\cos 2\varphi}} r \, dr =$$

$$\frac{a^2}{\sqrt{2}} \int_0^{\frac{\pi}{4}} \frac{\cos \varphi \sin 2\varphi}{\sqrt{\cos 2\varphi}} d\varphi =$$

$$-\frac{a^2}{2} \int_0^{\frac{\pi}{4}} \frac{2\cos^2 \varphi}{\sqrt{2\cos^2 \varphi - 1}} d(\sqrt{2} \cos \varphi) =$$

$$\frac{a^2}{2} \int_1^{\sqrt{2}} \frac{x^2}{\sqrt{x^2 - 1}} dx =$$

$$\frac{a^2}{4} \left[\ln(1 + \sqrt{2}) + \sqrt{2} \right]$$

练习题 2.1

1. 计算 $\iint\limits_D (x + y) dx dy$，其中区域 D 由曲线 $y^2 = 2x, x + y = 4, x + y = 12$ 所围成.

2. 求由曲线 $xy = 4, xy = 8, xy^3 = 5, xy^3 = 15$ 所围成的区域 D 的面积.

3. 设区域 D 为由曲线 $xy = 1, xy = 2, y = x, y = 4x (x > 0, y > 0)$ 所围成，证明

$$\iint\limits_D f(xy) dx dy = \ln 2 \int_1^2 f(u) du$$

4. 设 $f(x)$ 满足 $f(x) = x^2 + x \int_0^{x^2} f(x^2 - t) dt + \iint\limits_D f(xy) dx dy$，其中 D 是以 $(-1, -1), (1, -1), (1, 1)$ 为顶点的三角形，$f(1) = 0$，求 $\int_0^1 f(x) dx$.

5. 计算积分 $I = \iiint\limits_V (x^2 + y^2 + z^2) dx dy dz$，其中 V 是椭球体 $\dfrac{x^2}{a^2} + \dfrac{y^2}{b^2} + \dfrac{z^2}{c^2} \leqslant 1$.

6. 证明：$\dfrac{3}{2}\pi < \iiint\limits_V (x + 2y - 2z + 5)^{\frac{1}{3}} dx dy dz < 3\pi$，其中 V 是球体 $x^2 + y^2 + z^2 \leqslant 1$.

7. 对连续函数 $f(t)$，证明：$\iiint\limits_V f(ax + by + cz) dx dy dz = \pi \int_{-1}^1 (1 - u^2) f(ku) du$，这里 V 是球体 $x^2 + y^2 + z^2 \leqslant 1, k = \sqrt{a^2 + b^2 + c^2} \neq 0$.

8. 设 $f(x)$ 是定义在 $0 \leqslant x \leqslant 1$ 上的一个正值单调减函数，证明

$$\frac{\int_0^1 x f^2(x)\,\mathrm{d}x}{\int_0^1 x f(x)\,\mathrm{d}x} \leqslant \frac{\int_0^1 f^2(x)\,\mathrm{d}x}{\int_0^1 f(x)\,\mathrm{d}x}$$

9. 已知 $\int_0^2 \sin(x^2)\,\mathrm{d}x = a$,求 $\iint\limits_D \sin(x-y)^2\,\mathrm{d}x\mathrm{d}y$,其中 $D = \{(x,y) \mid |x| \leqslant 1, |y| \leqslant 1\}$.

10. 设 $f(x)$ 连续,$D = \left\{(x,y) \,\middle|\, |x| \leqslant \dfrac{a}{2}, |y| \leqslant \dfrac{a}{2}\right\}$,证明: $\iint\limits_D f(x - y)\mathrm{d}x\mathrm{d}y = \int_{-a}^a (a - |x|)f(x)\,\mathrm{d}x$.

11. 证明: $\lim\limits_{n\to\infty} \dfrac{1}{n^4} \iiint\limits_{V_n} [r]\,\mathrm{d}x\mathrm{d}y\mathrm{d}z = \pi$,这里 $V_n = \{(x,y,z) \mid x^2 + y^2 + z^2 \leqslant n^2\}$,$r = \sqrt{x^2 + y^2 + z^2}$,$[r]$ 表示 r 的整数部分.

12. 设 $f(x)$ 在 $[a,b]$ 上连续可微,$f(a) = 0$,证明

$$\int_a^b f^2(x)\,\mathrm{d}x \leqslant \frac{(b-a)^2}{2}\int_a^b [f'(x)]^2\,\mathrm{d}x - \frac{1}{2}\int_a^b [f'(x)]^2 (x-a)^2\,\mathrm{d}x$$

13. 设 $f(x)$ 在 $[0,1]$ 上连续可导,且 $f(1) = 1 + f(0)$,求

$$\int_0^1 \mathrm{d}x \int_0^x \frac{f'(y)}{\sqrt{(1-x)(x-y)}}\,\mathrm{d}y$$

14. 设 $u(x,y)$ 在区域 $D = \{(x,y) \mid 0 \leqslant x \leqslant a, 0 \leqslant y \leqslant b\}$ 上连续可微,证明

$$\iint\limits_D u^2\,\mathrm{d}x\mathrm{d}y \leqslant \left[a^2 \iint\limits_D \left(\frac{\partial u}{\partial x}\right)^2\,\mathrm{d}x\mathrm{d}y + b^2 \iint\limits_D \left(\frac{\partial u}{\partial y}\right)^2\,\mathrm{d}x\mathrm{d}y\right] + \frac{1}{ab}\left(\iint\limits_D u\,\mathrm{d}x\mathrm{d}y\right)^2$$

15. 设 $D = \{(x,y) \mid 0 \leqslant x \leqslant 1, 0 \leqslant y \leqslant 1\}$,$I = \iint\limits_D f(x,y)\,\mathrm{d}x\mathrm{d}y$,其中函数 $f(x,y)$ 在 D 上有连续偏导数,对任何 x,y 有 $f(0,y) = f(x,0) = 0$,且 $\dfrac{\partial^2 f}{\partial x \partial y} \leqslant 1$,证明: $I \leqslant \dfrac{1}{4}$.

B. 曲线积分

1. 设曲线 C 由参数表示

$$C: x = \varphi(s),\ y = \psi(s),\quad 0 \leqslant s \leqslant l$$

这里 s 是弧长参数,$f(x,y)$ 是定义在 C 上的连续函数,那么第一类曲线积分为

$$\int_C f(x,y)\mathrm{d}s = \int_0^l f(\varphi(s),\psi(s))\mathrm{d}s$$

对于连续可微的函数 $f(x,y)$，曲线 $C:x=x(t),y=y(t),a\leqslant t\leqslant b$ 的第一类曲线积分为

$$\int_C f(x,y)\mathrm{d}s = \int_a^b f(x(t),y(t))\sqrt{[x'(t)]^2+[y'(t)]^2}\,\mathrm{d}t$$

注意：第一类曲线积分"微元"$\mathrm{d}s$ 表示"弧长的无穷小变化"，因此无方向.

2. 设曲线 C 是光滑的有向曲线，$(\cos\tau,\sin\tau)$ 是与曲线方向一致的单位切向量，向量场 $F=(P(x,y),Q(x,y))$ 沿曲线 C 的第二类曲线积分为

$$\int_C P\mathrm{d}x + Q\mathrm{d}y = \int_C (P\cos\tau + Q\sin\tau)\mathrm{d}s$$

若曲线 $C:x=x(t),y=y(t),a\leqslant t\leqslant b$ 方向与参数 t 的增加方向一致，那么

$$\int_C P\mathrm{d}x + Q\mathrm{d}y = \int_a^b [P(x(t),y(t))x'(t) + Q(x(t),y(t))y'(t)]\mathrm{d}t$$

3. 格林公式.

设 $D\subset\mathbf{R}^2$ 是由逐段光滑的闭曲线 C 围成的闭区域，$P(x,y),Q(x,y)$ 在 D 上连续可微，那么

$$\int_C P\mathrm{d}x + Q\mathrm{d}y = \iint_D \left(\frac{\partial Q}{\partial x} - \frac{\partial P}{\partial y}\right)\mathrm{d}x\mathrm{d}y$$

其中 C 的方向是逆时针方向.

设 A 是 $\mathbf{R}^2$ 内的一个单连通区域，如果对于 A 内任何封闭曲线 C，都有 $\int_C P\mathrm{d}x + Q\mathrm{d}y = 0$，那么有 $\frac{\partial Q}{\partial x} = \frac{\partial P}{\partial y}$，且对任意 A 内的两点 (x_0,y_0)，(x_1,y_1)，连续这两点的任何光滑曲线 C，积分 $\int_C P\mathrm{d}x + Q\mathrm{d}y$ 的值不变，可表示为

$$u(x_1,y_1) = \int_{(x_0,y_0)}^{(x_1,y_1)} [P(x,y)\mathrm{d}x + Q(x,y)\mathrm{d}y]$$

根据格林公式可计算面积，设 D 是由逐段光滑的闭曲线围成的区域，那么 D 的面积

$$|D| = \frac{1}{2}\int_C [x\mathrm{d}y - y\mathrm{d}x]$$

其中 C 的方向为逆时针方向.

格林(George Green, 1793—1841)，英国数学家，剑桥大学教授. 主要贡献是通过位势理论发展了电磁理论及弹性理论的基本方程，是一位自学成才的数学家.

例 2. 11 计算积分

$$I = \int_C (2xy^3 - y^2\cos x)\mathrm{d}x + (1 - 2y\sin x + 3x^2 y^2)\mathrm{d}y$$

其中 C 是抛物线 $2x = \pi y^2$ 从点 $(0,0)$ 到点 $\left(\dfrac{\pi}{2},1\right)$ 的弧段.

解   令 $P = 2xy^3 - y^2\cos x, Q = 1 - 2y\sin x + 3x^2 y^2$，那么

$$\frac{\partial P}{\partial y} = 6xy^2 - 2y\cos x = \frac{\partial Q}{\partial x}$$

因此，由格林公式，I 与路径无关，选取线段 C_1：从 $(0,0)$ 到 $\left(\dfrac{\pi}{2},0\right)$，$C_2$：从

$\left(\dfrac{\pi}{2},0\right)$ 到 $\left(\dfrac{\pi}{2},1\right)$，那么

$$I = \int_{C_1} (2xy^3 - y^2\cos x)\mathrm{d}x + (1 - 2y\sin x + 3x^2 y^2)\mathrm{d}y +$$

$$\int_{C_2} (2xy^3 - y^2\cos x)\mathrm{d}x + (1 - 2y\sin x + 3x^2 y^2)\mathrm{d}y =$$

$$\int_{C_1} 0 + \int_0^1 \left(1 - 2y + \frac{3}{4}\pi^2 y^2\right)\mathrm{d}y = \frac{1}{4}\pi^2$$

例 2. 12 求极限 $\lim\limits_{r\to 0} \int_{C_r} \dfrac{xy^2\mathrm{d}y - x^2 y\mathrm{d}x}{(x^2 + y^2)^2}$，其中 C_r 是圆周：$x^2 + y^2 = r^2$，方向为逆时针方向.

解   令 $x = r\cos\theta, y = r\sin\theta$，那么

$$\int_{C_r} \frac{xy^2\mathrm{d}y - x^2 y\mathrm{d}x}{(x^2 + y^2)^2} = \int_0^{2\pi} 2\cos^2\theta\sin^2\theta\,\mathrm{d}\theta = \frac{1}{2}\int_0^{2\pi} \sin^2 2\theta\,\mathrm{d}\theta =$$

$$\frac{1}{4}\int_0^{2\pi} (1 - \cos 4\theta)\mathrm{d}\theta = \frac{\pi}{2}$$

例 2. 13 设函数 $\varphi(x)$ 具有连续的导数，在围绕原点的任意光滑的简单闭曲线 C 上，曲线积分

$$\oint_L \frac{2xy\mathrm{d}x + \varphi(x)\mathrm{d}y}{x^4 + y^2}$$

的值为常数.

(1) 设 L 为正向闭曲线 $(x-2)^2 + y^2 = 1$，证明：$\oint_L \dfrac{2xy\mathrm{d}x + \varphi(x)\mathrm{d}y}{x^4 + y^2} = 0$.

(2) 求函数 $\varphi(x)$.

(3) 设 C 是围绕原点的光滑简单正向闭线性，求 $\oint_C \dfrac{2xy\mathrm{d}x + \varphi(x)\mathrm{d}y}{x^4 + y^2}$.

解 (1) 如图 1,补一段光滑曲线 C,使 $C \cup L^-$ 及 $C \cup L^+$ 为封闭曲线

$$\oint_L \frac{2xy\,\mathrm{d}x + \varphi(x)\,\mathrm{d}y}{x^4 + y^2} = \int_{L^+} \frac{2xy\,\mathrm{d}x + \varphi(x)\,\mathrm{d}y}{x^4 + y^2} - \int_{L^-} \frac{2xy\,\mathrm{d}x + \varphi(x)\,\mathrm{d}y}{x^4 + y^2} =$$

$$\int_{L^++C} \frac{2xy\,\mathrm{d}x + \varphi(x)\,\mathrm{d}y}{x^4 + y^2} - \int_{L^-+C} \frac{2xy\,\mathrm{d}x + \varphi(x)\,\mathrm{d}y}{x^4 + y^2}$$

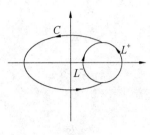

图 1

而

$$\int_{L^++C} \frac{2xy\,\mathrm{d}x + \varphi(x)\,\mathrm{d}y}{x^4 + y^2} = \int_{L^-+C} \frac{2xy\,\mathrm{d}x + \varphi(x)\,\mathrm{d}y}{x^4 + y^2}$$

故

$$\oint_L \frac{2xy\,\mathrm{d}x + \varphi(x)\,\mathrm{d}y}{x^4 + y^2} = 0$$

(2) 当 $x^2 + y^2 \neq 0$ 时,记 $P = \dfrac{2xy}{x^4 + y^2}$,$Q = \dfrac{\varphi(x)}{x^4 + y^2}$,应有

$$\frac{\partial P}{\partial y} = \frac{\partial Q}{\partial x}$$

$$\frac{\partial P}{\partial y} = \frac{2x(x^4 + y^2) - 2xy \cdot 2y}{(x^4 + y^2)^2} = \frac{2x^5 - 2xy^2}{(x^4 + y^2)^2}$$

$$\frac{\partial Q}{\partial x} = \frac{\varphi'(x)(x^4 + y^2) - \varphi(x) \cdot 4x^3}{(x^4 + y^2)^2} = \frac{-4\varphi(x)x^3 + \varphi'(x)x^4 + \varphi'(x)y^2}{(x^4 + y^2)^2}$$

解得 $\varphi(x) = -x^2$.

(3) 取曲线 $\widetilde{C}: x^4 + y^2 = 1$,则

$$\oint_C = \int_{\widetilde{C}} \frac{2xy\,\mathrm{d}x - x^2\,\mathrm{d}y}{x^4 + y^2} = \int_{\widetilde{C}} 2xy\,\mathrm{d}x - x^2\,\mathrm{d}y = \iint\limits_{x^4 + y^2 \leqslant 1} (-4x)\,\mathrm{d}x\,\mathrm{d}y = 0$$

例 2.14 证明:$\lim\limits_{r \to +\infty} \int_{C_r} \dfrac{y\,\mathrm{d}x - x\,\mathrm{d}y}{(x^2 + xy + y^2)^{\frac{3}{2}}} = 0$,其中 C_r 表示圆 $x^2 + y^2 = r^2$,方向为逆时针.

证明 由于

143

$$\left|\int_{C_r} P\mathrm{d}x + Q\mathrm{d}y\right| = \left|\int_0^l [P\cos\tau + Q\sin\tau]\mathrm{d}s\right| \leqslant \int_0^l \sqrt{P^2 + Q^2}\,\mathrm{d}s \leqslant Ml$$

这里 l 是曲线 C_r 的弧长,即 $2\pi r, M = \max\limits_{(x,y)\in C_r}\sqrt{P^2+Q^2}$. 由于

$$x^2 + xy + y^2 \geqslant \frac{1}{2}(x^2 + y^2)$$

于是 $\sqrt{P^2 + Q^2} \leqslant \left[\dfrac{8}{(x^2+y^2)^2}\right]^{\frac{1}{2}}$,那么

$$M \leqslant \frac{2\sqrt{2}}{r^2}$$

故

$$\left|\int_{C_r} P\mathrm{d}x + Q\mathrm{d}y\right| \leqslant 2\pi r \cdot \frac{2\sqrt{2}}{r^2} = \frac{4\pi\sqrt{2}}{r} \to 0, \quad r \to +\infty$$

例 2.15 设 $f(r,t) = \oint_{x^2+xy+y^2=r^2} \dfrac{y\mathrm{d}x - x\mathrm{d}y}{(x^2+y^2)^t}$,求极限 $\lim\limits_{r\to+\infty} f(r,t)$,其中曲线沿正向积分.

解 令 $P = \dfrac{y}{(x^2+y^2)^t}, Q = \dfrac{-x}{(x^2+y^2)^t}$,那么当 $x^2 + y^2 \neq 0$ 时

$$\frac{\partial P}{\partial y} = \frac{\partial Q}{\partial x}, \quad t = 1$$

令 $\begin{cases} x = u + v \\ y = u - v \end{cases}$,得 $x^2 + xy + y^2 = 3u^2 + v^2$,令 $u = \dfrac{r}{\sqrt{3}}\cos\theta, v = r\sin\theta$,那么

$$x = \frac{r}{\sqrt{3}}(\cos\theta + \sqrt{3}\sin\theta), y = \frac{r}{\sqrt{3}}(\cos\theta - \sqrt{3}\sin\theta)$$

得

$$f(r,t) = -\int_0^{2\pi} \frac{\sqrt{3}\left(\dfrac{2r^2}{3}\right)}{\left(\dfrac{2r^2}{3}\right)^t (\cos^2\theta + 3\sin^2\theta)^t}\mathrm{d}\theta =$$

$$-\sqrt{3}\left(\frac{2r^2}{3}\right)^{1-t}\int_0^{2\pi} \frac{\mathrm{d}\theta}{(\cos^2\theta + 3\sin^2\theta)^t}$$

于是当 $t > 1$ 时,$\lim\limits_{r\to\infty} f(r,t) = 0; t < 1$ 时,$\lim\limits_{r\to+\infty} f(r,t) = \infty$.

当 $t = 1$ 时,取 $C_a : x^2 + y^2 = a^2, a$ 充分小,那么

$$\oint_{x^2+xy+y^2=r^2} = \int_{C_a} \frac{y\mathrm{d}x - x\mathrm{d}y}{x^2+y^2} = \frac{1}{a^2}\int_{C_a} y\mathrm{d}x - x\mathrm{d}y =$$

$$\frac{1}{a^2}\iint\limits_{D_a} -2\,\mathrm{d}x\,\mathrm{d}y = -2\pi$$

于是有

$$\lim_{r\to+\infty}\oint_{x^2+xy+y^2=r^2}\frac{y\,\mathrm{d}x - x\,\mathrm{d}y}{(x^2+y^2)^t} = -2\pi$$

练习题 2.2

1. 计算 $\int_C xy\,\mathrm{d}s$,其中 C 是球面 $x^2+y^2+z^2=1$ 与平面 $x+y+z=0$ 的交线.

2. 计算积分

$$I = \int_C \frac{1+y^2}{x^3}\mathrm{d}x - \frac{(1+x^2)y}{x^2}\mathrm{d}y$$

其中 C 为从点 $(1,0)$ 到点 $(2,1)$ 的直线段,并证明:当 C 是与 y 轴不相交的逐段光滑闭曲线时,$I=0$.

3. 记 $I = \int_C \frac{x}{y}(x^2+y^2)^\lambda\mathrm{d}x - \frac{x^2}{y^2}(x^2+y^2)^\lambda\mathrm{d}y$,求 λ 使 I 在区域 $D = \{(x,y)\mid y>0\}$ 内的任何曲线 C 上积分与路径无关,并求 $\int_{(0,1)}^{(x,y)}\frac{x}{y}(x^2+y^2)^\lambda\mathrm{d}x - \frac{x}{y^2}(x^2+y^2)^\lambda\mathrm{d}y$.

4. 计算 $\int_C \frac{x\,\mathrm{d}y - y\,\mathrm{d}x}{ax^2+2bxy+cy^2}$,其中 C 是包含点 $(0,0)$ 在其内部的逐渐光滑闭曲线,$a>0,c>0,ac-b^2>0$.

5. 计算 $\int_C \frac{(x+y)\,\mathrm{d}x - (x-y)\,\mathrm{d}y}{x^2+y^2}$,其中 C 是沿曲线 $y=\pi\cos x$,由 $A(\pi,-\pi)$ 到 $B(-\pi,-\pi)$ 的一段弧.

6. 已知曲线积分 $\oint_C \frac{x\,\mathrm{d}y - y\,\mathrm{d}x}{y^2+\varphi(x)} = I$ 是常数,其中 $\varphi(x)$ 为可导,$\varphi(1)=1$,C 为绕原点的任意逐段光滑闭曲线的正向.求 $\varphi(x)$ 及 I.

7. 设 $P(x,y),Q(x,y)$ 具有连续的偏导数,且对以任意点 (x_0,y_0) 为圆心,任意正数 r 为半径的上半圆周 L,恒有 $\int_L P(x,y)\mathrm{d}x + Q(x,y)\mathrm{d}y = 0$,证明:$P(x,y) \equiv 0,\frac{\partial Q}{\partial x} \equiv 0$.

8. 设 $f(x)$ 连续可导，$A\left(3,\dfrac{2}{3}\right)$，$B(1,2)$，计算

$$\int_{\overrightarrow{AB}}\left[\frac{1}{y}+yf(xy)\right]\mathrm{d}x+\left[xf(xy)-\frac{x}{y^2}\right]\mathrm{d}y$$

9. 计算积分

$$\int_C\frac{x\,\mathrm{d}y-\left(y-\dfrac{1}{2}\right)\mathrm{d}x}{x^2+\left(y-\dfrac{1}{2}\right)^2}$$

其中 C 是上半圆周 $x^2+y^2=1(y\geqslant 0)$，起点为 $(1,0)$，终点为 $(-1,0)$.

10. 计算积分

$$\int_C\frac{y\,\mathrm{d}x-(x-1)\mathrm{d}y}{(x-1)^2+y^2}$$

(1) C 为圆周 $x^2+y^2-2y=0$，方向为逆时针方向；

(2) C 为椭圆 $4x^2+y^2-8x=0$，方向为逆时针方向.

C. 曲面积分

1. 第一类曲面积分.

设光滑曲面

$$\Sigma:x=x(u,v),y=y(u,v),z=z(u,v)$$

参数定义在平面 D 上，$f(x,y,z)$ 在 Σ 上的第一类曲面积分为

$$\iint_{\Sigma}f(x,y,z)\mathrm{d}S=\iint_Df(x(u,v),y(u,v),z(u,v))\rho(u,v)\mathrm{d}u\mathrm{d}v$$

其中

$$\rho(u,v)=\left\{\left[\frac{\partial(y,z)}{\partial(u,v)}\right]^2+\left[\frac{\partial(z,x)}{\partial(u,v)}\right]^2+\left[\frac{\partial(x,y)}{\partial(u,v)}\right]^2\right\}^{\frac{1}{2}}$$

特别当 Σ 为 $z=\varphi(x,y)$，$(x,y)\in D$ 时

$$\iint_{\Sigma}f(x,y,z)\mathrm{d}S=\iint_Df(x,y,\varphi(x,y))\sqrt{1+(\varphi'_x)^2+(\varphi'_y)^2}\,\mathrm{d}x\mathrm{d}y$$

2. 第二类曲面积分.

设 Σ 是光滑曲面，$P(x,y,z)$，$Q(x,y,z)$，$R(x,y,z)$ 定义在 Σ 上，取定 Σ 的一侧之单位法向量 $\boldsymbol{n}=(\cos\alpha,\cos\beta,\cos\gamma)$，那么

$$\iint_{\Sigma}P\,\mathrm{d}y\mathrm{d}z+Q\mathrm{d}z\mathrm{d}x+R\mathrm{d}x\mathrm{d}y=\iint_{\Sigma}[P\cos\alpha+Q\cos\beta+R\cos\gamma]\mathrm{d}S$$

3. 高斯公式.

设 Σ 是逐片光滑的闭曲面，G 是曲面所围成的区域，Σ 取单位外法向量，那么

$$\iint\limits_{\Sigma} P\,\mathrm{d}y\mathrm{d}z + Q\mathrm{d}z\mathrm{d}x + R\mathrm{d}x\mathrm{d}y = \iint\limits_{G}\left[\frac{\partial P}{\partial x} + \frac{\partial Q}{\partial y} + \frac{\partial R}{\partial z}\right]\mathrm{d}x\mathrm{d}y\mathrm{d}z$$

4. 斯托克斯公式.

设曲面 Σ 的边界由曲线 C 组成，选定 Σ 的一侧，$\boldsymbol{n} = (\cos\alpha, \cos\beta, \cos\gamma)$ 是相应的法向量，C 的方向与 Σ 的法向量构成右手系，$P(x,y,z)$，$Q(x,y,z)$，$R(x,y,z)$ 在 Σ 上连续，那么

$$\int_{C} P\,\mathrm{d}x + Q\mathrm{d}y + R\mathrm{d}z = \iint\limits_{\Sigma}\left[\left(\frac{\partial R}{\partial y} - \frac{\partial Q}{\partial z}\right)\cos\alpha + \left(\frac{\partial P}{\partial z} - \frac{\partial R}{\partial x}\right)\cos\beta + \right.$$
$$\left.\left(\frac{\partial Q}{\partial x} - \frac{\partial P}{\partial y}\right)\cos\gamma\right]\mathrm{d}S$$

注：对于曲面 $z = \varphi(x,y)$，上侧、下侧分别对于单位法向量

$$\boldsymbol{n} = \frac{\pm 1}{\sqrt{1 + (\varphi'_x)^2 + (\varphi'_x)^2}}(-\varphi'_x, -\varphi'_y, 1)$$

中的正号和负号，那么第二类曲面积分的计算公式为

$$\iint\limits_{\Sigma_{\text{上，下}}}[P\cos\alpha + Q\cos\beta + R\cos\gamma]\mathrm{d}S = \pm\iint\limits_{D}[-P\varphi'_x - Q\varphi'_y + R]\mathrm{d}x\mathrm{d}y$$

同样，对于 $x = \varphi(y,z)$ 对应前侧和后侧，对于 $y = \varphi(x,z)$ 对应于左侧与右侧，对于封闭曲面，则有内、外侧之分，正确而熟练地选取积分前的符号是第二型曲面积分的关键.

高斯(Friedrich Gauss,1777—1855)德国著名数学家、物理学家、天文学家、大地测量学家，是人类有史以来"最伟大的四位数学家之一"(另三位分别是阿基米德、牛顿、欧拉)，也是神童成为大数学家的典范. 高斯在数学的所有分支，数论、代数、分析和几何方面都作出了重要贡献. 如在数论方面，引进了"同余"概念，建立了以他的名字命名的"高斯二次互反定理"；在代数方面，证明了代数基本定理，即任何一元复系数多项式方程在复数域上至少有一个根；在几何方面，开创了曲面理论，建立了经典微分几何学；在应用数学方面，发明了最小二乘法. 为了纪念"数学王子"高斯，由国际数学家联合会和德国数学家联合会共同设立"高斯奖"，在四年一届的国际数学家大会上颁发，主要用于奖励在应用数学方面取得突出成就的数学家，奖由一枚高斯肖像奖章和奖金组成. 第一次在第 25 届国际数学家大会上(2006 年，西班牙马德里) 颁发，获奖者为日本著名数学家伊藤清(Kiyoshi Ito,1915—2008，沃尔夫数学奖获得

者,建立了随机积分的伊藤公式,并广泛应用于金融领域,是"华尔街"最有名的日本人).

斯托克斯(George Stokes,1819—1903)英国数学家、物理学家.斯托克斯的主要贡献是对粘性流体运动建立了所谓纳维－斯托克斯方程,它是流体力学中最基本的方程组.关于纳维－斯托克斯方程解的存在性与光滑性是七大数学难题之一(另外六个是 P 问题对 NP 问题、霍奇猜想、庞加莱猜想(已解决)、黎曼猜想、杨－米尔斯方程存在性和质量缺口、贝赫和斯维讷通－戴尔猜想).斯托克斯是继牛顿之后任卢卡斯数学教授(剑桥大学最有名的教授席位)、皇家学会书记、皇家学会会长这三项职务的第二人.

注 牛顿－莱布尼兹公式、格林公式、高斯公式、斯托克斯公式,这四个公式从现代数学的观点来看,可以统一成一个公式,即现代版的斯托克斯公式,其核心仍然是牛顿－莱布尼兹公式.

例 2.16 试求第二型曲面积分

$$I = \iint_\Sigma xyz\cos\gamma\mathrm{d}s = \iint_\Sigma xyz\,\mathrm{d}x\mathrm{d}y$$

其中 Σ 是单位球面外侧的四分之一

$$x^2 + y^2 + z^2 = 1, \quad x \geq 0, y \geq 0$$

解 把 Σ 分成两部分

$$\begin{cases} \Sigma_1 : z = \sqrt{1-x^2-y^2}, (x,y) \in D \\ \Sigma_2 : z = -\sqrt{1-x^2-y^2}, (x,y) \in D \end{cases}$$

$$D = \{(x,y) \mid x^2 + y^2 \leq 1, x \geq 0, y \geq 0\}$$

那么

$$I = \iint_{\Sigma_{1上}} (xyz)\mathrm{d}x\mathrm{d}y + \iint_{\Sigma_{2下}} (xyz)\mathrm{d}x\mathrm{d}y = 2\iint_D xy\sqrt{1-x^2-y^2}\,\mathrm{d}x\mathrm{d}y =$$

$$2\int_0^{\frac{\pi}{2}}\mathrm{d}\theta\int_0^1 \cos\theta\sin\theta r^2\sqrt{1-r^2}\cdot r\mathrm{d}r \xrightarrow{r^2=x}$$

$$\left(\int_0^{\frac{\pi}{2}}\cos\theta\sin\theta\mathrm{d}\theta\right)\left(\int_0^1 x\sqrt{1-x}\,\mathrm{d}x\right) =$$

$$\frac{1}{2} \times \frac{4}{15} = \frac{2}{15}$$

例 2.17 计算 $\displaystyle\iint_\Sigma \frac{ax\,\mathrm{d}y\mathrm{d}z + (z+a)^2\mathrm{d}x\mathrm{d}y}{\sqrt{x^2+y^2+z^2}}$,其中 Σ 为下半球面 $z = -\sqrt{a^2-y^2-x^2}$ 的上侧,$a > 0$.

解 Σ 投影到 yOz 平面上的半圆 $y^2 + z^2 \leqslant a^2, z \leqslant 0$，那么

$$\iint\limits_{\Sigma} \frac{ax\,\mathrm{d}y\mathrm{d}z}{\sqrt{x^2+y^2+z^2}} = -2\iint\limits_{D_{yz}} \sqrt{a^2-y^2-z^2}\,\mathrm{d}y\mathrm{d}z = -\frac{2}{3}\pi a^3$$

$$\iint\limits_{\Sigma} \frac{(z+a)^2}{\sqrt{x^2+y^2+z^2}}\,\mathrm{d}x\mathrm{d}y = \frac{1}{a}\iint\limits_{D_{xy}}(a-\sqrt{a^2-x^2-y^2})^2\,\mathrm{d}x\mathrm{d}y = \frac{\pi}{6}a^3$$

其中 D_{xy} 为 xOy 平面上的圆域 $x^2+y^2 \leqslant a^2$，故

$$原式 = -\frac{2}{3}\pi a^3 + \frac{\pi}{6}a^3 = -\frac{\pi}{2}a^3$$

例 2.18 计算曲面积分

$$\iint\limits_{\Sigma}[f(x,y,z)+x]\mathrm{d}y\mathrm{d}z + [2f(x,y,z)+y]\mathrm{d}z\mathrm{d}x + [f(x,y,z)+z]\mathrm{d}x\mathrm{d}y$$

其中 $f(x,y,z)$ 为连续函数，曲面 Σ 为平面 $x-y+z=1$ 在第四卦限部分的上侧(如图 2).

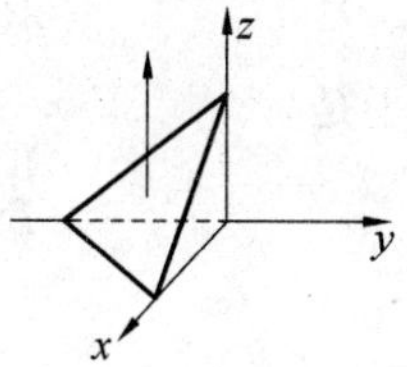

解 曲面 Σ 的法向量 $\boldsymbol{n} = \left(\frac{1}{\sqrt{3}}, -\frac{1}{\sqrt{3}}, \frac{1}{\sqrt{3}}\right) = (\cos\alpha,$

$\cos\beta, \cos\gamma)$，于是可化为第一类曲面积分

$$原式 = \iint\limits_{\Sigma}\left[\frac{1}{\sqrt{3}}(f+x) - \frac{1}{\sqrt{3}}(2f+y) + \frac{1}{\sqrt{3}}(f+z)\right]\mathrm{d}s =$$

$$\iint\limits_{\Sigma} \frac{1}{\sqrt{3}}(x-y+z)\mathrm{d}s =$$

$$\frac{1}{\sqrt{3}}\iint\limits_{\Sigma}\mathrm{d}s = \frac{1}{\sqrt{3}}\,|\,\Sigma\,|$$

图 2

其中 $|\,\Sigma\,|$ 为 Σ 的面积，即图中三角形的面积，$|\,\Sigma\,| = \frac{\sqrt{3}}{2}$，故原式 $= \frac{1}{2}$.

例 2.19 计算 $\iint\limits_{\Sigma} \dfrac{x\,\mathrm{d}y\mathrm{d}z + y\,\mathrm{d}z\mathrm{d}x + z\,\mathrm{d}x\mathrm{d}y}{(x^2+y^2+z^2)^{\frac{3}{2}}}$，其中 Σ 为椭球面 $\dfrac{x^2}{2} + \dfrac{y^2}{3} + \dfrac{z^2}{4} = 1$ 的外侧.

解 简单计算，知当 $x^2+y^2+z^2 \neq 0$ 时，$\dfrac{\partial P}{\partial x} + \dfrac{\partial Q}{\partial y} + \dfrac{\partial R}{\partial z} = 0$. 取一足够小的球面 $\Sigma_1: x^2+y^2+z^2 = a^2$ $(a < \sqrt{2})$ 的内侧，则 $\Sigma + \Sigma_1$ 封闭，所围区域为 Ω，那么由高斯公式

$$\iint\limits_{\Sigma+\Sigma_1} = \iiint\limits_{\Omega}\left(\frac{\partial P}{\partial x} + \frac{\partial Q}{\partial y} + \frac{\partial R}{\partial z}\right)\mathrm{d}x\mathrm{d}y\mathrm{d}z = 0$$

于是

$$\iint\limits_{\Sigma} = \iint\limits_{\Sigma_1(\text{外侧})} \frac{x\,\mathrm{d}y\mathrm{d}z + y\,\mathrm{d}z\mathrm{d}x + z\,\mathrm{d}x\mathrm{d}y}{a^3} = \iiint\limits_{\Omega_1} \frac{3}{a^3}\,\mathrm{d}x\mathrm{d}y\mathrm{d}z =$$

$$\frac{3}{a^3} \times \frac{4}{3}\pi a^3 = 4\pi$$

这里 Ω_1 为 Σ 围成的球体.

例 2.20 设 Σ 是椭球面 $\dfrac{x^2}{a^2} + \dfrac{y^2}{b^2} + \dfrac{z^2}{c^2} = 1$, $\rho = \rho(x, y, z)$ 是原点 $(0, 0, 0)$ 与 Σ 上过点 (x, y, z) 的切平面的距离, 计算 $I = \iint\limits_{\Sigma} \rho\,\mathrm{d}s$.

解 设 $\boldsymbol{r} = (x, y, z)$ 是点 $(x, y, z) \in \Sigma$ 的矢径, $\boldsymbol{n} = (\cos\alpha, \cos\beta, \cos\gamma)$ 是 Σ 的单位外法向量, 那么

$$\rho(x, y, z) = \boldsymbol{r} \cdot \boldsymbol{n} = x\cos\alpha + y\cos\beta + z\cos\gamma$$

于是

$$I = \iint\limits_{\Sigma} \rho\,\mathrm{d}s = \iint\limits_{\Sigma} [x\cos\alpha + y\cos\beta + z\cos\gamma]\mathrm{d}s =$$

$$\iint\limits_{\Sigma} x\,\mathrm{d}y\mathrm{d}z + y\,\mathrm{d}z\mathrm{d}x + z\,\mathrm{d}x\mathrm{d}y =$$

$$\iiint\limits_{\Omega} 3\,\mathrm{d}x\mathrm{d}y\mathrm{d}z = 3 \mid \Omega \mid =$$

$$3 \cdot \frac{4}{3}\pi abc = 4\pi abc$$

这里 Ω 表示椭球面 $\dfrac{x^2}{a^2} + \dfrac{y^2}{b^2} + \dfrac{z^2}{c^2} \leqslant 1$, $\mid \Omega \mid$ 表示 Ω 的体积.

例 2.21 设 Σ 为上半椭球面 $\dfrac{x^2}{2} + \dfrac{y^2}{2} + z^2 = 1(z \geqslant 0)$, 点 $P(x, y, z)$ 是 Σ 上一点, 记 $d(x, y, z)$ 为原点到 P 处切平面的距离, 计算:

$(1) I_1 = \iint\limits_{\Sigma} \dfrac{z}{d(x, y, z)}\mathrm{d}s$; $(2) I_2 = \iint\limits_{\Sigma(\text{上侧})} \dfrac{1}{d^2(x, y, z)}[\mathrm{d}y\mathrm{d}z + \mathrm{d}z\mathrm{d}x + \mathrm{d}x\mathrm{d}y]$.

解 过点 P 的单位外法向量为

$$\boldsymbol{n} = \left(\frac{x}{\sqrt{x^2 + y^2 + 4z^2}}, \frac{y}{\sqrt{x^2 + y^2 + 4z^2}}, \frac{2z}{\sqrt{x^2 + y^2 + 4z^2}} \right)$$

设 $(x, y, z) = \boldsymbol{r}$ 表示从原点到点 P 的矢径, 那么

$$d(x, y, z) = \boldsymbol{r} \cdot \boldsymbol{n} = \frac{x^2 + y^2 + 2z^2}{\sqrt{x^2 + y^2 + 4z^2}} = \frac{2\left(\dfrac{x^2}{2} + \dfrac{y^2}{2} + z^2\right)}{\sqrt{x^2 + y^2 + 4z^2}} =$$

$$\frac{2}{\sqrt{x^2+y^2+4z^2}}$$

于是

$$I_1 = \iint_\Sigma \frac{z\,\mathrm{d}s}{d(x,y,z)} = \frac{1}{2}\iint_\Sigma z\sqrt{x^2+y^2+4z^2}\,\mathrm{d}s =$$

$$\frac{1}{2}\iint_{D_{xy}} z\sqrt{x^2+y^2+4z^2}\,\sqrt{1+(z_x')^2+(z_y')^2}\,\mathrm{d}x\,\mathrm{d}y$$

其中 $D_{xy} = \{(x,y) \mid x^2+y^2 \leqslant 2\}$，$z = \sqrt{1-\dfrac{x^2}{2}-\dfrac{y^2}{2}}$，故

$$I_1 = \frac{1}{4}\iint_{D_{xy}} (4-x^2-y^2)\,\mathrm{d}x\,\mathrm{d}y = \frac{1}{4}\int_0^{2\pi}\mathrm{d}\theta\int_0^{\sqrt{2}}(4-r^2)r\,\mathrm{d}r = \frac{3}{2}\pi$$

再注意到

$$\mathrm{d}y\,\mathrm{d}z = \cos\alpha\,\mathrm{d}s = \frac{x}{2}d(x,y,z)\mathrm{d}s$$

$$\mathrm{d}z\,\mathrm{d}x = \cos\beta\,\mathrm{d}s = \frac{y}{2}d(x,y,z)\mathrm{d}s$$

$$\mathrm{d}x\,\mathrm{d}y = \cos\gamma\,\mathrm{d}s = zd(x,y,z)\mathrm{d}s$$

那么

$$I_2 = \iint_\Sigma \frac{1}{d^2(x,y,z)}\left(\frac{x}{2}+\frac{y}{2}+z\right)d(x,y,z)\mathrm{d}s =$$

$$\frac{1}{2}\iint_\Sigma \frac{1}{d(x,y,z)}(x+y+2z)\mathrm{d}s$$

另一方面，Σ 关于平面 $x=0$ 和 $y=0$ 对称，故

$$\iint_\Sigma \frac{x}{d(x,y,z)}\mathrm{d}s = \iint_\Sigma \frac{y}{d(x,y,z)}\mathrm{d}s = 0$$

因此

$$I_2 = \iint_\Sigma \frac{z}{d(x,y,z)}\mathrm{d}s = I_1 = \frac{3}{2}\pi$$

练习题 2.3

1. 计算 $\iint\limits_\Sigma x^3\mathrm{d}y\mathrm{d}z$，其中 Σ 是椭球面 $\dfrac{x^2}{a^2}+\dfrac{y^2}{b^2}+\dfrac{z^2}{c^2}=1$ 的下半部的下侧.

2. 计算 $\iint\limits_{\Sigma} x^2 \mathrm{d}y\mathrm{d}z + y^2 \mathrm{d}z\mathrm{d}x + z^2 \mathrm{d}x\mathrm{d}y$，其中 Σ 是立方体 $0 < x < a, 0 < y < a, 0 < z < a$ 的边界的外侧.

3. 计算曲面积分

$$I = \iint\limits_{\Sigma} (xy^2 - z^3)\mathrm{d}y\mathrm{d}z + (yz^2 - x^3)\mathrm{d}z\mathrm{d}x + (zx^2 + a^3)\mathrm{d}x\mathrm{d}y$$

其中 Σ 为半球面 $z = \sqrt{a^2 - x^2 - y^2}(a > 0)$ 的上侧.

4. 计算曲面积分 $\iint\limits_{\Sigma} (x + y + z)\mathrm{d}s$，其中 Σ 是 $z = x^2 + y^2, z \leqslant 1$.

5. 设 Σ 为 $x^2 + y^2 + z^2 = 1(z \geqslant 0)$ 的外侧，连续函数 $f(x, y)$ 满足

$$f(x, y) = 2(x - y)^2 + \iint\limits_{\Sigma} x(z^2 + \mathrm{e}^z)\mathrm{d}y\mathrm{d}z + y(z^2 + \mathrm{e}^z)\mathrm{d}z\mathrm{d}x +$$

$$[zf(x, y) - 2\mathrm{e}^z]\mathrm{d}x\mathrm{d}y$$

求 $f(x, y)$.

6. 计算曲线积分 $\int_\Gamma (y^2 - z^2)\mathrm{d}x + (z^2 - x^2)\mathrm{d}y + (x^2 - y^2)\mathrm{d}z$，其中 Γ 是平面 $x + y + z = \dfrac{3}{2}a$ 与立方体 $0 \leqslant x, y, z \leqslant a$ 的表面的交线，从 z 轴正向看是逆时针方向.

7. 已知 S 是空间曲线 $\begin{cases} x^2 + 3y^2 = 1 \\ z = 0 \end{cases}$ 绕 y 轴旋转形成的椭球面的上半部分 $(z \geqslant 0)$（取上侧），Π 是 S 在点 $P(x, y, z)$ 处的切面，$\rho(x, y, z)$ 是原点到切平面 Π 的距离，$\cos \alpha, \cos \beta, \cos \gamma$ 表示 S 的正法向量的方向余弦. 计算：

(1) $\iint\limits_{S} \dfrac{z}{\rho(x, y, z)}\mathrm{d}s$；(2) $\iint\limits_{S} z(x\cos \alpha + 3y\cos \beta + z\cos \gamma)\mathrm{d}s$.

8. 计算积分 $I = \iint\limits_{\Sigma} x^2 \mathrm{d}y\mathrm{d}z + y^2 \mathrm{d}z\mathrm{d}x + z^2 \mathrm{d}x\mathrm{d}y$，其中 Σ 是球面 $(x - a)^2 + (y - b)^2 + (z - c)^2 = R^2$ 的外侧.

9. 计算曲面积分 $\iint\limits_{\Sigma} \dfrac{x \mathrm{d}y\mathrm{d}z + y\mathrm{d}z\mathrm{d}x + z\mathrm{d}x\mathrm{d}y}{(x^2 + y^2 + z^2)^{\frac{3}{2}}}$，其中 Σ 为曲面 $4 - z = \dfrac{x^2}{16} + \dfrac{y^2}{9}$ 的上侧.

第四部分练习题答案与提示

练习题 1.1

1. 略.

2. 略.

3. 提示:拉普拉斯方程可化为 $f''(r) + \dfrac{2}{r}f'(r) = 0$,解得 $f(r) = \dfrac{c_1}{r} + c_2$,其中 c_1, c_2 是常数.

4. $a = b = 1$.

5. 提示:令 $r = x^2 + y^2$,由拉普拉斯方程得
$$4r^2 f''(r) + 12rf'(r) + 4f(r) = 0$$
作变换 $r = \mathrm{e}^x$,得
$$f''(x) + 2f'(x) + f(x) = 0$$
那么
$$f(x) = c_1 x \mathrm{e}^{-x} + c_2 \mathrm{e}^{-x} = \frac{c_1 \ln r + c_2}{r}$$
即 $f(r) = \dfrac{c_1 \ln r + c_2}{r}$,由 $f(1) = 0, f'(1) = 1$,解得 $c_2 = 0, c_1 = 1$,故 $f(r) = \dfrac{\ln r}{r}$.

6. 提示:(2) 由(2)解得 $u = f(\xi) + g(\eta)$,即
$$u = f(x - y) + g(x + y)$$
由条件 $u(x, 2x) = x$,得
$$f(-x) + g(3x) = x$$
由条件 $\dfrac{\partial u}{\partial x}(x, 2x) = x^2$,得
$$f'(-x) + g'(3x) = x^2$$
积分得
$$-3f(-x) + g(3x) = x^3 + c$$
解得
$$f(-x) = \frac{1}{4}(x - x^3) - \frac{1}{4}c$$
$$g(3x) = \frac{1}{4}(3x + x^3) + \frac{1}{4}c$$
从而求得

$$u(x,y) = \frac{1}{4}(x-y)^3 + \frac{1}{108}(x+y)^3 + \frac{1}{2}y$$

7. 提示：令 $t = \sqrt{x^2 + y^2}$，得常微分方程 $\dfrac{\mathrm{d}^2 u}{\mathrm{d}t^2} + \dfrac{1}{t}\dfrac{\mathrm{d}u}{\mathrm{d}t} = t^2$. 令 $v = \dfrac{\mathrm{d}u}{\mathrm{d}t}$，得

$$\frac{\mathrm{d}v}{\mathrm{d}t} + \frac{1}{t}v = t^2$$

解得
$$v = \frac{t^3}{4} + \frac{c_1}{t}$$

故
$$u = \frac{1}{16}t^4 + c_1 \ln t + c_2$$

即
$$u(x,y) = \frac{1}{16}(x^2+y^2)^2 + \frac{c_1}{2}\ln(x^2+y^2) + c_2$$

8. 提示：作辅助函数 $g(x,y) = f(x,y) + 2(x^2+y^2)$，在圆周上 $g(x,y) > 1$，而 $g(0,0) = f(0,0) < 1$. 故 $g(x,y)$ 在圆周内某点 (x_0,y_0) 达到最小值，即 $\dfrac{\partial g}{\partial x}(x_0,y_0) = \dfrac{\partial g}{\partial y}(x_0,y_0) = 0$. 故有

$$\frac{\partial f}{\partial x}(x_0,y_0) = -4x_0, \frac{\partial f}{\partial y}(x_0,y_0) = -4y_0$$

从而不等式成立.

9. 提示：设 $f(x,y) = x\mathrm{e}^y - \mathrm{e}^{xy}$，则

$$\frac{\partial f}{\partial y} = x\mathrm{e}^y - x\mathrm{e}^{xy} < 0$$

即 $f(x,y)$ 关于 y 单调递减，从而

$$f(x,y) < f(x,0) = x - 1$$

若 $f(x,y) \leqslant 0$，则结论显然成立. 如果 $f(x,y) > 0$，得 $x > \mathrm{e}^{(x-1)y}$，即

$$\ln x > (x-1)y > yf(x,y)$$

10. 提示：$f(x,y) = x^2 y + y^2 + g(x)$，由条件得 $f(x,x^2) = 1$，得 $g(x) = 1 - 2x^4$.

练习题 1. 2

1. $\dfrac{y^2(1-\ln x)}{x^2(1-\ln y)}$.

2. 略.

3. 略.

4. 提示：由全微分公式

$$dy = dz + 2xz^3 dx + 3x^2 z^2 dz$$

得
$$dz = \frac{1}{1 + 3x^2 z^2}(dy - 2xz^3 dx)$$

又
$$du = -\sin z \, dz = \frac{\sin z}{1 + 3x^2 z^2}(2xz^3 dx - dy)$$

故
$$\frac{\partial u}{\partial x} = \frac{2xz^3 \sin z}{1 + 3x^2 z^2}, \frac{\partial u}{\partial y} = \frac{-\sin z}{1 + 3x^2 z^2}$$

5. 提示:对方程 $f(x,y) = 0$ 求导得
$$\frac{\partial f}{\partial x} + \frac{\partial f}{\partial y}\frac{dy}{dx} = 0$$

再求导,得
$$\left(\frac{\partial^2 f}{\partial x^2} + \frac{\partial^2 f}{\partial x \partial y}\frac{dy}{dx}\right) + \left(\frac{\partial^2 f}{\partial x \partial y} + \frac{\partial^2 f}{\partial y^2}\frac{dy}{dx}\right)\frac{dy}{dx} + \frac{\partial f}{\partial y} \cdot \frac{d^2 y}{dx^2} = 0$$

将 $\dfrac{dy}{dx} = -\dfrac{\partial f}{\partial x} \Big/ \dfrac{\partial f}{\partial y}$ 代入上式,解得 $\dfrac{d^2 y}{dx^2} = 0$.

练习题 1.3

1. 最大值为 $\dfrac{1}{2}(3 + \sqrt{10})$;最小值为 $\dfrac{1}{2}(3 - \sqrt{10})$.

2. 最大值为 $2 + \sqrt{3}$;最小值为 $2 - \sqrt{3}$.

3. 提示:当 a,b,c 有一个为零时,结论自然成立.不妨设 $a > 0, b > 0, c > 0$,考虑函数
$$f(x,y,z) = \ln x + 2\ln y + 3\ln z$$
在约束 $x + y + z - 6M = 0 (M > 0$ 是任何常数$)$下的最大值.构造拉格朗日函数
$$L(x,y,z,\lambda) = f(x,y,z) + \lambda(x + y + z - 6M)$$
则
$$\frac{\partial L}{\partial x} = \frac{\partial L}{\partial y} = \frac{\partial L}{\partial z} = 0$$
及 $x + y + z = 6M$,解得 $x = M, y = 2M, z = 3M$.

因此函数 f 在约束下的最大值为 $f(M, 2M, 3M) = \ln 108M^6$,即
$$f(x,y,z) \leqslant f(M, 2M, 3M)$$

故
$$xy^2 z^3 \leqslant 108\left(\frac{x + y + z}{6}\right)^6$$

4. 提示:设椭圆上任一点 (x,y),过该点的切线方程为

$$Y - y = -\frac{3x + y}{x + 3y}(X - x)$$

解得交点为 $\left(\dfrac{1}{3x + y}, 0\right)$，$\left(0, \dfrac{1}{x + 3y}\right)$，切线与坐标轴所围成的三角形面积为

$$S = \frac{1}{2}\left|\frac{1}{(3x + y)(x + 3y)}\right|$$

问题转化为在椭圆 $3x^2 + 2xy + 3y^2 = 1$ 上，求函数 $f(x, y) = (3x + y)(x + 3y)$ 的最小值.

利用拉格朗日乘子法解得 $x = \pm y$，$x = \pm\dfrac{\sqrt{2}}{4}$，$y = \pm\dfrac{\sqrt{2}}{4}$，求得面积最小值为 $\dfrac{1}{4}$.

5. 提示：先求满足在球面上使 $\varphi(x, y, z)$ 在 P 处的梯度的模最小，即在 $2x^2 + 2y^2 + z^2 = 1$ 下求 $g(x, y, z) = \sqrt{4x^2 + 4y^2 + 9z^4}\ (z > 0)$ 的最小值点，

求得最小值点为半圆 $\begin{cases} x^2 + y^2 = \dfrac{4}{9} \\ z = \dfrac{1}{3} \end{cases}$，$x > 0$. 再由垂直条件，解得点 P 为

$\left(\dfrac{\sqrt{31} + 1}{12}, \dfrac{\sqrt{31} - 1}{12}, \dfrac{1}{3}\right)$.

6. 提示：切平面方程为 $\dfrac{x}{a^2}X + \dfrac{y}{b^2}Y + \dfrac{z}{c^2}Z = 1$，$(x, y, z) \in \Sigma_1$，于是到原点的距离为

$$d(x, y, z) = \sqrt{\frac{x^2}{a^4} + \frac{y^2}{b^4} + \frac{z^2}{c^4}}$$

问题转化为在约束 $\dfrac{x^2}{a^2} + \dfrac{y^2}{b^2} + \dfrac{z^2}{c^2} = 1$ 及 $x^2 + y^2 = z^2$ 下求函数 $g(x, y, z) = \dfrac{x^2}{a^4} + \dfrac{y^2}{b^4} + \dfrac{z^2}{c^4}$ 的最值问题. 构造拉格朗日函数

$$F(x, y, z, \lambda, \mu) = \frac{x^2}{a^4} + \frac{y^2}{b^4} + \frac{z^2}{c^4} + \lambda\left(\frac{x^2}{a^2} + \frac{y^2}{b^2} + \frac{z^2}{c^2} - 1\right) +$$
$$\mu(x^2 + y^2 - z^2)$$

通过 $F'_x = F'_y = F'_z = F'_\lambda = F'_\mu = 0$，求得驻点，最后最大值为 $bc\sqrt{\dfrac{b^2 + c^2}{b^4 + c^4}}$，最小值为 $ac\sqrt{\dfrac{a^2 + c^2}{a^4 + c^4}}$.

7. 提示：对每个固定点 $x_0 \in (0,1)$，考察函数 $g(y) = f(x_0, y)$ 在 $(0, +\infty)$ 上的性质，求得最大值为 $\dfrac{1-x_0}{-\ln x_0} \mathrm{e}^{-1}$. 再令 $h(x) = \dfrac{1-x}{-\ln x}, x \in (0,1)$，证得 $h(x) < 1, x \in (0,1)$，故 $f(x,y) < \mathrm{e}^{-1}$.

8. 最小值为 $f(1,0) = -1$.

9. 在 $\left(\dfrac{\sqrt{2}}{2}, 1\right)$ 及 $\left(\dfrac{\sqrt{2}}{2}, -1\right)$ 处取到极小值 -2.

10. 最远的点为 $(-5, -5, 5)$，最近的点为 $(1, 1, 1)$.

练习题 2.1

1. $534\dfrac{11}{15}$.

2. $2\ln 3$.

3. 提示：作变换 $\begin{cases} xy = u \\ x = v \end{cases}$，区域 D 变为 $D' = \{(u,v) \mid 1 \leqslant u \leqslant 2, \dfrac{\sqrt{u}}{2} \leqslant v \leqslant u\}$.

4. 提示：令 $\iint\limits_{D} f(xy) \mathrm{d}x\mathrm{d}y = A$，那么 $f(xy) = x^2 y^2 + xy \displaystyle\int_0^{x^2 y^2} f(x^2 y^2 - t)\mathrm{d}t + A$，两边取二重积分 $\iint\limits_{D}$，可得 $A = \iint\limits_{D} x^2 y^2 \mathrm{d}x\mathrm{d}y + 0 + A\mid D\mid$，这里 $\mid D \mid$ 表示区域面积，即 $\mid D \mid = 2$. 最后由 $f(1) = f(0) + \displaystyle\int_0^1 f(u)\mathrm{d}u$，解得 $\displaystyle\int_0^1 f(u)\mathrm{d}u = -\dfrac{7}{9}$.

5. 提示：将积分分成三部分，例如计算 $\iiint\limits_{V} z^2 \mathrm{d}x\mathrm{d}y\mathrm{d}z$，那么

$$\iiint\limits_{V} z^2 \mathrm{d}x\mathrm{d}y\mathrm{d}z = \int_{-c}^{c} z^2 \left(\iint\limits_{D_{\bar{z}}} \mathrm{d}x\mathrm{d}y\right) \mathrm{d}z$$

其中 $D_{\bar{z}}$ 代表平面 $z = \bar{z}$ 与 V 的截面，那么 D_z 是椭圆

$$\frac{x^2}{a^2\left(1-\dfrac{z^2}{c^2}\right)} + \frac{y^2}{b^2\left(1-\dfrac{z^2}{c^2}\right)} = 1$$

故

$$\iiint\limits_{V} z^2 \mathrm{d}x\mathrm{d}y\mathrm{d}z = \int_{-c}^{c} z^2 \pi ab \left(1-\frac{z^2}{c^2}\right)\mathrm{d}z = \frac{4\pi abc^3}{15}$$

最后 $I = \dfrac{4\pi abc}{15}(a^2 + b^2 + c^2)$.

6. 提示:问题转化为求函数 $f(x,y,z) = x + 2y - 2z + 5$ 在 $x^2 + y^2 + z^2 \leqslant 1$ 的最大、最小值,求得 $f_{\min} = 2, f_{\max} = 8$.

7. 提示:以单位向量 $e_1 = \left(\dfrac{a}{k}, \dfrac{b}{k}, \dfrac{c}{k}\right)$ 为基础,扩充为 $\mathbf{R}^3$ 的三个正交基,即 e_1, e_2, e_3. 令

$$A = \begin{pmatrix} e_1 \\ e_2 \\ e_3 \end{pmatrix}$$

作正交变换 $\begin{pmatrix} u \\ v \\ w \end{pmatrix} = A \begin{pmatrix} x \\ y \\ z \end{pmatrix}$,那么 $J = \dfrac{\partial(x,y,z)}{\partial(u,v,w)} = \pm 1$,且 $x^2 + y^2 + z^2 = u^2 + v^2 + w^2$,故

$$\iiint\limits_{V} f(ax + by + cz)\,\mathrm{d}x\mathrm{d}y\mathrm{d}z = \iiint\limits_{u^2+v^2+w^2\leqslant 1} f(ku)\,\mathrm{d}u\mathrm{d}v\mathrm{d}w =$$

$$\int_{-1}^{1} \mathrm{d}u \iint\limits_{v^2+w^2\leqslant 1-u^2} f(ku)\,\mathrm{d}v\mathrm{d}w =$$

$$\pi \int_{-1}^{1} (1 - u^2) f(ku)\,\mathrm{d}u$$

8. 提示:利用 $(x-y)f(x)f(y)[f(x) - f(y)] \leqslant 0$,在区域 $D = \{(x,y) \mid 0 \leqslant x \leqslant 1, 0 \leqslant y \leqslant 1\}$ 上积分,立即得到.

9. 提示:见例 2.3.

$4a + \cos 4 - 1$.

10. 提示:见例 2.3.

11. 提示:有

$$\lim_{n\to\infty} \frac{1}{n^4} \iiint\limits_{V_n} r\,\mathrm{d}x\mathrm{d}y\mathrm{d}z = \lim_{n\to\infty} \frac{1}{n^4}\left[\int_0^{2\pi}\mathrm{d}\theta\int_0^{\pi}\sin\varphi\mathrm{d}\varphi\int_0^{n} r^3\mathrm{d}r\right] =$$

$$\lim_{n\to\infty} \frac{\pi n^4}{n^4} = \pi$$

利用 $r - 1 < [r] \leqslant r$,而 V_n 的体积为 $\dfrac{4}{3}\pi n^3$,故取积分得

$$\iiint\limits_{V_n} r\,\mathrm{d}x\mathrm{d}y\mathrm{d}z - \frac{4}{3}\pi n^3 < \iiint\limits_{V_n} [r]\,\mathrm{d}x\mathrm{d}y\mathrm{d}z \leqslant \iiint\limits_{V_n} r\,\mathrm{d}x\mathrm{d}y\mathrm{d}z$$

12. 提示：由 $f(x) = f(a) + \int_a^x f'(t)\,dt = \int_a^x f'(t)\,dt$ 及柯西不等式有

$$f^2(x) \leqslant (x-a) \int_a^x [f'(t)]^2\,dt$$

那么

$$\int_a^b f^2(x)\,dx \leqslant \int_a^b (x-a)\,dx \int_a^x [f'(t)]^2\,dt = \int_a^b [f'(t)]^2\,dt \int_t^b (x-a)\,dx$$

13. 提示：有

$$原式 = \int_0^1 dy \int_y^1 \frac{f'(y)}{\sqrt{\left(\dfrac{1-y}{2}\right)^2 - \left(\dfrac{1+y}{2} - x\right)^2}}\,dx =$$

$$\left(令 \frac{1+y}{2} - x = \frac{1-y}{2}\sin t\right)$$

$$\int_0^1 f'(y)\left[\int_{-\frac{\pi}{2}}^{\frac{\pi}{2}} dt\right] = \pi[f(1) - f(0)] = \pi$$

14. 提示：对任意 $(x_1, y_1), (x_2, y_2) \in D$，有

$$u(x_2, y_2) - u(x_1, y_1) = \int_{x_1}^{x_2} \frac{\partial u(x, y_1)}{\partial x}\,dx + \int_{y_1}^{y_2} \frac{\partial u(x_2, y)}{\partial y}\,dy$$

利用基本不等式 $(A+B)^2 \leqslant 2(A^2 + B^2)$ 及柯西不等式有

$$u^2(x_2, y_2) + u^2(x_1, y_1) - 2u(x_1, y_1)u(x_2, y_2) \leqslant$$

$$2\left\{a\int_0^a \left[\frac{\partial u(x_1, y)}{\partial x}\right]^2\,dx + b\int_0^b \left[\frac{\partial u(x_2, y)}{\partial y}\right]^2\,dy\right\}$$

先对 (x_1, y_1) 在 D 上积分，再对 (x_2, y_2) 在 D 上积分得

$$2ab\iint\limits_D u^2\,dx\,dy - 2\left(\iint\limits_D u\,dx\,dy\right)^2 \leqslant$$

$$2ab\left[a^2\iint\limits_D \left(\frac{\partial u}{\partial x}\right)^2\,dx\,dy + b^2\iint\limits_D \left(\frac{\partial u}{\partial y}\right)^2\,dx\,dy\right]$$

15. 提示：令 $g(x, y) = (1-x)(1-y)$，那么用分部积分可得

$$I = \iint\limits_D (1-x)(1-y) \frac{\partial^2 f}{\partial x \partial y} \leqslant \iint\limits_D (1-x)(1-y)\,dy = \frac{1}{4}$$

练习题 2.2

1. 提示：由对称性得

$$\int_C xy\,ds = \int_C yz\,ds = \int_C xz\,ds$$

故

$$\int_C xy\,ds = \frac{1}{3}\int_C (xy + yz + xz)\,ds =$$

$$\frac{1}{6}\int_C [(x + y + z)^2 - (x^2 + y^2 + z^2)]\,ds =$$

$$-\frac{1}{6} \cdot 2\pi = -\frac{\pi}{3}$$

2. 提示: 令 $P = \dfrac{1 + y^2}{x^3}$, $Q = -\dfrac{(1 + x^2)y}{x^2}$, 当 $x \neq 0$ 时

$$\frac{\partial P}{\partial y} = \frac{2y}{x^3} = \frac{\partial Q}{\partial x}$$

因此 $\displaystyle\int_C \frac{1 + y^2}{x^3}dx - \frac{(1 + x^2)y}{x^2}dy$ 与不与 y 轴相交的路径选取无关, 于是 C 取为从 $(1,0)$ 到 $(2,0)$ 再到 $(2,1)$, 故

$$I = \int_1^2 \frac{dx}{x^3} + \int_0^1 -\frac{5}{4}y\,dy = -\frac{1}{4}$$

3. 提示: 利用 $\dfrac{\partial Q}{\partial x} = \dfrac{\partial P}{\partial y}$, 得 $\lambda = -\dfrac{1}{2}$.

$$\frac{\sqrt{x^2 + y^2}}{y} - 1.$$

4. 提示: 将 C_r 设为 $ax^2 + 2bxy + cy^2 = r^2$ 计算, 得

$$I = \int_{C_r} = \frac{1}{r^2}\int_{C_r} x\,dy - y\,dx = \frac{2}{r^2}\iint_{D_r} dx\,dy = \frac{2}{r^2}\,|\,D_r\,|$$

这里 $|\,D_r\,|$ 表示椭圆 C_r 的面积, 应为 $\dfrac{\pi r^2}{\sqrt{ac - b^2}}$, 故 $I = \dfrac{2\pi}{\sqrt{ac - b^2}}$.

5. 提示: 将 C 补充成封闭曲线, 利用格林公式计算.

$$-\frac{\pi}{2}.$$

6. 提示: 利用 $\dfrac{\partial Q}{\partial x} = \dfrac{\partial P}{\partial y}$, 得 $\varphi(x) = x^2$, 选 $C_a : x^2 + y^2 = a^2$ 进行计算, 得

$I = 2\pi$.

7. 提示: 如图 3, 根据题意有, 其中 D 为半圆所围的区域

$$\int_L P(x,y)\,dx + Q(x,y)\,dy +$$

$$\int_{\overrightarrow{AB}} P(x,y)\,dx + Q(x,y)\,dy =$$

$$\iint\limits_{D} \left(\frac{\partial Q}{\partial x} - \frac{\partial P}{\partial y} \right) \mathrm{d}x\,\mathrm{d}y$$

而

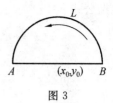

图 3

$$\int_{L} P(x, y)\mathrm{d}x + Q(x, y)\mathrm{d}y = 0$$

$$\int_{\overrightarrow{AB}} P(x, y)\mathrm{d}x + Q(x, y)\mathrm{d}y = \int_{x_0 - r}^{x_0 + r} P(x, y_0)\mathrm{d}x =$$
$$2r \cdot P(\xi, y_0)$$

ξ 介于 $x_0 - r$ 与 $x_0 + r$ 之间

$$\iint\limits_{D} \left(\frac{\partial Q}{\partial x} - \frac{\partial P}{\partial y} \right) \mathrm{d}x\,\mathrm{d}y = \left(\frac{\partial Q}{\partial x} - \frac{\partial P}{\partial y} \right)(\xi, \eta) \cdot \frac{1}{2}\pi r^2$$

这里 $(\xi, \eta) \in D$. 故

$$P(\xi, y_0) = -\left(\frac{\partial Q}{\partial x} - \frac{\partial P}{\partial y} \right)(\xi, \eta) \cdot \frac{1}{4}\pi r$$

令 $r \to 0$, 得 $P(x_0, y_0) = 0$, 由 x_0, y_0 的任意性得 $P(x, y) = 0$.

类似可证 $\dfrac{\partial Q}{\partial x}(x, y) \equiv 0$.

8. 提示: 由 $\dfrac{\partial Q}{\partial x} = \dfrac{\partial P}{\partial x}$ 知与路线无关, 从 $A\left(3, \dfrac{2}{3}\right)$ 到 $C\left(1, \dfrac{2}{3}\right)$ 再到 $B(1, 2)$ 计算.

-4.

9. $2\pi - 2\arctan 2$.

10. $(1) 0; (2) -2\pi$.

练习题 2.3

1. $\dfrac{2}{3}\pi a^3 bc$.

2. $3a^3$.

3. 提示: 将 Σ 补上圆面 $x^2 + y^2 \leqslant a^2$, 并取其下侧组成封闭曲面, 用高斯公式.

$\dfrac{7}{5}\pi a^5$.

4. $\dfrac{\pi}{60}(25\sqrt{5} + 1)$.

5. 提示: 将 Σ 补上 xOy 平面上的圆 $x^2 + y^2 \leqslant 1$ 的下侧, 记为 Σ_1, 应用高

161

斯公式

$$\iint\limits_{\Sigma+\Sigma_1} x(z^2+\mathrm{e}^z)\mathrm{d}y\mathrm{d}z + y(z^2+\mathrm{e}^z)\mathrm{d}z\mathrm{d}x + [zf(x,y)-2\mathrm{e}^z]\mathrm{d}x\mathrm{d}y =$$

$$\iiint\limits_{\Omega} [2z^2+2(x-y)^2+a]\mathrm{d}V$$

这里 $f(x,y)=2(x-y)^2+a$,而

$$\iint\limits_{\Sigma_1(\text{上侧})} x(z^2+\mathrm{e}^z)\mathrm{d}y\mathrm{d}z + y(z^2+\mathrm{e}^z)\mathrm{d}z\mathrm{d}x + [zf(x,y)-2\mathrm{e}^z]\mathrm{d}x\mathrm{d}y =$$

$$\iint\limits_{x^2+y^2\leqslant 1} (-2)\mathrm{d}x\mathrm{d}y = -2\pi$$

解得 $a=\dfrac{18\pi}{5(2\pi-3)}$.

6. $-\dfrac{9}{2}a^3$.

7. 提示:椭球面为 $x^2+3y^2+z^2=1(z\geqslant 0)$,其余与例 2.21 类似.

(1),(2) 都是 $\dfrac{\sqrt{3}}{2}\pi$.

8. 提示:利用高斯公式 $I=2\iiint\limits_{V}(x+y+z)\mathrm{d}x\mathrm{d}y\mathrm{d}z$,用球坐标

$$\iiint\limits_{V} z\mathrm{d}x\mathrm{d}y\mathrm{d}z = \dfrac{4}{3}\pi R^3 c$$

由 x,y,z 关于 a,b,c 的对称性,知 $I=\dfrac{4}{3}\pi R^3(a+b+c)$.

9. 提示:将 Σ 补上两个面:$\Sigma_1:x^2+y^2+z^2=a^2(a>0$ 充分小)$,\Sigma_2:x^2+$ $y^2\geqslant a^2$ 且 $\dfrac{x^2}{16}+\dfrac{y^2}{9}=4$.利用高斯公式,类似于例 2.19.

2π.

第五部分　综合训练题

本部分由六套试题组成,前两套为第四届(2013 年)、第五届(2014 年)全国大学生数学竞赛预赛试题,后四套为模拟试题.

第四届全国大学生数学竞赛预赛试题

一、(本题共 5 小题,每小题各 6 分,共 30 分)解答下列各题(要求写出重要步骤).

1. 求极限 $\lim\limits_{n\to\infty}(n!)^{\frac{1}{n^2}}$.

2. 求通过直线 $L:\begin{cases}2x+y-3z+2=0\\5x+5y-4z+3=0\end{cases}$ 的两个相互垂直的平面 π_1 和 π_2,使其中一个平面过点 $(4,-3,1)$.

3. 已知函数 $z=u(x,y)\mathrm{e}^{ax+by}$,且 $\dfrac{\partial^2 u}{\partial x\partial y}=0$,确定常数 a 和 b,使函数 $z=z(x,y)$ 满足方程 $\dfrac{\partial^2 z}{\partial x\partial y}-\dfrac{\partial z}{\partial x}-\dfrac{\partial z}{\partial y}+z=0$.

4. 设函数 $u=u(x)$ 连续可微,$u(2)=1$,且 $\int_L (x+2y)u\mathrm{d}x+(x+u^3)u\mathrm{d}y$ 在右半平面上与路径无关,求 $u(x)$.

5. 求极限 $\lim\limits_{x\to+\infty}\sqrt[3]{x}\int_x^{x+1}\dfrac{\sin t}{\sqrt{t+\cos t}}\mathrm{d}t$.

二、(本题 10 分)计算 $\int_0^{+\infty}\mathrm{e}^{-2x}\mid\sin x\mid\mathrm{d}x$.

三、(本题 10 分)求方程 $x^2\sin\dfrac{1}{x}=2x-501$ 的近似解,精确到 0.001.

四、(本题 12 分)设函数 $y=f(x)$ 的二阶可导,且 $f''(x)>0$,$f(0)=0$,$f'(0)=0$,求 $\lim\limits_{x\to 0}\dfrac{x^3 f(u)}{f(x)\sin^3 u}$,其中 u 是曲线 $y=f(x)$ 上点 $p(x,f(x))$ 处的切线在 x 轴上的截距.

五、(本题 12 分) 求最小实数 C,使得满足 $\int_0^1 | f(x) | \mathrm{d}x = 1$ 的连续函数 $f(x)$ 都有 $\int_0^1 f(\sqrt{x}) \mathrm{d}x \leqslant C$.

六、(本题 12 分) 设 $f(x)$ 为连续函数,$t > 0$,区域 Ω 是由抛物面 $z = x^2 + y^2$ 和球面 $x^2 + y^2 + z^2 = t^2 (t > 0)$ 所围起来的部分. 定义三重积分

$$F(t) = \iiint\limits_{\Omega} f(x^2 + y^2 + z^2) \mathrm{d}v$$

求 $F(t)$ 的导数 $F'(t)$.

七、(本题 14 分) 设 $\sum\limits_{n=1}^{\infty} a_n$ 与 $\sum\limits_{n=1}^{\infty} b_n$ 为正项级数:

(1) 若 $\lim\limits_{n \to \infty} \left(\dfrac{a_n}{a_{n+1} b_n} - \dfrac{1}{b_{n+1}} \right) > 0$,则 $\sum\limits_{n=1}^{\infty} a_n$ 收敛;

(2) 若 $\lim\limits_{n \to \infty} \left(\dfrac{a_n}{a_{n+1} b_n} - \dfrac{1}{b_{n+1}} \right) < 0$,且 $\sum\limits_{n=1}^{\infty} b_n$ 发散,则 $\sum\limits_{n=1}^{\infty} a_n$ 发散.

第五届全国大学生数学竞赛预赛试题

一、(共 4 小题,每小题 6 分,共 24 分) 解答下列各题.

1. 求极限 $\lim\limits_{n \to \infty} (1 + \sin \pi \sqrt{1 + 4n^2})^n$.

2. 证明:广义积分 $\int_0^{+\infty} \dfrac{\sin x}{x} \mathrm{d}x$ 不是绝对收敛的.

3. 设函数 $y = y(x)$ 由 $x^3 + 3x^2 y - 2y^3 = 2$ 所确定,求 $y(x)$ 的极值.

4. 过曲线 $y = \sqrt[3]{x} (x \geqslant 0)$ 上的点 A 作切线,使该切线与曲线及 x 轴所围成的平面图形的面积为 $\dfrac{3}{4}$,求点 A 的坐标.

二、(本题 10 分) 计算定积分 $I = \int_{-\pi}^{\pi} \dfrac{x \sin x \cdot \arctan \mathrm{e}^x}{1 + \cos^2 x} \mathrm{d}x$.

三、(本题 12 分) 设 $f(x)$ 在 $x = 0$ 处存在二阶导数 $f''(0)$,且 $\lim\limits_{x \to 0} \dfrac{f(x)}{x} = 0$,证明:级数 $\sum\limits_{n=1}^{\infty} \left| f\left(\dfrac{1}{n} \right) \right|$ 收敛.

四、(本题 12 分) 设 $| f(x) | \leqslant \pi, f'(x) \geqslant m > 0 (a \leqslant x \leqslant b)$,证明:

$$\left| \int_a^b \sin f(x) \mathrm{d}x \right| \leqslant \dfrac{2}{m}.$$

五、(本题 14 分) 设 Σ 是一个光滑封闭曲面,方向朝外. 给定第二型的曲面积分

$$I = \iint\limits_{\Sigma} (x^3 - x)\mathrm{d}y\mathrm{d}z + (2y^3 - y)\mathrm{d}z\mathrm{d}x + (3z^3 - z)\mathrm{d}x\mathrm{d}y$$

试确定曲面 Σ,使得积分 I 的值最小,并求该最小值.

六、(本题 14 分) 设 $I_a(r) = \int_C \dfrac{y\mathrm{d}x - x\mathrm{d}y}{(x^2 + y^2)^a}$,其中 a 为常数,曲线 C 为椭圆 $x^2 + xy + y^2 = r^2$,取正向,求极限 $\lim\limits_{r \to +\infty} I_a(r)$.

七、(本题 14 分) 判断级数 $\sum\limits_{n=1}^{\infty} \dfrac{1 + \frac{1}{2} + \cdots + \frac{1}{n}}{(n+1)(n+2)}$ 的敛散性,若收敛,求其和.

数学竞赛模拟题(一)

一、(每小题 5 分,总计 20 分) 解答下列各题.

1. 求对数螺线 $\rho = \mathrm{e}^{\theta}$ 在点 $(\rho, \theta) = \left(\mathrm{e}^{\frac{\pi}{2}}, \frac{\pi}{2} \right)$ 处的切线的直角坐标方程.

2. 求极限 $\lim\limits_{n \to \infty} \sqrt{n} \int_n^{n+1} \dfrac{\mathrm{d}x}{\sqrt{2x + \cos x}}$.

3. 求两条异面直线 $L_1: \dfrac{x+1}{0} = \dfrac{y-1}{1} = \dfrac{z-2}{3}$ 与 $L_2: \dfrac{x-1}{1} = \dfrac{y}{2} = \dfrac{z+1}{2}$ 之间的距离.

4. 设 $f(x)$ 在 $x = 1$ 处连续,且

$$\lim_{x \to 1} \frac{2f(x) + 3}{(x-1)^2} = 2.$$

(1) 求 $f'(x)$;(2) 若 $\lim\limits_{x \to 1} \dfrac{f'(x)}{x-1}$ 存在,求 $f''(1)$.

二、(本题 10 分) 设非负函数 $f(x)$ 在 $[0, +\infty)$ 上连续,且 $\lim\limits_{x \to +\infty} f(x) = 0$,证明:$f(x)$ 在 $[0, +\infty)$ 上取到最大值.

三、(本题 12 分) 设 $y = y(x)$ 是具有二阶连续导数的上凹曲线,其上任意一点 (x, y) 处的曲率为 $\dfrac{1}{\sqrt{1 + y'^2}}$,且曲线在 $(0, 1)$ 处的切线方程为 $y = x + 1$,求该曲线的方程,并求 $y = y(x)$ 的极值.

四、(本题 10 分) 设 $f(x)$ 在 $[0,1]$ 上有二阶导数,且 $f(0)=f(1)$,证明:存在 $\xi \in (0,1)$,使

$$f''(\xi) = \frac{2f'(\xi)}{1-\xi}$$

五、(本题 12 分) 设 $f(x)$ 在 $[0,1]$ 上连续,且 $\int_0^1 f(x)\mathrm{d}x = m$,试求

$$\int_0^1 \mathrm{d}x \int_x^1 \mathrm{d}y \int_x^y f(x)f(y)f(z)\mathrm{d}z$$

六、(本题 12 分) 设 Σ 为椭球面 $\dfrac{x^2}{2} + \dfrac{y^2}{2} + z^2 = 1$ 的上半部分,点 $P(x,y,z)$ 为 Σ 上一点,π 为 Σ 在点 P 处的切平面,$\rho(x,y,z)$ 为点 $(0,0,0)$ 到平面 π 的距离,试计算 $\iint\limits_{\Sigma} \dfrac{z\mathrm{d}S}{\rho(x,y,z)}$.

七、(本题 12 分) 设有幂级数 $2 + \sum\limits_{n=1}^{\infty} \dfrac{x^{2n}}{(2n)!}$,(1) 求此级数的收敛域并证明此级数的和函数 $y(x)$ 满足

$$y'' - y = -1$$

(2) 求微分方程 $y'' - y = -1$ 的通解,并由此确定该级数的和函数 $y(x)$.

八、(本题 12 分) 设 $a_n \geqslant 0$,$A_n = a_1 + a_2 + \cdots + a_n$,且 $\lim\limits_{n\to\infty} A_n = +\infty$,

$\lim\limits_{n\to\infty} \dfrac{a_n}{A_n} = 0$. 证明:幂级数 $\sum\limits_{n=1}^{\infty} a_n x^n$ 的收敛半径为 1.

数学竞赛模拟题(二)

一、(每小题 5 分,总计 20 分) 解答下列各题.

1. 设 $f(x)$ 可微,$f(1) = 5$,且满足

$$\int_0^1 f(tx)\mathrm{d}t = \frac{1}{2}f(x) + 1$$

求 $f(x)$.

2. 设 $x_n = 1 + \dfrac{1}{1+2} + \cdots + \dfrac{1}{1+2+\cdots+n}$,求极限 $\lim\limits_{n\to\infty} x_n$.

3. 计算积分 $I = \int_0^1 \dfrac{x^3 - x^2}{\ln x}\mathrm{d}x$.

4. 已知 $z = f(x,y)$ 在点 $(1,1)$ 处可微,且

$$f(1,1)=1, \left.\frac{\partial f}{\partial x}\right|_{(1,1)}=2, \left.\frac{\partial f}{\partial y}\right|_{(1,1)}=3$$

设 $\varphi(x)=f(x,f(x,x))$，求 $\left.\frac{\mathrm{d}}{\mathrm{d}x}\varphi^{3}(x)\right|_{x=1}$.

二、(本题 12 分) 设 $f(x)$ 在 $(-1,1)$ 上有二阶连续导数，且 $f''(x)\neq 0$，证明：(1) 任意 $x\in(-1,1)$，$x\neq 0$，存在唯一的 $\theta(x)\in(0,1)$，使得

$$f(x)=f(0)+xf'(\theta(x)x)$$

成立；(2) $\lim\limits_{x\to 0}\theta(x)=\frac{1}{2}$.

三、(本题 10 分) 设 $D=\{(x,y)\mid |x|+|y|\leqslant t, t>0\}$，且 $I_{t}=\iint\limits_{D}\mathrm{e}^{-(x^{2}+y^{2})}\mathrm{d}x\mathrm{d}y$，求极限 $\lim\limits_{t\to+\infty}I_{t}$.

四、(本题 12 分) 设 $f(x)$ 具有一阶连续导数，且 $f'(0)$ 存在，求解函数方程

$$f(x+y)=\frac{f(x)+f(y)}{1-f(x)f(y)}$$

五、(本题 12 分) 设 $f(x)$ 在 $[0,1]$ 上连续、可导，在 $(0,1)$ 内大于 0，并满足

$$xf'(x)=f(x)+\frac{3a}{2}x^{2}, \quad a \text{ 为常数}$$

又曲线 $y=f(x)$ 与 $x=1, y=0$ 所围图形 A 的面积为 2，求函数 $y=f(x)$，并问 a 为何值时，图形 A 绕 x 轴的旋转体的体积最小.

六、(本题 12 分) 设 $f(x),g(x)$ 均为 $[a,b]$ 上连续增函数，试证明

$$\int_{a}^{b}f(x)\mathrm{d}x\int_{a}^{b}g(x)\mathrm{d}x\leqslant(b-a)\int_{a}^{b}f(x)g(x)\mathrm{d}x$$

七、(本题 12 分) 设函数 $f(x)$ 在 $(-\infty,+\infty)$ 上有界且导数连续，又对任意 x，均有

$$|f(x)+f'(x)|\leqslant 1$$

试证：$|f(x)|\leqslant 1$.

八、(本题 10 分) 设正项级数 $\sum\limits_{n=1}^{\infty}a_{n}$ 发散，证明：级数

$$\sum\limits_{n=1}^{\infty}\frac{a_{n}}{(a_{1}+1)(a_{2}+1)\cdots(a_{n}+1)}$$

收敛，并求其和.

数学竞赛模拟题(三)

一、(每小题 5 分,总计 20 分) 解答下列各题.

1. 设 $F(x)=f(x)g(x)$,其中 $f'(x)=g(x)$,$g'(x)=f(x)$,且
$$f(0)=0, f(x)+g(x)=2e^x$$
(1) 求 $F(x)$ 满足的一阶微分方程; (2) 求 $F(x)$ 的表达式.

2. 设 $a_n>0(n=1,2,\cdots)$,且 $\lim\limits_{n\to\infty}a_n=a>0$,求极限 $\lim\limits_{n\to\infty}\sqrt[n]{a_1a_2\cdots a_n}$.

3. 设 $f(u)$ 连续,求 $I=\iint\limits_{D}xy[f(x^2+y^2)+x]\mathrm{d}\sigma$,其中积分区域 D 是由 $y=-x, y=1, x=1$ 围成.

4. 求级数 $\sum\limits_{n=1}^{\infty}\dfrac{1}{n\cdot 2^n}$ 的和.

二、(本题 10 分) 设对任意 x 和 y,有 $\left(\dfrac{\partial f}{\partial x}\right)^2+\left(\dfrac{\partial f}{\partial y}\right)^2=4$,用变量替换
$$\begin{cases}x=uv \\ y=\dfrac{1}{2}(u^2-v^2)\end{cases}$$
将 $f(x,y)$ 变换成函数 $g(u,v)$,试求满足关系式
$$a\left(\frac{\partial g}{\partial u}\right)^2-b\left(\frac{\partial g}{\partial v}\right)^2=u^2+v^2$$
中的常数 a 和 b.

三、(本题 12 分) 设 $f(x)$ 在 $[0,+\infty)$ 上连续、可微,且 $\lim\limits_{x\to+\infty}[f'(x)+f(x)]=0$,证明:$\lim\limits_{x\to+\infty}f(x)=0$.

四、(本题 10 分) 设 $f(x)$ 在 $(0,+\infty)$ 内可导,$f(x)>0$,$\lim\limits_{x\to+\infty}f(x)=1$,且满足
$$\lim\limits_{h\to 0}\left[\frac{f(x+hx)}{f(x)}\right]^{\frac{1}{h}}=e^{\frac{1}{x}}$$
求 $f(x)$.

五、(本题 12 分) 设有直线 $L_1:\dfrac{x-9}{4}=\dfrac{y+2}{-3}=\dfrac{z}{1}$ 与 $L_2:\dfrac{x}{-2}=\dfrac{y+7}{9}=\dfrac{z-2}{2}$,试求与 L_1,L_2 都垂直相交的直线方程.

六、(本题 12 分) 设对于空间 $x > 0$ 内的任意的光滑有向闭曲面 Σ, 均有

$$\oiint_{\Sigma} x f(x) \mathrm{d}y\mathrm{d}z - xy f(x) \mathrm{d}z\mathrm{d}x - \mathrm{e}^{2x} z \mathrm{d}x\mathrm{d}y = 0$$

其中 $f(x)$ 在 $(0, +\infty)$ 内具有连续的一阶导数, 且 $\lim\limits_{x \to 0^+} f(x) = 1$, 求 $f(x)$.

七、(本题 12 分) 设 Ω 为 $x^2 + y^2 + z^2 \leqslant 1$, 证明

$$\frac{4\sqrt[3]{2}}{3}\pi \leqslant \iiint_{\Omega} \sqrt[3]{x + 2y - 2z + 5} \, \mathrm{d}x\mathrm{d}y\mathrm{d}z \leqslant \frac{8}{3}\pi$$

八、(本题 12 分) 设 $\{a_n\}$ 是正项递减数列且级数 $\sum\limits_{n=1}^{\infty} a_n$ 收敛, 证明:

(1) $\lim\limits_{n \to \infty} n a_n = 0$; (2) $\sum\limits_{n=1}^{\infty} n(a_{n-1} - a_n) = \sum\limits_{n=1}^{\infty} a_n$, 其中 $a_0 = 0$.

数学竞赛模拟题(四)

一、(每小题 5 分, 总分 20 分) 解答下列各题.

1. 设 $a_n = \left(\dfrac{1 + a_{n-1}}{2}\right)^{\frac{1}{2}}, n = 1, 2, \cdots, a_0 = \cos\theta (0 < \theta < \pi)$, 求极限 $\lim\limits_{n \to \infty} 4^n (1 - a_n)$.

2. 求不定积分 $\displaystyle\int \frac{\arcsin x}{x^2} \cdot \frac{1 + x^2}{\sqrt{1 - x^2}} \mathrm{d}x \, (0 < |x| < 1)$.

3. 半径为 R 的无盖半球形容器装满水, 然后慢慢地使容器倾斜 $\dfrac{\pi}{3}$, 求流出的水量.

4. 给定曲线积分 $I = \displaystyle\int_C (y^3 - y)\mathrm{d}x - 2x^3 \mathrm{d}y$, 其中 C 是光滑的简单闭曲线, 取正向, 求曲线 C, 使得 I 的值最大.

二、(本题 10 分) 设 $y = y(x)$ 是由方程 $\mathrm{e}^{-y} + \displaystyle\int_0^x \mathrm{e}^{-t^2} \mathrm{d}t - y + x = 1$ 确定的隐函数, 求 $\lim\limits_{x \to +\infty} y'(x)$.

三、(本题 12 分) 设 $f(x)$ 在 $[a, b]$ 上连续, $a > 0, f(x) \geqslant 0$, 对 $\forall x \in [a, b]$, 有 $f(x) \leqslant \displaystyle\int_a^x f(t)\mathrm{d}t$, 证明: $\forall x \in [a, b], f(x) \equiv 0$.

四、(本题 12 分) 设流速场 $\boldsymbol{v}(x, y, z) = z^2 \boldsymbol{i} + x^2 \boldsymbol{j} + y^2 \boldsymbol{k}$, 求流体沿空间闭

曲线 Γ 的环流量 $\varphi = \oint_{\Gamma} \boldsymbol{v} \mathrm{d}\boldsymbol{r}$，其中 Γ 是由两个球面 $x^2 + y^2 + z^2 = 1$ 与 $(x - 1)^2 + (y - 1)^2 + (z - 1)^2 = 1$ 的交线，从 z 轴的正向看去，Γ 为逆时针方向.

五、(本题 12 分) 设有曲线 $C_n : x^{2n} + y^{2n} = 1$($n$ 为正整数)，L_n 为 C_n 的长，证明：$\lim\limits_{n \to \infty} L_n = 8$.

六、(本题 12 分) 已知数列 $\{a_n\}$ 满足 $a_{n+1} = \dfrac{na_n^2}{1 + (n+1)a_n}$，$n > 1$，且 $a_0 = 1$，$a_1 = \dfrac{1}{2}$，证明：级数 $\sum\limits_{k=0}^{\infty} \dfrac{a_{k+1}}{a_k}$ 收敛并求和.

七、(本题 12 分) 设 $f(x)$ 在 $[-1,1]$ 上连续，$\lambda_n = 2\int_0^1 (1 - t^2)^n \mathrm{d}t$，求证

$$\lim_{n \to \infty} \frac{1}{\lambda_n} \int_{-1}^{1} (1 - t^2)^n f(t) \mathrm{d}t = f(0)$$

第五部分 练习题答案与提示

第四届全国大学生数学竞赛预赛试题

一、1. 因为

$$(n!)^{\frac{1}{n^2}} = \mathrm{e}^{\frac{1}{n^2}\ln(n!)}$$

而

$$\frac{1}{n^2}\ln(n!) \leqslant \frac{1}{n}\left(\frac{\ln 1}{1} + \frac{\ln 2}{2} + \cdots + \frac{\ln n}{n}\right)$$

且

$$\lim_{n \to \infty} \frac{\ln n}{n} = 0$$

所以

$$\lim_{n \to \infty} \frac{1}{n}\left(\frac{\ln 1}{1} + \frac{\ln 2}{2} + \cdots + \frac{\ln n}{n}\right) = 0$$

即 $\lim\limits_{n \to \infty} \dfrac{1}{n^2}\ln(n!) = 0$，故 $\lim\limits_{n \to \infty}(n!)^{\frac{1}{n^2}} = 1$.

2. 过直线 L 的平面束为

$$\lambda(2x + y - 3z + 2) + \mu(5x + 5y - 4z + 3) = 0$$

即

$$(2\lambda + 5\mu)x + (\lambda + 5\mu)y - (3\lambda + 4\mu)z + (2\lambda + 3\mu) = 0$$

若平面 π_1 过点 $(4, -3, 1)$，代入得 $\lambda + \mu = 0$，即 $\mu = -\lambda$，从而 π_1 的方程为

170

$$3x + 4y - z + 1 = 0$$

若平面束中的平面 π_2 与 π_1 垂直,则

$$3 \cdot (2\lambda + 5\mu) + 4 \cdot (\lambda + 5\mu) + 1 \cdot (3\lambda + 4\mu) = 0$$

解得 $\lambda = -3\mu$,从而平面 π_2 的方程为 $x - 2y - 5z + 3 = 0$.

3. 有

$$\frac{\partial z}{\partial x} = \mathrm{e}^{ax+by}\left[\frac{\partial u}{\partial x} + au(x+y)\right], \frac{\partial z}{\partial y} = \mathrm{e}^{ax+by}\left[\frac{\partial u}{\partial y} + bu(x+y)\right]$$

$$\frac{\partial^2 z}{\partial x \partial y} = \mathrm{e}^{ax+by}\left[b\,\frac{\partial u}{\partial x} + a\,\frac{\partial u}{\partial y} + abu(x,y)\right]$$

$$\frac{\partial^2 z}{\partial x \partial y} - \frac{\partial z}{\partial x} - \frac{\partial z}{\partial y} + z =$$

$$\mathrm{e}^{ax+by}\left[(b-1)\,\frac{\partial u}{\partial x} + (a-1)\,\frac{\partial u}{\partial y} + (ab-a-b+1)u(x,y)\right]$$

若使 $\dfrac{\partial^2 z}{\partial x \partial y} - \dfrac{\partial z}{\partial x} - \dfrac{\partial z}{\partial y} + z = 0$,只有

$$(b-1)\,\frac{\partial u}{\partial x} + (a-1)\,\frac{\partial u}{\partial y} + (ab-a-b+1)u(x,y) = 0$$

即 $a = b = 1$.

4. 由 $\dfrac{\partial}{\partial x}(u[x+u^3]) = \dfrac{\partial}{\partial y}((x+2y)u)$ 得 $(x+4u^3)u' = u$,即

$$\frac{\mathrm{d}x}{\mathrm{d}u} - \frac{1}{u}x = 4u^2$$

方程通解为

$$x = \mathrm{e}^{\ln u}\left(\int 4u^2\,\mathrm{e}^{-\ln u}\,\mathrm{d}u + C\right) = u\left(\int 4u\,\mathrm{d}u + C\right) = u(2u^2 + C)$$

由 $u(2) = 1$,得 $C = 0$,故 $u = \left(\dfrac{x}{2}\right)^{\frac{1}{3}}$

5. 因为当 $x > 1$ 时

$$\left|\sqrt[3]{x}\int_x^{x+1}\frac{\sin t}{\sqrt{t} + \cos t}\,\mathrm{d}t\right| \leqslant \sqrt[3]{x}\int_x^{x+1}\frac{\mathrm{d}t}{\sqrt{t} - 1} \leqslant 2\sqrt[3]{x}(\sqrt{x} - \sqrt{x-1}) =$$

$$2\,\frac{\sqrt[3]{x}}{\sqrt{x} + \sqrt{x-1}} \to 0, \quad x \to \infty$$

所以

$$\lim_{x \to \infty}\sqrt[3]{x}\int_x^{x+1}\frac{\sin t}{\sqrt{t} + \cos t}\,\mathrm{d}t = 0$$

二、由于

$$\int_0^{n\pi} e^{-2x} \mid \sin x \mid dx = \sum_{k=1}^n \int_{(k-1)\pi}^{k\pi} e^{-2x} \mid \sin x \mid dx =$$

$$\sum_{k=1}^n \int_{(k-1)\pi}^{k\pi} (-1)^{k-1} e^{-2x} \sin x dx$$

应用分部积分法

$$\int_{(k-1)\pi}^{k\pi} (-1)^{k-1} e^{-2x} \sin x dx = \frac{1}{5} e^{-2k\pi} (1 + e^{2\pi})$$

所以

$$\int_0^{n\pi} e^{-2x} \mid \sin x \mid dx = \frac{1}{5}(1 + e^{2\pi}) \sum_{k=1}^\infty e^{-2k\pi} = \frac{1}{5}(1 + e^{2\pi}) \frac{e^{-2\pi} - e^{-2(n+1)\pi}}{1 - e^{-2\pi}}$$

当 $n\pi \leqslant x < (n+1)\pi$ 时

$$\int_0^{n\pi} e^{-2x} \mid \sin x \mid dx \leqslant \int_0^x e^{-2x} \mid \sin x \mid dx < \int_0^{(n+1)\pi} e^{-2x} \mid \sin x \mid dx$$

令 $n \to \infty$,由两边夹法则,得

$$\int_0^\infty e^{-2x} \mid \sin x \mid dx = \lim_{x \to \infty} \int_0^x e^{-2x} \mid \sin x \mid dx = \frac{1}{5} \frac{e^{2\pi} + 1}{e^{2\pi} - 1}$$

注:如果最后不用夹逼法则,而用

$$\int_0^\infty e^{-2x} \mid \sin x \mid dx = \lim_{x \to \infty} \int_0^{n\pi} e^{-2x} \mid \sin x \mid dx = \frac{1}{5} \frac{e^{2\pi} + 1}{e^{2\pi} - 1}$$

需先说明 $\int_0^\infty e^{-2x} \mid \sin x \mid dx$ 收敛.

三、由泰勒公式 $\sin t = t - \dfrac{\sin(\theta t)}{2} t^2 (0 < \theta < 1)$,令 $t = \dfrac{1}{x}$,得

$$\sin \frac{1}{x} = \frac{1}{x} - \frac{\sin\left(\dfrac{\theta}{x}\right)}{2x^2}$$

代入原方程得

$$x - \frac{1}{2} \sin\left(\frac{\theta}{x}\right) = 2x - 501$$

即 $x = 501 - \dfrac{1}{2} \sin\left(\dfrac{\theta}{x}\right)$.

由此知 $x > 500, 0 < \dfrac{\theta}{x} < \dfrac{1}{500}$

$$\mid x - 501 \mid = \frac{1}{2} \left| \sin\left(\frac{\theta}{x}\right) \right| \leqslant \frac{1}{2} \frac{\theta}{x} < \frac{1}{1\,000} = 0.001$$

所以, $x=501$ 即为满足题设条件的解.

四、曲线 $y=f(x)$ 在点 $p(x,f(x))$ 处的切线方程为

$$Y-f(x)=f'(x)(X-x)$$

令 $Y=0$, 则有 $X=x-\dfrac{f(x)}{f'(x)}$, 由此

$$u=x-\frac{f(x)}{f'(x)}$$

且有

$$\lim_{x\to 0}u=\lim_{x\to 0}\left(x-\frac{f(x)}{f'(x)}\right)=-\lim_{x\to 0}\frac{\dfrac{f(x)-f(0)}{x}}{\dfrac{f'(x)-f'(0)}{x}}=\frac{f'(0)}{f''(0)}=0$$

由 $f(x)$ 在 $x=0$ 处的二阶泰勒公式

$$f(x)=f(0)+f'(0)x+\frac{f''(0)}{2}x^2+o(x^2)=\frac{f''(0)}{2}x^2+o(x^2)$$

得

$$\lim_{x\to 0}\frac{u}{x}=1-\lim_{x\to 0}\frac{f(x)}{xf'(x)}=1-\lim_{x\to 0}\frac{\dfrac{f''(0)}{2}x^2+o(x^2)}{xf'(x)}=$$

$$1-\frac{1}{2}\lim_{x\to 0}\frac{f''(0)+o(1)}{\dfrac{f'(x)-f'(0)}{x}}=1-\frac{1}{2}\frac{f''(0)}{f''(0)}=\frac{1}{2}$$

所以

$$\lim_{x\to 0}\frac{x^3f(u)}{f(x)\sin^3 u}=\lim_{x\to 0}\frac{x^3\left(\dfrac{f''(0)}{2}u^2+o(u^2)\right)}{u^3\left(\dfrac{f''(0)}{2}x^2+o(x^2)\right)}=\lim_{x\to 0}\frac{x}{u}=2$$

五、由于

$$\int_0^1|f(\sqrt{x})|\,\mathrm{d}x=\int_0^1|f(t)|\,2t\mathrm{d}t\leqslant 2\int_0^1|f(t)|\,\mathrm{d}t=2$$

另一方面, 取 $f_n(x)=(n+1)x^n$, 则

$$\int_0^1|f_n(x)|\,\mathrm{d}x=\int_0^1 f_n(x)\mathrm{d}x=1$$

而

$$\int_0^1 f_n(\sqrt{x})\mathrm{d}x=2\int_0^1 tf_n(t)\mathrm{d}t=2\,\frac{n+1}{n+2}=2\left(1-\frac{1}{n+2}\right)\to 2,\quad n\to\infty$$

因此最小的实数 $C=2$.

六、解法 1：记 $g = g(t) = \dfrac{\sqrt{1+4t^2}-1}{2}$，则 Ω 在 xOy 面上的投影为 $x^2 + y^2 \leqslant g$.

在曲线 $S:\begin{cases} x^2+y^2 = z \\ x^2+y^2+z^2 = t^2 \end{cases}$ 上任取一点 (x, y, z)，则原点到该点的射线和 z 轴的夹角为

$$\theta_t = \arccos \frac{z}{t} = \arccos \frac{g}{t}$$

取 $\Delta t > 0$，则 $\theta_t > \theta_{t+\Delta t}$. 对于固定的 $t > 0$，考虑积分差 $F(t+\Delta t) - F(t)$，这是一个在厚度为 Δt 的球壳上的积分. 原点到球壳边缘上的点的射线和 z 轴夹角在 $\theta_{t+\Delta t}$ 和 θ_t 之间. 我们使用球坐标变换来做这个积分，由积分的连续性可知，存在 $\alpha = \alpha(\Delta t), \theta_{t+\Delta t} \leqslant \alpha \leqslant \theta_t$，使得

$$F(t+\Delta t) - F(t) = \int_0^{2\pi} \mathrm{d}\varphi \int_0^{\alpha} \mathrm{d}\theta \int_t^{t+\Delta t} f(r^2) r^2 \sin\theta \, \mathrm{d}r$$

这样就有

$$F(t+\Delta t) - F(t) = 2\pi(1 - \cos\alpha) \int_t^{t+\Delta t} f(r^2) r^2 \, \mathrm{d}r$$

而当 $\Delta t \to 0^+$

$$\cos\alpha \to \cos\theta_t = \frac{g(t)}{t}, \frac{1}{\Delta t} \int_t^{t+\Delta t} f(r^2) r^2 \, \mathrm{d}r \to t^2 f(t^2)$$

故 $F(t)$ 的右导数为

$$2\pi\left(1 - \frac{g(t)}{t}\right) t^2 f(t^2) = \pi(2t + 1 - \sqrt{1+4t^2}) t f(t^2)$$

当 $\Delta t < 0$，考虑 $F(t) - F(t+\Delta t)$ 可以得到同样的左导数. 因此

$$F'(t) = \pi(2t + 1 - \sqrt{1+4t^2}) t f(t^2)$$

解法 2：令

$$\begin{cases} x = r\cos\theta \\ y = r\sin\theta \\ z = z \end{cases}$$

则 $\Omega:\begin{cases} 0 \leqslant \theta \leqslant 2\pi \\ 0 \leqslant r \leqslant a \\ r^2 \leqslant z \leqslant \sqrt{t^2 - r^2} \end{cases}$，其中 a 满足

$$a^2 + a^4 = t^2, a = \frac{\sqrt{1+4t^2}-1}{2}$$

174

故有

$$F(t) = \int_0^{2\pi} d\theta \int_0^a r dr \int_{r^2}^{\sqrt{t^2-r^2}} f(r^2+z^2) dz = 2\pi \int_0^a r \left(\int_{r^2}^{\sqrt{t^2-a^2}} f(r^2+z^2) dz \right) dr$$

从而有

$$F'(t) = 2\pi \left(a \int_{a^2}^{\sqrt{t^2-a^2}} f(a^2+z^2) dz \frac{da}{dt} + \int_0^a r f(r^2+t^2-r^2) \frac{t}{\sqrt{t^2-r^2}} dr \right)$$

注意到 $\sqrt{t^2-a^2} = a^2$,第一个积分为 0,我们得到

$$F'(t) = 2\pi f(t^2) t \int_0^a r \frac{1}{\sqrt{t^2-r^2}} dr = -\pi t f(t^2) \int_0^a \frac{d(t^2-r^2)}{\sqrt{t^2-r^2}}$$

所以

$$F'(t) = 2\pi t f(t^2)(t-a^2) = \pi t f(t^2)(2t+1-\sqrt{1+4t^2})$$

七、(1) 设 $\lim\limits_{n\to\infty} \left(\dfrac{a_n}{a_{n+1} b_n} - \dfrac{1}{b_{n+1}} \right) = 2\delta > \delta > 0$,则存在 $N \in \mathbf{N}$,对于任意的 $n \geqslant N$ 时

$$\frac{a_n}{a_{n+1}} \frac{1}{b_n} - \frac{1}{b_{n+1}} > \delta, \frac{a_n}{b_n} - \frac{a_{n+1}}{b_{n+1}} > \delta a_{n+1}, a_{n+1} < \frac{1}{\delta} \left(\frac{a_n}{b_n} - \frac{a_{n+1}}{b_{n+1}} \right)$$

$$\sum_{n=N}^m a_{n+1} \leqslant \frac{1}{\delta} \sum_{n=N}^m \left(\frac{a_n}{b_n} - \frac{a_{n+1}}{b_{n+1}} \right) \leqslant \frac{1}{\delta} \left(\frac{a_N}{b_N} - \frac{a_{m+1}}{b_{m+1}} \right) \leqslant \frac{1}{\delta} \frac{a_N}{b_N}$$

因而 $\sum\limits_{n=1}^\infty a_n$ 的部分和有上界,从而 $\sum\limits_{n=1}^\infty a_n$ 收敛.

(2) 若 $\lim\limits_{n\to\infty} \left(\dfrac{a_n}{a_{n+1}} \dfrac{1}{b_n} - \dfrac{1}{b_{n+1}} \right) < \delta < 0$,则存在 $N \in \mathbf{N}$,对于任意的 $n \geqslant N$ 时

$$\frac{a_n}{a_{n+1}} < \frac{b_n}{b_{n+1}}$$

有

$$a_{n+1} > \frac{b_{n+1}}{b_n} a_n > \cdots > \frac{b_{n+1}}{b_n} \frac{b_n}{b_{n-1}} \cdots \frac{b_{N+1}}{b_N} a_N = \frac{a_N}{b_N} b_{n+1}$$

于是由 $\sum\limits_{n=1}^\infty b_n$ 发散,得到 $\sum\limits_{n=1}^\infty a_n$ 发散.

第五届全国大学生数学竞赛预赛试题

一、1. 因为

$$\sin(\pi \sqrt{1+4n^2}) = \sin(\pi \sqrt{1+4n^2} - 2n\pi) = \sin \frac{\pi}{2n\pi + \pi \sqrt{1+4n^2}}$$

$$\text{原式} = \lim_{n \to \infty}\left(1 + \sin \frac{\pi}{2n\pi + \pi\sqrt{1 + 4n^2}}\right)^n =$$

$$\exp\left[\lim_{n \to \infty} n\ln\left(1 + \sin \frac{\pi}{2n\pi + \pi\sqrt{1 + 4n^2}}\right)\right] =$$

$$\exp\left(\lim_{n \to \infty} n\sin \frac{\pi}{2n\pi + \pi\sqrt{1 + 4n^2}}\right) =$$

$$\exp\left(\lim_{n \to \infty} \frac{\pi n}{2n\pi + \pi\sqrt{1 + 4n^2}}\right) = e^{\frac{1}{4}}$$

2. 记 $a_n = \int_{n\pi}^{(n+1)\pi} \frac{|\sin x|}{x}dx$，只要证明 $\sum_{n=0}^{\infty} a_n$ 发散. 因为

$$a_n \geqslant \frac{1}{(n+1)\pi}\int_{n\pi}^{(n+1)\pi} |\sin x| dx = \frac{1}{(n+1)\pi}\int_0^{\pi} \sin x dx = \frac{2}{(n+1)\pi}$$

而 $\sum_{n=0}^{\infty} \frac{2}{(n+1)\pi}$ 发散，故 $\sum_{n=0}^{\infty} a_n$ 发散.

3. 方程两边对 x 求导，得

$$3x^2 + 6xy + 3x^2 y' - 6y^2 y' = 0$$

故 $y' = \dfrac{x(x + 2y)}{2y^2 - x^2}$，令 $y' = 0$，得 $x(x + 2y) = 0 \Rightarrow x = 0$ 或 $x = -2y$.

将 $x = 0$ 和 $x = -2y$ 代入所给方程，得

$$\begin{cases} x = 0 \\ y = -1 \end{cases} \quad \text{和} \quad \begin{cases} x = -2 \\ y = 1 \end{cases}$$

又

$$y'' = \frac{(2y^2 - x^2)(2x + 2xy' + 2y) + (x^2 + 2xy)(4yy' - 2x)}{(2y^2 - x^2)^2}\Bigg|_{\substack{x=0 \\ y=-1 \\ y'=0}} =$$

$$-1 < 0$$

$$y''\Big|_{\substack{x=-2 \\ y=1 \\ y'=0}} = 1 > 0$$

故 $y(0) = -1$ 为极大值，$y(-2) = 1$ 为极小值.

4. 设切点 A 的坐标为 $(t, \sqrt[3]{t})$，曲线过点 A 的切线方程为

$$y - \sqrt[3]{t} = \frac{1}{3\sqrt[3]{t^2}}(x - t)$$

令 $y = 0$，由上式可得切线与 x 轴交点的横坐标 $x_0 = -2t$，所以平面图形的面积

$S = \triangle Ax_0 t$ 的面积 $-$ 曲边梯形 OtA 的面积

$$S = \frac{1}{2}\sqrt[3]{t} \cdot 3t - \int_0^t \sqrt[3]{x}\,\mathrm{d}x = \frac{3}{4}t\sqrt[3]{t} = \frac{3}{4} \Rightarrow t = 1$$

所以 A 的坐标为 $(1,1)$.

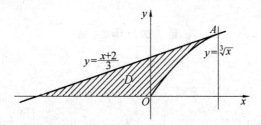

图 1

二、$I = \displaystyle\int_{-\pi}^0 \frac{x\sin x \cdot \arctan \mathrm{e}^x}{1+\cos^2 x}\,\mathrm{d}x + \int_0^{\pi} \frac{x\sin x \cdot \arctan \mathrm{e}^x}{1+\cos^2 x}\,\mathrm{d}x =$

$\displaystyle\int_0^{\pi} \frac{x\sin x \cdot \arctan \mathrm{e}^{-x}}{1+\cos^2 x}\,\mathrm{d}x + \int_0^{\pi} \frac{x\sin x \cdot \arctan \mathrm{e}^x}{1+\cos^2 x}\,\mathrm{d}x =$

$\displaystyle\int_0^{\pi} (\arctan \mathrm{e}^x + \arctan \mathrm{e}^{-x})\,\frac{x\sin x}{1+\cos^2 x}\,\mathrm{d}x =$

$\dfrac{\pi}{2}\displaystyle\int_0^{\pi} \frac{x\sin x}{1+\cos^2 x}\,\mathrm{d}x = \left(\frac{\pi}{2}\right)^2 \int_0^{\pi} \frac{\sin x}{1+\cos^2 x}\,\mathrm{d}x =$

$-\left(\dfrac{\pi}{2}\right)^2 \arctan(\cos x)\,\Big|_0^{\pi} = \dfrac{\pi^3}{8}$

三、由于 $f(x)$ 在 $x=0$ 处连续,且

$$\lim_{x\to 0} \frac{f(x)}{x} = 0$$

则

$$f(0) = \lim_{x\to 0} f(x) = \lim_{x\to 0} \frac{f(x)}{x} \cdot x = 0$$

$$f'(0) = \lim_{x\to 0} \frac{f(x) - f(0)}{x - 0} = 0$$

应用洛必达法则

$$\lim_{x\to 0} \frac{f(x)}{x^2} = \lim_{x\to 0} \frac{f'(x)}{2x} = \lim_{x\to 0} \frac{f'(x) - f'(0)}{2(x-0)} = \frac{1}{2}f''(0)$$

所以

$$\lim_{n\to 0} \frac{\left| f\left(\frac{1}{n}\right) \right|}{\frac{1}{n^2}} = \frac{1}{2}\,|\,f''(0)\,|$$

177

由于级数 $\sum\limits_{n=1}^{\infty} \dfrac{1}{n^2}$ 收敛,从而 $\sum\limits_{n=1}^{\infty} \left| f\left(\dfrac{1}{n}\right) \right|$ 收敛.

四、因为 $f'(x) \geqslant m > 0 (a \leqslant x \leqslant b)$,所以 $f(x)$ 在 $[a,b]$ 上严格单调递增,从而有反函数.

设 $A = f(a)$,$B = f(b)$,φ 是 f 的反函数,则

$$0 < \varphi'(y) = \frac{1}{f'(x)} \leqslant \frac{1}{m}$$

又 $|f(x)| \leqslant \pi$,则 $-\pi \leqslant A < B \leqslant \pi$,所以

$$\left| \int_a^b \sin f(x)\mathrm{d}x \right| \xrightarrow{x = \varphi(y)} \left| \int_A^B \varphi'(y) \cdot \sin y\mathrm{d}y \right| \leqslant \int_0^\pi \frac{1}{m} \sin y\mathrm{d}y = \frac{2}{m}$$

五、记 Σ 围成的立体为 V,由高斯公式

$$I = \iiint\limits_V (3x^2 + 6y^2 + 9z^2 - 3)\mathrm{d}x\mathrm{d}y\mathrm{d}z = 3\iiint\limits_V (x^2 + 2y^2 + 3z^2 - 1)\mathrm{d}x\mathrm{d}y\mathrm{d}z$$

为了使得 I 达到最小,就要求 V 是使得 $x^2 + 2y^2 + 3z^2 - 1 \leqslant 0$ 的最大空间区域,即

$$V = \{(x,y,z) \mid x^2 + 2y^2 + 3z^2 \leqslant 1\}$$

所以 V 是一个椭球,Σ 是椭球 V 的表面时,积分 I 最小.

为求该最小值,作变换 $\begin{cases} x = u \\ y = \dfrac{v}{\sqrt{2}} \\ z = \dfrac{w}{\sqrt{3}} \end{cases}$,则 $\dfrac{\partial(x,y,z)}{\partial(u,v,w)} = \dfrac{1}{\sqrt{6}}$,有

$$I = \frac{3}{\sqrt{6}} \iiint\limits_{u^2 + v^2 + w^2 \leqslant 1} (u^2 + v^2 + w^2 - 1)\mathrm{d}u\mathrm{d}v\mathrm{d}w$$

使用球坐标变换,我们有

$$I = \frac{3}{\sqrt{6}} \int_0^{2\pi} \mathrm{d}\varphi \int_0^\pi \mathrm{d}\theta \int_0^1 (r^2 - 1)r^2 \sin\theta \mathrm{d}r = -\frac{4\sqrt{6}}{15}\pi$$

六、作变换

$$\begin{cases} x = \dfrac{u - v}{\sqrt{2}} \\ y = \dfrac{u + v}{\sqrt{2}} \end{cases}$$

曲线 C 变为 uOv 平面上的 $\Gamma: \dfrac{3}{2}u^2 + \dfrac{1}{2}v^2 = r^2$,也是取正向,且有

$$x^2 + y^2 = u^2 + v^2, \quad y\mathrm{d}x - x\mathrm{d}y = v\mathrm{d}u - u\mathrm{d}v$$

$$I_a(r) = \int_\Gamma \frac{v\mathrm{d}u - u\mathrm{d}v}{(u^2 + v^2)^a}$$

作变换 $\begin{cases} u = \sqrt{\dfrac{2}{3}}\, r\cos\theta \\ v = \sqrt{2}\, r\sin\theta \end{cases}$,则有

$$v\mathrm{d}u - u\mathrm{d}v = -\frac{2}{\sqrt{3}} r^2 \mathrm{d}\theta$$

$$I_a(r) = -\frac{2}{\sqrt{3}} r^{2(1-a)} \int_0^{2\pi} \frac{\mathrm{d}\theta}{\left(\dfrac{2\cos^2\theta}{3} + 2\sin^2\theta\right)^a} = -\frac{2}{\sqrt{3}} r^{2(1-a)} J_a$$

其中

$$J_a = \int_0^{2\pi} \frac{\mathrm{d}\theta}{\left(\dfrac{2\cos^2\theta}{3} + 2\sin^2\theta\right)^a}, \quad 0 < J_a < +\infty$$

因此当 $a > 1$ 和 $a < 1$,所求极限分别为 0 和 $-\infty$.

而当 $a = 1$

$$J_1 = \int_0^{2\pi} \frac{\mathrm{d}\theta}{\dfrac{2\cos^2\theta}{3} + 2\sin^2\theta} = 4\int_0^{\pi/2} \frac{\mathrm{d}\tan\theta}{\dfrac{2}{3} + 2\tan^2\theta} = 4\int_0^{+\infty} \frac{\mathrm{d}t}{2t^2 + \dfrac{2}{3}} = \sqrt{3}\,\pi$$

故所求极限为

$$\lim_{r \to +\infty} I_a(r) = \begin{cases} 0, & a > 1 \\ -\infty, & a < 1 \\ -2\pi, & a = 1 \end{cases}$$

七、(1) 记 $a_n = 1 + \dfrac{1}{2} + \cdots + \dfrac{1}{n}$,$u_n = \dfrac{a_n}{(n+1)(n+2)}$,$n = 1, 2, 3, \cdots$,因为 n 充分大时

$$0 < a_n = 1 + \frac{1}{2} + \cdots + \frac{1}{n} < 1 + \int_1^n \frac{1}{x}\mathrm{d}x = 1 + \ln n < \sqrt{n}$$

所以

$$u_n \leqslant \frac{\sqrt{n}}{(n+1)(n+2)} < \frac{1}{n^{\frac{3}{2}}}$$

而 $\displaystyle\sum_{n=1}^\infty \frac{1}{n^{\frac{3}{2}}}$ 收敛,所以 $\displaystyle\sum_{n=1}^\infty u_n$ 收敛.

(2) 有

179

$$a_k = 1 + \frac{1}{2} + \cdots + \frac{1}{k}, \quad k = 1, 2, \cdots$$

$$S_n = \sum_{k=1}^{n} \frac{1 + \frac{1}{2} + \cdots + \frac{1}{k}}{(k+1)(k+2)} = \sum_{k=1}^{n} \frac{a_k}{(k+1)(k+2)} = \sum_{k=1}^{n} \left(\frac{a_k}{k+1} - \frac{a_k}{k+2} \right) =$$

$$\left(\frac{a_1}{2} - \frac{a_1}{3} \right) + \left(\frac{a_2}{3} - \frac{a_2}{4} \right) + \cdots + \left(\frac{a_{n-1}}{n} - \frac{a_{n-1}}{n+1} \right) + \left(\frac{a_n}{n+1} - \frac{a_n}{n+2} \right) =$$

$$\frac{1}{2} a_1 + \frac{1}{3}(a_2 - a_1) + \frac{1}{4}(a_3 - a_2) + \cdots +$$

$$\frac{1}{n+1}(a_n - a_{n-1}) - \frac{1}{n+2} a_n =$$

$$\left(\frac{1}{1 \cdot 2} + \frac{1}{2 \cdot 3} + \frac{1}{3 \cdot 4} + \cdots + \frac{1}{n \cdot (n-1)} \right) - \frac{1}{n+2} a_n =$$

$$1 - \frac{1}{n} - \frac{1}{n+2} a_n$$

因为 $0 < a_n < 1 + \ln n$, 所以

$$0 < \frac{a_n}{n+2} < \frac{1 + \ln n}{n+2}$$

且 $\lim\limits_{n \to \infty} \dfrac{1 + \ln n}{n+2} = 0$, 所以 $\lim\limits_{n \to \infty} \dfrac{a_n}{n+2} = 0$.

于是 $S = \lim\limits_{n \to \infty} S_n = 1 - 0 - 0 = 1$. 证毕.

数学竞赛模拟题(一)

一、1. 由于

$$\begin{cases} x = \rho(\theta) \cos \theta = e^{\theta} \cos \theta \\ y = \rho(\theta) \sin \theta = e^{\theta} \sin \theta \end{cases}$$

则

$$\frac{dy}{dx} = \frac{y'(\theta)}{x'(\theta)} = \frac{\sin \theta + \cos \theta}{\cos \theta - \sin \theta}, \frac{dy}{dx} \Big|_{\theta = \frac{\pi}{2}} = -1$$

因此,切线方程为 $y - e^{\frac{\pi}{2}} = -1(x - 0)$, 即

$$y + x - e^{\frac{\pi}{2}} = 0$$

2. 当 $n \leqslant x \leqslant n+1$ 时,有

$$\frac{1}{\sqrt{2(n+1)+1}} \leqslant \frac{1}{\sqrt{2x + \cos x}} \leqslant \frac{1}{\sqrt{2n-1}}$$

则

$$\sqrt{n}\int_n^{n+1}\frac{1}{\sqrt{2n+3}}\mathrm{d}x\leqslant\sqrt{n}\int_n^{n+1}\frac{\mathrm{d}x}{\sqrt{2x+\cos x}}\leqslant\sqrt{n}\int_n^{n+1}\frac{1}{\sqrt{2n-1}}\mathrm{d}x$$

即

$$\frac{\sqrt{n}}{\sqrt{2n+3}}\leqslant\sqrt{n}\int_n^{n+1}\frac{\mathrm{d}x}{\sqrt{2x+\cos x}}\leqslant\frac{\sqrt{n}}{\sqrt{2n-1}}$$

又

$$\lim_{n\to\infty}\frac{\sqrt{n}}{\sqrt{2n+3}}=\lim_{n\to\infty}\frac{\sqrt{n}}{\sqrt{2n-1}}=\frac{1}{\sqrt{2}}$$

于是

$$\lim_{n\to\infty}\sqrt{n}\int_n^{n+1}\frac{\mathrm{d}x}{\sqrt{2x+\cos x}}=\frac{1}{\sqrt{2}}$$

3.过直线 L_1 作与直线 L_2 平行的平面 π,则平面 π 的法向量为

$$\boldsymbol{n}=\boldsymbol{s}_1\times\boldsymbol{s}_2=\begin{vmatrix}\boldsymbol{i}&\boldsymbol{j}&\boldsymbol{k}\\0&1&3\\1&2&2\end{vmatrix}=(-4,3,-1)$$

故平面 π 的方程为:$-4(x+1)+3(y-1)-(z-2)=0$,即

$$-4x+3y-z-5=0$$

则直线 L_2 上的点 $(1,0,-1)$ 到平面 π 的距离为

$$d=\frac{|-4+1-5|}{\sqrt{(-4)^2+3^2+(-1)^2}}=\frac{8}{\sqrt{26}}$$

故两条异面直线的距离为 $\dfrac{8}{\sqrt{26}}$.

4.(1) 由于 $\lim\limits_{x\to1}\dfrac{2f(x)+3}{(x-1)^2}=2$,则 $\dfrac{2f(x)+3}{(x-1)^2}=2+\alpha$,其中 $\lim\limits_{x\to1}\alpha=0$. 故

$$f(x)=\frac{1}{2}\big[(x-1)^2(2+\alpha)-3\big],f(1)=\lim_{x\to1}f(x)=-\frac{3}{2}$$

于是

$$f'(1)=\lim_{x\to1}\frac{f(x)-f(1)}{x-1}=\lim_{x\to1}\frac{\dfrac{1}{2}\big[(x-1)^2(2+\alpha)-3\big]+\dfrac{3}{2}}{x-1}=$$

$$\lim_{x\to1}\frac{\dfrac{1}{2}(x-1)^2(2+\alpha)}{x-1}=0$$

(2) 由于 $\lim\limits_{x\to1}\dfrac{f'(x)}{x-1}$ 存在,则知 $f(x)$ 在 $x=1$ 的某去心邻域内连续、可导,

则由洛必达法则得

$$\lim_{x\to 1}\frac{2f(x)+3}{(x-1)^2}=\lim_{x\to 1}\frac{2f'(x)}{2(x-1)}=2$$

故 $\lim\limits_{x\to 1}\dfrac{f'(x)}{x-1}=2$,于是

$$f''(1)=\lim_{x\to 1}\frac{f'(x)-f'(1)}{x-1}=\lim_{x\to 1}\frac{f'(x)}{x-1}=2$$

二、若 $f(x)\equiv 0$,则结论成立. 若 $f(x)\not\equiv 0$,则存在 $x_0\in[0,+\infty)$,使 $f(x_0)>0$.

由于 $\lim\limits_{x\to+\infty}f(x)=0$,则存在 X,当 $x>X$ 时,有

$$f(x)<f(x_0)$$

又由于 $f(x)$ 在 $[0,X]$ 上连续,则 $f(x)$ 在 $[0,X]$ 上有最大值 M,即存在 $x_1\in[0,X]$,使

$$f(x_1)=M\geqslant f(x_0)$$

又当 $x\in(X,+\infty)$ 时,有

$$f(x)<f(x_0)\leqslant M$$

故 M 为 $f(x)$ 在 $[0,+\infty)$ 上的最大值.

三、曲线的曲率

$$K=\frac{|y''|}{(1+y'^2)^{3/2}}=\frac{1}{\sqrt{1+y'^2}}$$

则 $|y''|=1+y'^2$. 由于 $y=y(x)$ 是上凹曲线,则 $y''\geqslant 0$,故

$$y''=1+y'^2$$

解得

$$y'=\tan(x+c_1)$$
$$y=-\ln|\cos(x+c_1)|+c_2$$
$$-\frac{\pi}{2}<x+c_1<\frac{\pi}{2}$$

由于曲线在 $(0,1)$ 处的切线方程为 $y=x+1$,则

$$y'(0)=1,y(0)=1$$

解得:$c_1=\dfrac{\pi}{4}$,$c_2=1-\dfrac{1}{2}\ln 2$. 于是

$$y=-\ln\left[\cos\left(x+\frac{\pi}{4}\right)\right]+1-\frac{1}{2}\ln 2,\quad -\frac{3\pi}{4}<x+c_1<\frac{\pi}{4}$$

又 $y'=\tan\left(x+\dfrac{\pi}{4}\right)$,令 $y'=0$ 得驻点为 $x=-\dfrac{\pi}{4}$,有 $y''>0$,故 $y\left(-\dfrac{\pi}{4}\right)=$

$1 - \dfrac{1}{2}\ln 2$ 为极小值.

四、由于 $f(x)$ 在 $[0,1]$ 上有二阶导数,且 $f(0)=f(1)$,则由罗尔定理知:存在 $x_0 \in (0,1)$,使

$$f'(x_0)=0$$

令 $\varphi(x)=(x-1)^2 f'(x)$,则 $\varphi(x)$ 在 $[0,1]$ 上可导,且 $\varphi'(x)=(x-1)^2 f''(x)+2(x-1)f'(x)$. 又

$$\varphi(1)=\varphi(x_0)=0$$

则由罗尔定理知:存在 $\xi \in (x_0,1) \subset (0,1)$,使 $\varphi'(\xi)=0$,即

$$(\xi-1)^2 f''(\xi)+2(\xi-1)f'(\xi)=0, \quad f''(\xi)=\frac{2f'(\xi)}{1-\xi}$$

五、记 $F(x)=\displaystyle\int_0^x f(t)\mathrm{d}t$,则 $F(0)=0$,$F(1)=m$,且 $F'(x)=f(x)$,于是

$$\int_0^1 \mathrm{d}x \int_x^1 \mathrm{d}y \int_x^y f(x)f(y)f(z)\mathrm{d}z =$$

$$\int_0^1 f(x)\mathrm{d}x \int_x^1 f(y)\mathrm{d}y \int_x^y f(z)\mathrm{d}z =$$

$$\int_0^1 f(x)\mathrm{d}x \int_x^1 f(y)[F(y)-F(x)]\mathrm{d}y =$$

$$\int_0^1 f(x)\mathrm{d}x \int_x^1 [F(y)-F(x)]\mathrm{d}F(y) =$$

$$\int_0^1 f(x)\left[\frac{1}{2}F^2(1)-\frac{1}{2}F^2(x)-F(x)F(1)+F^2(x)\right]\mathrm{d}x =$$

$$\int_0^1 f(x)\left[\frac{1}{2}F^2(1)+\frac{1}{2}F^2(x)-F(x)F(1)\right]\mathrm{d}x =$$

$$\frac{1}{2}F^3(1)+\frac{1}{6}F^3(1)-\frac{1}{2}F^3(1)=\frac{1}{6}m^3$$

六、曲面 Σ 在点 $P(x,y,z)$ 处的切平面 π 的方程为

$$\frac{x}{2}(X-x)+\frac{y}{2}(Y-y)+z(Z-z)=0$$

即 $\dfrac{x}{2}X+\dfrac{y}{2}Y+zZ-1=0$,则

$$\rho(x,y,z)=\frac{1}{\sqrt{\left(\dfrac{x}{2}\right)^2+\left(\dfrac{y}{2}\right)^2+z^2}}=\frac{1}{\sqrt{1-\dfrac{x^2}{4}-\dfrac{y^2}{4}}}$$

由 $z=\sqrt{1-\dfrac{x^2}{2}-\dfrac{y^2}{2}}$,则

$$\sqrt{1+\left(\frac{\partial z}{\partial x}\right)^2+\left(\frac{\partial z}{\partial y}\right)^2}=\sqrt{1+\left(-\frac{x}{2z}\right)^2+\left(\frac{y}{2z}\right)^2}=\frac{\sqrt{4-x^2-y^2}}{2\sqrt{1-\frac{x^2}{2}-\frac{y^2}{2}}}$$

故

$$\iint\limits_{\Sigma}\frac{z\,\mathrm{d}S}{\rho(x,y,z)}=\frac{1}{4}\iint\limits_{D}(4-x^2-y^2)\mathrm{d}x\mathrm{d}y=$$

$$\frac{1}{4}\int_0^{2\pi}\mathrm{d}\theta\int_0^{\sqrt{2}}(4-r^2)r\mathrm{d}r=\frac{3}{2}\pi$$

七、(1) 由于 $\rho=\lim\limits_{n\to\infty}\dfrac{u_{n+1}}{u_n}=\lim\limits_{n\to\infty}\dfrac{\dfrac{x^{2(n+1)}}{(2(n+1))!}}{\dfrac{x^{2n}}{(2n)!}}=0<1$，则根据正项级数的

比值审敛法知：对于任意 $x\in(-\infty,+\infty)$，级数 $2+\sum\limits_{n=1}^{\infty}\dfrac{x^{2n}}{(2n)!}$ 收敛，故收敛

域为 $(-\infty,+\infty)$.

由于 $y(x)=2+\sum\limits_{n=1}^{\infty}\dfrac{x^{2n}}{(2n)!}$，则

$$y'(x)=\sum_{n=1}^{\infty}\frac{x^{2n-1}}{(2n-1)!}$$

$$y''(x)=\sum_{n=1}^{\infty}\frac{x^{2n-2}}{(2n-2)!}=1+\sum_{n=1}^{\infty}\frac{x^{2n}}{(2n)!}$$

于是，有

$$y''-y=-1$$

(2) 由 $y''-y=-1$，解得：$y=c_1\mathrm{e}^x+c_2\mathrm{e}^{-x}+1$. 又由于 $y(0)=2,y'(0)=$ 0，故得 $c_1=c_2=\dfrac{1}{2}$. 因此

$$y=\frac{1}{2}\mathrm{e}^x+\frac{1}{2}\mathrm{e}^{-x}+1$$

八、由 $\lim\limits_{n\to\infty}\dfrac{a_n}{A_n}=0$ 得

$$\lim_{n\to\infty}\frac{A_n}{A_{n+1}}=\lim_{n\to\infty}\frac{A_{n+1}-a_{n+1}}{A_{n+1}}=\lim_{n\to\infty}\left(1-\frac{a_{n+1}}{A_{n+1}}\right)=1$$

即 $\lim\limits_{n\to\infty}\dfrac{A_{n+1}}{A_n}=1$，则级数 $\sum\limits_{n=1}^{\infty}A_nx^n$ 收敛半径 $R=1$.

设 $\sum\limits_{n=1}^{\infty}a_nx^n$ 的收敛半径分别为 r，若有 $x_0>0$，使 $\sum\limits_{n=1}^{\infty}A_nx_0^n$ 收敛，则由 $0\leqslant$

$a_n x_0^n \leqslant A_n x_0^n$ 知级数 $\sum_{n=1}^{\infty} a_n x_0^n$ 收敛,于是 $r \leqslant R=1$. 又由 $\lim_{n \to \infty} A_n = +\infty$ 知级数

$\sum_{n=1}^{\infty} a_n$ 发散,于是 $r \leqslant 1$.

故幂级数 $\sum_{n=1}^{\infty} a_n x^n$ 的收敛半径为 $r=1$.

数学竞赛模拟题(二)

一、1. 令 $u=tx$,则 $\mathrm{d}u = x\mathrm{d}t$,于是

$$\int_0^1 f(tx)\,\mathrm{d}t = \frac{1}{x}\int_0^t f(u)\,\mathrm{d}u$$

故 $\int_0^t f(u)\,\mathrm{d}u = \frac{1}{2}xf(x)+x$,两端求导得

$$f(x) = \frac{1}{2}f(x) + \frac{1}{2}xf'(x) + 1$$

得微分方程

$$xf'(x) - f(x) = -2$$

解得:$f(x) = cx+2$,由 $f(1)=5$ 得 $c=3$,故 $f(x)=3x+2$.

2. 注意到

$$\frac{1}{1+2+\cdots+n} = \frac{2}{n(n+1)} = 2\left(\frac{1}{n} - \frac{2}{n}\right)$$

则

$$x_n = 1 + \frac{1}{1+2} + \cdots + \frac{1}{1+2+\cdots+n} =$$

$$1 + 2\left(\frac{1}{2} - \frac{1}{3}\right) + 2\left(\frac{1}{3} - \frac{1}{4}\right) + \cdots + 2\left(\frac{1}{n} - \frac{1}{n+1}\right) =$$

$$2 - \frac{2}{n+1}$$

于是 $\lim_{n \to \infty} x_n = 2$.

3. 有

$$I = \int_0^1 \frac{x^3 - x^2}{\ln x}\,\mathrm{d}x = \int_0^1 \mathrm{d}x \int_2^3 x^y \,\mathrm{d}y$$

交换积分次序得

$$I = \int_2^3 \mathrm{d}y \int_0^1 x^y \,\mathrm{d}x = \int_2^3 \frac{1}{y+1}\,\mathrm{d}y = \ln\frac{4}{3}$$

185

4.有 $\dfrac{\mathrm{d}}{\mathrm{d}x}\varphi^3(x)=3\varphi^2(x)\cdot\varphi'(x)$,而

$$\varphi(x)=f(x,y),y=f(x,x)$$

于是

$$\varphi'(x)=f_1'(x,y)+f_2'(x,y)\cdot\dfrac{\mathrm{d}y}{\mathrm{d}x},\dfrac{\mathrm{d}y}{\mathrm{d}x}=f_1'(x,x)+f_2'(x,x)$$

$$\varphi(1)=f(1,f(1,1))=f(1,1),\dfrac{\mathrm{d}y}{\mathrm{d}x}\Big|_{x=1}=5,\varphi'(1)=17$$

故 $\dfrac{\mathrm{d}}{\mathrm{d}x}\varphi^3(x)\Big|_{x=1}=51$.

二、(1) 任意 $x\in(-1,1),x\neq0$,由拉格朗日中值定理得

$$f(x)-f(0)=xf'(\theta(x)x)$$

即

$$f(x)=f(0)+xf'(\theta(x)x),\quad 0<\theta(x)<1$$

由于 $f''(x)$ 在 $(-1,1)$ 内连续,且 $f''(x)\neq0$,则 $f''(x)$ 在 $(-1,1)$ 内不变号.
不妨设 $f''(x)>0$,则 $f'(x)$ 在 $(-1,1)$ 内严格单调递增,故 $\theta(x)$ 唯一.

(2) 由(1) 得

$$\dfrac{f(x)-f(0)}{x}=f'(\theta(x)x)$$

则

$$\dfrac{f(x)-f(0)}{x^2}-\dfrac{f'(0)}{x}=\dfrac{f'(\theta(x)x)-f'(0)}{\theta(x)x}\cdot\theta(x)$$

$$\dfrac{f(x)-f(0)-xf'(0)}{x^2}=\dfrac{f'(\theta(x)x)-f'(0)}{\theta(x)x}\cdot\theta(x)$$

由于

$$\lim_{x\to0}\dfrac{f(x)-f(0)-xf'(0)}{x^2}=\lim_{x\to0}\dfrac{f'(x)-f'(0)}{2x}=\dfrac{1}{2}f''(0)$$

及

$$\lim_{x\to0}\dfrac{f'(\theta(x)x)-f'(0)}{\theta(x)x}\cdot\theta(x)=\lim_{x\to0}\dfrac{f'(\theta(x)x)-f'(0)}{\theta(x)x}\lim_{x\to0}\theta(x)=$$
$$f''(0)\cdot\lim_{x\to0}\theta(x)$$

于是 $\lim_{x\to0}\theta(x)=\dfrac{1}{2}(f''(0)\neq0)$.

三、积分区域 D 如图 2 所示.

设 D_1 为区域 D 的内切圆围成的区域,则 $D_1:x^2+y^2\leqslant\dfrac{1}{2}t^2$;设 D_2 为区

186

域 D 的外接圆围成的区域,如图 3 所示,则 $D_2 : x^2 + y^2 \leqslant t^2$. 易知

$$\iint\limits_{D_1} e^{-(x^2+y^2)} \, \mathrm{d}x\mathrm{d}y \leqslant \iint\limits_{D} e^{-(x^2+y^2)} \, \mathrm{d}x\mathrm{d}y \leqslant \iint\limits_{D_2} e^{-(x^2+y^2)} \, \mathrm{d}x\mathrm{d}y$$

而

$$\iint\limits_{D_1} e^{-(x^2+y^2)} \, \mathrm{d}x\mathrm{d}y = \int_0^{2\pi} \mathrm{d}\theta \int_0^{\frac{\sqrt{2}}{2}t} e^{-r^2} \, r\mathrm{d}r = \pi(1 - e^{-\frac{t^2}{2}})$$

$$\iint\limits_{D_2} e^{-(x^2+y^2)} \, \mathrm{d}x\mathrm{d}y = \int_0^{2\pi} \mathrm{d}\theta \int_0^{t} e^{-r^2} \, r\mathrm{d}r = \pi(1 - e^{-t^2})$$

则

$$\pi(1 - e^{-\frac{t^2}{2}}) \leqslant I_t \leqslant \pi(1 - e^{-t^2})$$

又

$$\lim_{t \to +\infty} \pi(1 - e^{-\frac{t^2}{2}}) = \lim_{t \to +\infty} \pi(1 - e^{-t^2}) = \pi$$

故

$$\lim_{t \to +\infty} I_t = \pi$$

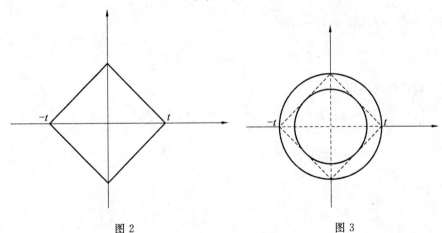

图 2   图 3

四、取 $x = y = 0$,则有

$$f(0) = \frac{f(0) + f(0)}{1 - f(0)f(0)}$$

故 $f(0) = 0$. 于是

$$f'(x) = \lim_{y \to 0} \frac{f(x+y) - f(x)}{y} = \lim_{y \to 0} \frac{\dfrac{f(x) + f(y)}{1 - f(x)f(y)} - f(x)}{y} =$$

$$\lim_{y \to 0} \frac{f(y)[1 + f^2(x)]}{y[1 - f(x)f(y)]}$$

由于

$$\lim_{y \to 0} \frac{f(y)}{y} = \lim_{y \to 0} \frac{f(y) - f(0)}{y} = f'(0)$$

则

$$f'(x) = [1 + f^2(x)]f'(0)$$

解得：arctan $f(x) = f'(0)x + c$，由 $f(0) = 0$，得 $c = 0$，故 arctan $f(x) = f'(0)x$，即

$$f(x) = \tan f'(0)x$$

五、由 $xf'(x) = f(x) + \dfrac{3a}{2}x^2$ 得 $f'(x) - \dfrac{1}{x}f(x) = \dfrac{3a}{2}x$，解得

$$f(x) = cx + \frac{3a}{2}x^2$$

又

$$S = \int_0^1 f(x)\mathrm{d}x = \int_0^1 \left(cx + \frac{3a}{2}x^2\right)\mathrm{d}x = 2$$

得 $\dfrac{c}{2} + \dfrac{a}{2} = 2$，则 $c = 4 - a$，故

$$f(x) = (4 - a)x + \frac{3a}{2}x^2$$

旋转体的体积为

$$V = \pi \int_0^1 f^2(x)\mathrm{d}x = \pi \int_0^1 \left[(4 - a)x + \frac{3a}{2}x^2\right]^2 \mathrm{d}x =$$
$$\pi \left[\frac{9}{20}a^2 + \frac{(4 - a)^2}{3} + \frac{3a(4 - a)}{4}\right]$$

令

$$\frac{\mathrm{d}V}{\mathrm{d}a} = \pi \left[\frac{9}{10}a - \frac{2(4 - a)}{3} + \frac{6 - 3a}{2}\right] = \pi\left(\frac{a}{15} + \frac{1}{3}\right) = 0$$

解得 $a = -5$，又 $\dfrac{\mathrm{d}^2 V}{\mathrm{d}a^2} = \dfrac{\pi}{15} > 0$. 故当 $a = -5$ 时，旋转体的体积最小.

六、由于 $f(x)$，$g(x)$ 都是$[a, b]$上的增函数，则

$$[f(x) - f(y)][g(x) - g(y)] \geqslant 0$$

于是，对区域 $D: a \leqslant x \leqslant b, a \leqslant y \leqslant b$，有

$$I = \iint\limits_D [f(x) - f(y)][g(x) - g(y)]\mathrm{d}x\mathrm{d}y \geqslant 0$$

即

$$I = \iint\limits_{D} [f(x)g(x) + f(y)g(y)] \mathrm{d}x\mathrm{d}y - \iint\limits_{D} [f(y)g(x) + f(x)g(y)] \mathrm{d}x\mathrm{d}y =$$

$$2\iint\limits_{D} f(x)g(x)\mathrm{d}x\mathrm{d}y - 2\iint\limits_{D} f(x)g(y)\mathrm{d}x\mathrm{d}y \geqslant 0$$

则

$$\iint\limits_{D} f(x)g(y)\mathrm{d}x\mathrm{d}y \leqslant \iint\limits_{D} f(x)g(x)\mathrm{d}x\mathrm{d}y$$

即

$$\int_a^b f(x)\mathrm{d}x \int_a^b g(y)\mathrm{d}y \leqslant \int_a^b \mathrm{d}y \int_a^b f(x)g(x)\mathrm{d}x$$

亦即

$$\int_a^b f(x)\mathrm{d}x \int_a^b g(x)\mathrm{d}x \leqslant (b-a)\int_a^b f(x)g(x)\mathrm{d}x$$

七、设 $F(x) = \mathrm{e}^x f(x)$，则 $F'(x) = \mathrm{e}^x [f(x) + f'(x)]$，故

$$|F'(x)| = \mathrm{e}^x |f(x) + f'(x)| \leqslant \mathrm{e}^x$$

即 $-\mathrm{e}^x \leqslant F'(x) \leqslant \mathrm{e}^x$，于是

$$-\int_{-\infty}^x \mathrm{e}^x \mathrm{d}x \leqslant \int_{-\infty}^x F'(x)\mathrm{d}x \leqslant \int_{-\infty}^x \mathrm{e}^x \mathrm{d}x$$

$$-\mathrm{e}^x \leqslant F(x) - \lim_{x \to -\infty} F(x) \leqslant \mathrm{e}^x$$

又 $\lim\limits_{x \to -\infty} F(x) = \lim\limits_{x \to -\infty} \mathrm{e}^x f(x) = 0$，则 $-\mathrm{e}^x \leqslant F(x) \leqslant \mathrm{e}^x$. 从而

$$-\mathrm{e}^x \leqslant \mathrm{e}^x f(x) \leqslant \mathrm{e}^x, \quad -1 \leqslant f(x) \leqslant 1$$

即 $|f(x)| \leqslant 1$.

八、记

$$A_n = \frac{a_n}{(a_1+1)(a_2+1)\cdots(a_n+1)}$$

则

$$A_n = \frac{(a_n+1)-1}{(a_1+1)(a_2+1)\cdots(a_n+1)} =$$

$$\frac{1}{(a_1+1)(a_2+1)\cdots(a_{n-1}+1)} -$$

$$\frac{1}{(a_1+1)(a_2+1)\cdots(a_n+1)}$$

于是，级数 $\sum\limits_{n=1}^{\infty} \dfrac{a_n}{(a_1+1)(a_2+1)\cdots(a_n+1)}$ 的部分和

$$s_n = A_1 + A_2 + \cdots + A_n =$$

$$\left(1 - \frac{1}{a_1+1}\right) + \left(\frac{1}{a_1+1} - \frac{1}{(a_1+1)(1+a_2)}\right) +$$

$$\left(\frac{1}{(a_1+1)(a_2+1)} - \frac{1}{(a_1+1)(a_2+1)(a_3+1)}\right) + \cdots +$$

$$\left(\frac{1}{(a_1+1)(a_2+1)\cdots(a_{n-1}+1)} - \frac{1}{(a_1+1)(a_2+1)\cdots(a_n+1)}\right)$$

故

$$s_n = 1 - \frac{1}{(a_1+1)(a_2+1)\cdots(a_n+1)}$$

由于正项级数 $\sum\limits_{n=1}^{\infty} a_n$ 发散,则 $(a_1+1)(a_2+1)\cdots(a_n+1) > a_1 + a_2 + \cdots + a_n \to +\infty$,于是

$$\lim_{n\to\infty} s_n = \lim_{n\to\infty}\left[1 - \frac{1}{(a_1+1)(a_2+1)\cdots(a_n+1)}\right] = 1$$

因此,级数 $\sum\limits_{n=1}^{\infty} \dfrac{a_n}{(a_1+1)(a_2+1)\cdots(a_n+1)}$ 收敛,且其和为 1.

数学竞赛模拟题(三)

一、1. (1) 有

$$F'(x) = f'(x)g(x) + f(x)g'(x) = g^2(x) + f^2(x) =$$
$$[f(x) + g(x)]^2 - 2f(x)g(x) = 4e^{2x} - 2F(x)$$

则 $F(x)$ 满足的一阶微分方程为 $F'(x) + 2F(x) = 4e^{2x}$.

(2) 由 $F'(x) + 2F(x) = 4e^{2x}$ 解得

$$F(x) = e^{2x} + ce^{-2x}$$

又 $F(0) = f(0)g(0) = 0$,则 $c = -1$,故 $F(x) = e^{2x} - e^{-2x}$.

2. 有

$$\sqrt[n]{a_1 a_2 \cdots a_n} = e^{\frac{1}{n}(\ln a_1 + \ln a_2 + \cdots + \ln a_n)}$$

记 $x_n = \ln a_1 + \ln a_2 + \cdots + \ln a_n, y_n = n$,则 $\lim\limits_{n\to\infty} y_n = +\infty$. 于是,由施笃兹定理得

$$\lim_{n\to\infty} \frac{\ln a_1 + \ln a_2 + \cdots + \ln a_n}{n} = \lim_{n\to\infty} \frac{x_n}{y_n} = \lim_{n\to\infty} \frac{x_{n+1} - x_n}{y_{n+1} - y_n} =$$
$$\lim_{n\to\infty} \ln a_{n+1} = \ln a$$

于是

$$\lim_{n \to \infty} \sqrt[n]{a_1 a_2 \cdots a_n} = \lim_{n \to \infty} e^{\frac{1}{n}(\ln a_1 + \ln a_2 + \cdots + \ln a_n)} =$$

$$e^{\lim_{n \to \infty} \frac{1}{n}(\ln a_1 + \ln a_2 + \cdots + \ln a_n)} =$$

$$e^{\ln a} = a$$

3. 将 D 分成 D_1 和 D_2 两部分(如图 4). 则

$$I = \iint_D xy[f(x^2 + y^2) + x]dxdy =$$

$$\iint_{D_1} xy[f(x^2 + y^2) + x]dxdy + \iint_{D_2} xy[f(x^2 + y^2) + x]dxdy =$$

$$\iint_{D_1} xy[f(x^2 + y^2) + x]dxdy + 0 =$$

$$\iint_{D_1} xyf(x^2 + y^2)dxdy + \iint_{D_1} x^2 ydxdy =$$

$$\iint_{D_1} x^2 ydxdy = 2\int_0^1 dx \int_x^1 x^2 ydy = \frac{2}{15}$$

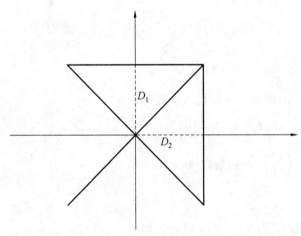

图 4

4. 记 $s(x) = \sum_{n=1}^{\infty} \frac{1}{n} x^n (-1 < x < 1)$,则

$$s'(x) = \sum_{n=1}^{\infty} x^{n-1} = \frac{1}{1-x}, \quad -1 < x < 1$$

故

$$s(x) = \int_0^x s'(x)\,\mathrm{d}x + s(0) = \int_0^x \frac{1}{1-x}\,\mathrm{d}x = -\ln(1-x), \quad -1 < x < 1$$

于是

$$\sum_{n=1}^{\infty} \frac{1}{n \cdot 2^n} = s\left(\frac{1}{2}\right) = -\ln\left(1 - \frac{1}{2}\right) = \ln 2$$

二、由已知条件,得

$$g(u,v) = f\left[uv, \frac{1}{2}(u^2 - v^2)\right]$$

$$\frac{\partial g}{\partial u} = \frac{\partial f}{\partial x} \cdot \frac{\partial x}{\partial u} + \frac{\partial f}{\partial y} \cdot \frac{\partial y}{\partial u} = v\frac{\partial f}{\partial x} + u\frac{\partial f}{\partial y}$$

$$\frac{\partial g}{\partial v} = \frac{\partial f}{\partial x} \cdot \frac{\partial x}{\partial v} + \frac{\partial f}{\partial y} \cdot \frac{\partial y}{\partial v} = u\frac{\partial f}{\partial x} - v\frac{\partial f}{\partial y}$$

代入 $a\left(\dfrac{\partial g}{\partial u}\right)^2 - b\left(\dfrac{\partial g}{\partial v}\right)^2 = u^2 + v^2$,得

$$a\left(v\frac{\partial f}{\partial x} + u\frac{\partial f}{\partial y}\right)^2 - b\left(u\frac{\partial f}{\partial x} - v\frac{\partial f}{\partial y}\right)^2 = u^2 + v^2$$

即

$$(av^2 - bu^2)\left(\frac{\partial f}{\partial x}\right)^2 + (2a + 2b)uv\frac{\partial f}{\partial x}\frac{\partial f}{\partial y} +$$

$$(au^2 - bv^2)\left(\frac{\partial f}{\partial y}\right)^2 = u^2 + v^2$$

于是 $2a + 2b = 0$,即 $a = -b$.代入上式得

$$a(u^2 + v^2)\left[\left(\frac{\partial f}{\partial x}\right)^2 + \left(\frac{\partial f}{\partial y}\right)^2\right] = u^2 + v^2$$

由于 $\left(\dfrac{\partial f}{\partial x}\right)^2 + \left(\dfrac{\partial f}{\partial y}\right)^2 = 4$,所以 $4a = 1$,即

$$a = \frac{1}{4}, b = -\frac{1}{4}$$

三、由于 $\lim\limits_{x \to +\infty}[f'(x) + f(x)] = 0$,则

$$f'(x) + f(x) = \alpha(x)$$

其中 $\lim\limits_{x \to +\infty} \alpha(x) = 0$,则

$$\mathrm{e}^x[f'(x) + f(x)] = \mathrm{e}^x\alpha(x), [\mathrm{e}^x f(x)]' = \mathrm{e}^x\alpha(x)$$

于是

$$f(x) = \mathrm{e}^{-x}\left[c + \int_0^x \mathrm{e}^t\alpha(t)\,\mathrm{d}t\right]$$

因此

$$\lim_{x\to+\infty} f(x) = \lim_{x\to+\infty} \frac{\left[c + \int_0^x e^t\alpha(t)\,dt\right]}{e^x} = \lim_{x\to+\infty} \frac{e^x\alpha(x)}{e^x} = 0$$

四、由

$$\lim_{h\to 0}\left[\frac{f(x+hx)}{f(x)}\right]^{\frac{1}{h}} = \lim_{h\to 0}\left[1 + \frac{f(x+hx)-f(x)}{f(x)}\right]^{\frac{f(x)}{f(x+hx)-f(x)}\cdot\frac{f(x+hx)-f(x)}{f(x)}\cdot\frac{1}{h}} =$$

$$e^{\lim\limits_{h\to 0}\frac{f(x+hx)-f(x)}{f(x)}\cdot\frac{1}{h}} =$$

$$e^{\lim\limits_{h\to 0}\frac{f(x+hx)-f(x)}{hx}\cdot\frac{x}{f(x)}} =$$

$$e^{\frac{xf'(x)}{f(x)}} = e^{\frac{1}{x}}$$

则 $\dfrac{f'(x)}{f(x)} = \dfrac{1}{x^2}$，解得：$f(x) = ce^{-\frac{1}{x}}$. 由 $\lim\limits_{x\to+\infty} f(x) = 1$ 得 $c=1$，故

$$f(x) = e^{-\frac{1}{x}}$$

五、设公垂线 L 的方向向量为 s，直线 L_1 的方向向量为 $s_1 = (4,-3,1)$，L_2 的方向向量为 $s_2 = (-2,9,2)$，则 $s \parallel s_1 \times s_2$，且

$$s_1 \times s_2 = \begin{vmatrix} i & j & k \\ 4 & -3 & 1 \\ -2 & 9 & 2 \end{vmatrix} = -5(3,2,-6)$$

取 $s = (3,2,-6)$.

设过 L 与 L_1 的平面 π_1，π_1 的法向量为

$$s_1 \times s = \begin{vmatrix} i & j & k \\ 4 & -3 & 1 \\ 3 & 2 & -6 \end{vmatrix} = (16,27,17)$$

又平面 π_1 过 L_1 上的点 $P_1(9,-2,0)$，所以，平面 π_1 的方程为

$$16(x-9) + 27(y+2) + 17z = 0$$

即 $16x + 27y + 17z - 90 = 0$.

将 L_2 的参数方程 $\begin{cases} x = -2t \\ y = 9t - 7 \\ z = 2t + 2 \end{cases}$ 代入平面 π_1 的方程，求得 L_2 与 π_1 的交点

$M_2(-2,2,4)$，故公垂线 L 的方程为

$$\frac{x+2}{3} = \frac{y-2}{2} = \frac{z-4}{-6}$$

另一种方法：已求得过 L 与 L_1 的平面 π_1 的方程

$$16x + 27y + 17z - 90 = 0$$

再求过 L 与 L_2 的平面 π_2 的方程.

设过 L 与 L_2 的平面 π_2 的法向量为

$$s_2 \times s = \begin{vmatrix} \boldsymbol{i} & \boldsymbol{j} & \boldsymbol{k} \\ -2 & 9 & 2 \\ 3 & 2 & -6 \end{vmatrix} = (-58, -6, -31)$$

平面 π_2 过 L_2 上的点 $P_2(0, -7, 2)$,所以,平面 π_2 的方程为

$$58x + 6(y+7) + 31(z-2) = 0$$

即 $58x + 6y + 31z - 20 = 0$. 从而公垂线方程为

$$\begin{cases} 16x + 27y + 17z - 90 = 0 \\ 58x + 6y + 31z - 20 = 0 \end{cases}$$

六、由于在 $x > 0$ 内的任意的光滑有向闭曲面 Σ,均有

$$\oiint\limits_{\Sigma} xf(x)\mathrm{d}y\mathrm{d}z - xyf(x)\mathrm{d}z\mathrm{d}x - \mathrm{e}^{2x}z\mathrm{d}x\mathrm{d}y = 0$$

则由高斯公式,易得

$$\frac{\partial P}{\partial x} + \frac{\partial Q}{\partial y} + \frac{\partial R}{\partial z} = 0, \quad x > 0$$

即

$$f(x) + xf'(x) - xf(x) - \mathrm{e}^{2x} = 0$$

$$f'(x) + \left(\frac{1}{x} - 1\right)f(x) = \frac{1}{x}\mathrm{e}^{2x}$$

解得

$$f(x) = \frac{\mathrm{e}^x}{x}(\mathrm{e}^x + c)$$

由 $\lim\limits_{x \to 0^+} f(x) = 1$,得 $c = -1$,于是 $f(x) = \dfrac{\mathrm{e}^x}{x}(\mathrm{e}^x - 1)$.

七、设 $f(x, y, z) = x + 2y - 2z + 5$,求 $f(x, y, z)$ 在 Ω 上的最大值与最小值.

由于 $f_x = 1 \neq 0, f_y = 2 \neq 0, f_z = -2 \neq 0$,则 $f(x, y, z)$ 在 Ω 的内部没有驻点,故最值一定取在 Ω 的边界上. 令

$$F(x, y, z) = x + 2y - 2z + 5 + \lambda(x^2 + y^2 + z^2 - 1)$$

则

$$\begin{cases} F_x = 1 + 2\lambda x = 0 \\ F_y = 2 + 2\lambda y = 0 \\ F_z = -2 + 2\lambda z = 0 \\ x^2 + y^2 + z^2 = 1 \end{cases}$$

解得驻点为 $P_1 = \left(\dfrac{1}{3}, \dfrac{2}{3}, -\dfrac{2}{3}\right)$，$P_2 = \left(-\dfrac{1}{3}, -\dfrac{2}{3}, \dfrac{2}{3}\right)$. 而 $f(P_1) = 8$，

$f(P_2) = 2$，于是

$$\sqrt[3]{2} \leqslant \sqrt[3]{x + 2y - 2z + 5} \leqslant 2$$

故

$$\frac{4\sqrt[3]{2}\pi}{3} \leqslant \iiint\limits_{\Omega} \sqrt[3]{2}\,\mathrm{d}x\mathrm{d}y\mathrm{d}z \leqslant \iiint\limits_{\Omega} \sqrt[3]{x + 2y - 2z + 5}\,\mathrm{d}x\mathrm{d}y\mathrm{d}z \leqslant$$

$$\iiint\limits_{\Omega} 2\,\mathrm{d}x\mathrm{d}y\mathrm{d}z = \frac{8}{3}\pi$$

八、(1) 设级数 $\displaystyle\sum_{n=1}^{\infty} a_n$ 的部分和为 $s_n = \displaystyle\sum_{k=1}^{n} a_n$，则

$$a_{n+1} + a_{n+2} + \cdots + a_{2n} = s_{2n} - s_n \to 0, \quad n \to \infty$$

又

$$a_{n+1} + a_{n+2} + \cdots + a_{2n} \geqslant na_{2n}$$

于是

$$\lim_{n \to \infty}(2n)a_{2n} = 2\lim_{n \to \infty} na_{2n} = 0$$

又 $(2n+1)a_{2n+1} \leqslant (2n+1)a_{2n}$ 及 $\lim\limits_{n \to \infty} a_n = 0$，有 $\lim\limits_{n \to \infty}(2n+1)a_{2n+1} = 0$.

因此 $\lim\limits_{n \to \infty} na_n = 0$.

(2) 设 $\displaystyle\sum_{n=1}^{\infty} n(a_{n-1} - a_n)$ 的部分和为 $\sigma_n = \displaystyle\sum_{k=1}^{n} n(a_{k-1} - a_k)$，则

$$\sigma_n = a_1 + a_2 + \cdots + a_{n-1} - na_n = s_{n-1} - na_n$$

故

$$\lim_{n \to \infty} \sigma_n = \lim_{n \to \infty} s_{n-1} - \lim_{n \to \infty} na_n = \sum_{n=1}^{\infty} a_n$$

即

$$\sum_{n=1}^{\infty} n(a_{n-1} - a_n) = \sum_{n=1}^{\infty} a_n$$

数学竞赛模拟题(四)

一、1. $\dfrac{\theta^2}{2}$

2. 令 $x = \sin t \left(-\dfrac{1}{2} < t < \dfrac{1}{2}, t \neq 0\right)$，则

$$\int \frac{\arcsin x}{x^2} \cdot \frac{1+x^2}{\sqrt{1-x^2}} \mathrm{d}x = \int \frac{t}{\sin^2 t} \cdot (1+\sin^2 t)\mathrm{d}t =$$

$$\frac{t^2}{2} + \int \frac{t\mathrm{d}t}{\sin^2 t} = \frac{t^2}{2} - \int t\mathrm{d}\cot t =$$

$$\frac{t^2}{2} - t\cos t + \ln|\sin t| + C =$$

$$\frac{1}{2}\arcsin^2 x - \frac{\sqrt{1-x^2}}{x}\arcsin x + \ln|x| + C$$

3. $\dfrac{3\sqrt{3}}{8}\pi R^3$

4. $6x^2 + 3y^2 = 1$

二、方程两端对 x 求导,得 $-\mathrm{e}^{-y}y' + \mathrm{e}^{-x^2} - y' + 1 = 0$,即 $y' = \dfrac{\mathrm{e}^{-x^2}+1}{\mathrm{e}^{-y}+1}$,因为 $y' = \dfrac{\mathrm{e}^{-x^2}+1}{\mathrm{e}^{-y}+1} > 0$,所以 $y(x)$ 是单调递增的.

由于 $y(x)$ 是单调递增的,故当 $y(x)$ 有上界时,$\lim\limits_{x\to+\infty} y(x) = a$($a$ 为某常数):

当 $y(x)$ 无上界时 $\lim\limits_{x\to+\infty} y(x) = +\infty$.

假若 $\lim\limits_{x\to+\infty} y(x) = a$,由于 $y - \mathrm{e}^{-y} = \int_0^x \mathrm{e}^{-t^2}\mathrm{d}t + x - 1$,且广义积分 $\int_0^{+\infty} \mathrm{e}^{-t^2}\mathrm{d}t$ 收敛,令 $x\to+\infty$,由上式可得 $a - \mathrm{e}^{-a} = +\infty$,矛盾

因此,只有 $\lim\limits_{x\to+\infty} y(x) = +\infty$,从而得 $\lim\limits_{x\to+\infty} y' = \lim\limits_{x\to+\infty} \dfrac{\mathrm{e}^{-x^2}+1}{\mathrm{e}^{-y}+1} = 1$.

三、因为 $f(x)$ 是闭区间上连续函数,故有界,记 $|f(x)| \leqslant M$,则

$$\int_a^x f(t)\mathrm{d}t \leqslant M(x-a)$$

由归纳法

$$\int_a^x f(t)\mathrm{d}t \leqslant \cdots \leqslant \frac{M}{n!}(x-a)^n \to 0$$

故 $\forall x \in [a,b], f(x) \equiv 0$.

四、由 $x^2 + y^2 + z^2 = 1$ 与 $(x-1)^2 + (y-1)^2 + (z-1)^2 = 1$,得

$$x + y + z = \frac{3}{2}$$

取 Σ 为平面 $x+y+z=\dfrac{3}{2}$，（上侧）被闭曲线 Γ 所围成的圆的内部，因原点到

平面 Σ 的距离为 $d=\dfrac{\sqrt{3}}{2}$，故闭曲线 Γ 是半径为 $r=\sqrt{1-d^2}=\dfrac{1}{2}$ 的圆. Σ 的单

位法向量为 $\left(\dfrac{\sqrt{3}}{3},\dfrac{\sqrt{3}}{3},\dfrac{\sqrt{3}}{3}\right)$，应用 Stokes 公式

$$\varphi=\oint_{\Gamma}z^2\mathrm{d}x+x^2\mathrm{d}y+y^2\mathrm{d}z=\iint_{\Sigma}\begin{vmatrix}\mathrm{d}y\mathrm{d}z & \mathrm{d}z\mathrm{d}x & \mathrm{d}x\mathrm{d}y\\[4pt]\dfrac{\partial}{\partial x} & \dfrac{\partial}{\partial y} & \dfrac{\partial}{\partial z}\\[4pt]z^2 & x^2 & y^2\end{vmatrix}=$$

$$\iint_{\Sigma}\begin{vmatrix}\dfrac{\sqrt{3}}{3} & \dfrac{\sqrt{3}}{3} & \dfrac{\sqrt{3}}{3}\\[6pt]\dfrac{\partial}{\partial x} & \dfrac{\partial}{\partial y} & \dfrac{\partial}{\partial z}\\[6pt]z^2 & x^2 & y^2\end{vmatrix}\mathrm{d}S=$$

$$\dfrac{\sqrt{3}}{3}\iint_{\Sigma}2(x+y+z)\mathrm{d}S=$$

$$\dfrac{\sqrt{3}}{3}\iint_{\Sigma}3\mathrm{d}S=\sqrt{3}\,\pi\left(\dfrac{1}{2}\right)^2=\dfrac{\sqrt{3}}{4}\pi$$

五、设曲线 C_n 与 x 轴的交点为 A，C_n 与直线 $y=x$ 的交点为 A，C_n 与直线

$y=x$ 的交点为 P_n，则点 P_n 的坐标为 $\left(\left(\dfrac{1}{2}\right)^{\frac{1}{2n}},\left(\dfrac{1}{2}\right)^{\frac{1}{2n}}\right)$. 曲线 C_n 在点 A 到点 P_n

间的曲线段的弧长记为 l_n. 由对称性，只需证明 $\lim\limits_{x\to+\infty}l_n=1$.

在开区间 $\left(\left(\dfrac{1}{2}\right)^{\frac{1}{2n}},1\right)$ 内，求由方程 $x^{2n}+y^{2n}=1$ 所确定的隐函数的导数，

得 $y'=-\dfrac{x^{2n-1}}{y^{2n-1}}<0$. 由弧长计算公式

$$l_n=\int_{\left(\frac{1}{2}\right)^{\frac{1}{2n}}}^{1}\sqrt{1+y'^2}\,\mathrm{d}x<\int_{\left(\frac{1}{2}\right)^{\frac{1}{2n}}}^{1}(1+|\,y'\,|)\mathrm{d}x=$$

$$\int_{\left(\frac{1}{2}\right)^{\frac{1}{2n}}}^{1}(1-y')\mathrm{d}x=\left[x-y(x)\right]\Big|_{\left(\frac{1}{2}\right)^{\frac{1}{2n}}}^{1}=$$

$$1-\left(\left(\dfrac{1}{2}\right)^{\frac{1}{2n}}-\left(\dfrac{1}{2}\right)^{\frac{1}{2n}}\right)=1$$

另一方面，又有

$$l_n = \int_{(\frac{1}{2})^{\frac{1}{2n}}}^1 \sqrt{1 + y'^2}\, dx > \int_{(\frac{1}{2})^{\frac{1}{2n}}}^1 |y'|\, dx = \int_{(\frac{1}{2})^{\frac{1}{2n}}}^1 (-y')\, dx =$$

$$\left[-y(x)\right]\Big|_{(\frac{1}{2})^{\frac{1}{2n}}}^1 = -\left(0 - \left(\frac{1}{2}\right)^{\frac{1}{2n}}\right) =$$

$$\left(\frac{1}{2}\right)^{\frac{1}{2n}} \to 1, \quad n \to \infty$$

于是由极限的夹逼准则，$\lim\limits_{n \to \infty} l_n = 1$，因此 $\lim\limits_{n \to \infty} L_n = \lim\limits_{n \to \infty}(8l_n) = 8$.

六、注意到

$$ka_k = \frac{(1 + (k+1)a_k)a_{k+1}}{a_k} = \frac{a_{k+1}}{a_k} + (k+1)a_{k+1}$$

$$\sum_{k=0}^n \frac{a_{k+1}}{a_k} = \frac{a_1}{a_0} + \sum_{k=1}^n (ka_k - (k+1)a_{k+1}) = 1 - (n+1)a_{n+1} < 1$$

又 $\frac{a_{k+1}}{a_k}$ 为正项，故级数收敛.

则通项 $\frac{a_{k+1}}{a_k}$ 极限为 0，存在 N，使得当 $n > N$ 时，$\frac{a_{k+1}}{a_k} < \frac{1}{2}$.

由归纳法，$a_n < \frac{C}{2^n}$，故而 $na_n < \frac{nC}{2^n} \to 0$，因此

$$\sum_{n=0}^\infty \frac{a_{n+1}}{a_n} = \lim_{n \to \infty} \sum_{k=0}^n \frac{a_{k+1}}{a_k} = 1$$

七、结论等价于

$$\lim_{n \to \infty} \frac{\int_{-1}^1 (1 - t^2)^n [f(t) - f(0)]\, dt}{\int_{-1}^1 (1 - t^2)^n\, dt} = 0$$

只需证明 $\int_0^1 (1 - t^2)^n [f(t) - f(0)]\, dt$ 是 $\int_0^1 (1 - t^2)^n\, dt$ 的高阶无穷小，由 $f(x)$ 在 0 点的连续性，对 $\forall \varepsilon > 0$，$\exists c > 0$，使 $|f(t) - f(0)| < \varepsilon$

$$\int_0^1 (1 - t^2)^n [f(t) - f(0)]\, dt = \int_0^c (1 - t^2)^n [f(t) - f(0)]\, dt +$$

$$\int_c^1 (1 - t^2)^n [f(t) - f(0)]\, dt$$

显然 $\int_0^c (1 - t^2)^n [f(t) - f(0)]\, dt$ 是 $\int_0^1 (1 - t^2)^n\, dt$ 的高阶无穷小，而

$$\int_0^c (1-t^2)^n [f(t) - f(0)] dt < (1-c^2)^n M$$

$$\int_0^1 (1-t^2)^n dt = \frac{2n}{2n+1} \cdot \cdots \cdot \frac{2}{3} \cdot \frac{\pi}{2}$$

故 $\dfrac{\displaystyle\int_0^c (1-t^2)^n [f(t) - f(0)] dt}{\displaystyle\int_0^1 (1-t^2)^n dt} \to 0$,证毕.

哈尔滨工业大学出版社刘培杰数学工作室
已出版（即将出版）图书目录

书　名	出版时间	定　价	编号
新编中学数学解题方法全书(高中版)上卷	2007－09	38.00	7
新编中学数学解题方法全书(高中版)中卷	2007－09	48.00	8
新编中学数学解题方法全书(高中版)下卷(一)	2007－09	42.00	17
新编中学数学解题方法全书(高中版)下卷(二)	2007－09	38.00	18
新编中学数学解题方法全书(高中版)下卷(三)	2010－06	58.00	73
新编中学数学解题方法全书(初中版)上卷	2008－01	28.00	29
新编中学数学解题方法全书(初中版)中卷	2010－07	38.00	75
新编中学数学解题方法全书(高考复习卷)	2010－01	48.00	67
新编中学数学解题方法全书(高考真题卷)	2010－01	38.00	62
新编中学数学解题方法全书(高考精华卷)	2011－03	68.00	118
新编平面解析几何解题方法全书(专题讲座卷)	2010－01	18.00	61
新编中学数学解题方法全书(自主招生卷)	2013－08	88.00	261
数学眼光透视	2008－01	38.00	24
数学思想领悟	2008－01	38.00	25
数学应用展观	2008－01	38.00	26
数学建模导引	2008－01	28.00	23
数学方法溯源	2008－01	38.00	27
数学史话览胜	2008－01	28.00	28
数学思维技术	2013－09	38.00	260
从毕达哥拉斯到怀尔斯	2007－10	48.00	9
从迪利克雷到维斯卡尔迪	2008－01	48.00	21
从哥德巴赫到陈景润	2008－05	98.00	35
从庞加莱到佩雷尔曼	2011－08	138.00	136
数学解题中的物理方法	2011－06	28.00	114
数学解题的特殊方法	2011－06	48.00	115
中学数学计算技巧	2012－01	48.00	116
中学数学证明方法	2012－01	58.00	117
数学趣题巧解	2012－03	28.00	128
三角形中的角格点问题	2013－01	88.00	207
含参数的方程和不等式	2012－09	28.00	213

哈尔滨工业大学出版社刘培杰数学工作室
已出版（即将出版）图书目录

书　名	出版时间	定　价	编号
数学奥林匹克与数学文化（第一辑）	2006—05	48.00	4
数学奥林匹克与数学文化（第二辑）（竞赛卷）	2008—01	48.00	19
数学奥林匹克与数学文化（第二辑）（文化卷）	2008—07	58.00	36
数学奥林匹克与数学文化（第三辑）（竞赛卷）	2010—01	48.00	59
数学奥林匹克与数学文化（第四辑）（竞赛卷）	2011—08	58.00	87
数学奥林匹克与数学文化（第五辑）	2014—09		370
发展空间想象力	2010—01	38.00	57
走向国际数学奥林匹克的平面几何试题诠释（上、下）（第1版）	2007—01	68.00	11,12
走向国际数学奥林匹克的平面几何试题诠释（上、下）（第2版）	2010—02	98.00	63,64
平面几何证明方法全书	2007—08	35.00	1
平面几何证明方法全书习题解答（第1版）	2005—10	18.00	2
平面几何证明方法全书习题解答（第2版）	2006—12	18.00	10
平面几何天天练上卷·基础篇（直线型）	2013—01	58.00	208
平面几何天天练中卷·基础篇（涉及圆）	2013—01	28.00	234
平面几何天天练下卷·提高篇	2013—01	58.00	237
平面几何专题研究	2013—07	98.00	258
最新世界各国数学奥林匹克中的平面几何试题	2007—09	38.00	14
数学竞赛平面几何典型题及新颖解	2010—07	48.00	74
初等数学复习及研究（平面几何）	2008—09	58.00	38
初等数学复习及研究（立体几何）	2010—06	38.00	71
初等数学复习及研究（平面几何）习题解答	2009—01	48.00	42
世界著名平面几何经典著作钩沉——几何作图专题卷（上）	2009—06	48.00	49
世界著名平面几何经典著作钩沉——几何作图专题卷（下）	2011—01	88.00	80
世界著名平面几何经典著作钩沉（民国平面几何老课本）	2011—03	38.00	113
世界著名解析几何经典著作钩沉——平面解析几何卷	2014—01	38.00	273
世界著名数论经典著作钩沉（算术卷）	2012—01	28.00	125
世界著名数学经典著作钩沉——立体几何卷	2011—02	28.00	88
世界著名三角学经典著作钩沉（平面三角卷Ⅰ）	2010—06	28.00	69
世界著名三角学经典著作钩沉（平面三角卷Ⅱ）	2011—01	38.00	78
世界著名初等数论经典著作钩沉（理论和实用算术卷）	2011—07	38.00	126
几何学教程（平面几何卷）	2011—03	68.00	90
几何学教程（立体几何卷）	2011—07	68.00	130
几何变换与几何证题	2010—06	88.00	70
计算方法与几何证题	2011—06	28.00	129
立体几何技巧与方法	2014—04	88.00	293
几何瑰宝——平面几何500名题暨1000条定理（上、下）	2010—07	138.00	76,77
三角形的解法与应用	2012—07	18.00	183
近代的三角形几何学	2012—07	48.00	184
一般折线几何学	即将出版	58.00	203
三角形的五心	2009—06	28.00	51
三角形趣谈	2012—08	28.00	212
解三角形	2014—01	28.00	265
圆锥曲线习题集（上）	2013—06	68.00	255

哈尔滨工业大学出版社刘培杰数学工作室
已出版(即将出版)图书目录

书　名	出版时间	定价	编号
俄罗斯平面几何问题集	2009—08	88.00	55
俄罗斯立体几何问题集	2014—03	58.00	283
俄罗斯几何大师——沙雷金论数学及其他	2014—01	48.00	271
来自俄罗斯的5000道几何习题及解答	2011—03	58.00	89
俄罗斯初等数学问题集	2012—05	38.00	177
俄罗斯函数问题集	2011—03	38.00	103
俄罗斯组合分析问题集	2011—01	48.00	79
俄罗斯初等数学万题选——三角卷	2012—11	38.00	222
俄罗斯初等数学万题选——代数卷	2013—08	68.00	225
俄罗斯初等数学万题选——几何卷	2014—01	68.00	226
463个俄罗斯几何老问题	2012—01	28.00	152
近代欧氏几何学	2012—03	48.00	162
罗巴切夫斯基几何学及几何基础概要	2012—07	28.00	188
超越吉米多维奇——数列的极限	2009—11	48.00	58
Barban Davenport Halberstam 均值和	2009—01	40.00	33
初等数论难题集(第一卷)	2009—05	68.00	44
初等数论难题集(第二卷)(上、下)	2011—02	128.00	82,83
谈谈素数	2011—03	18.00	91
平方和	2011—03	18.00	92
数论概貌	2011—03	18.00	93
代数数论(第二版)	2013—08	58.00	94
代数多项式	2014—06	38.00	289
初等数论的知识与问题	2011—02	28.00	95
超越数论基础	2011—03	28.00	96
数论初等教程	2011—03	28.00	97
数论基础	2011—03	18.00	98
数论基础与维诺格拉多夫	2014—03	18.00	292
解析数论基础	2012—08	28.00	216
解析数论基础(第二版)	2014—01	48.00	287
解析数论问题集(第二版)	2014—05	88.00	343
数论入门	2011—03	38.00	99
数论开篇	2012—07	28.00	194
解析数论引论	2011—03	48.00	100
复变函数引论	2013—10	68.00	269
无穷分析引论(上)	2013—04	88.00	247
无穷分析引论(下)	2013—04	98.00	245

哈尔滨工业大学出版社刘培杰数学工作室
已出版(即将出版)图书目录

书　　名	出版时间	定　价	编号
数学分析	2014－04	28.00	338
数学分析中的一个新方法及其应用	2013－01	38.00	231
数学分析例选:通过范例学技巧	2013－01	88.00	243
三角级数论(上册)(陈建功)	2013－01	38.00	232
三角级数论(下册)(陈建功)	2013－01	48.00	233
三角级数论(哈代)	2013－06	48.00	254
基础数论	2011－03	28.00	101
超越数	2011－03	18.00	109
三角和方法	2011－03	18.00	112
谈谈不定方程	2011－05	28.00	119
整数论	2011－05	38.00	120
随机过程(Ⅰ)	2014－01	78.00	224
随机过程(Ⅱ)	2014－01	68.00	235
整数的性质	2012－11	38.00	192
初等数论100例	2011－05	18.00	122
初等数论经典例题	2012－07	18.00	204
最新世界各国数学奥林匹克中的初等数论试题(上、下)	2012－01	138.00	144,145
算术探索	2011－12	158.00	148
初等数论(Ⅰ)	2012－01	18.00	156
初等数论(Ⅱ)	2012－01	18.00	157
初等数论(Ⅲ)	2012－01	28.00	158
组合数学	2012－04	28.00	178
组合数学浅谈	2012－03	28.00	159
同余理论	2012－05	38.00	163
丢番图方程引论	2012－03	48.00	172
平面几何与数论中未解决的新老问题	2013－01	68.00	229
线性代数大题典	2014－07	88.00	351
法雷级数	2014－08	18.00	367
历届美国中学生数学竞赛试题及解答(第一卷)1950－1954	2014－07	18.00	277
历届美国中学生数学竞赛试题及解答(第二卷)1955－1959	2014－04	18.00	278
历届美国中学生数学竞赛试题及解答(第三卷)1960－1964	2014－06	18.00	279
历届美国中学生数学竞赛试题及解答(第四卷)1965－1969	2014－04	28.00	280
历届美国中学生数学竞赛试题及解答(第五卷)1970－1972	2014－06	18.00	281

哈尔滨工业大学出版社刘培杰数学工作室
已出版(即将出版)图书目录

书　　名	出版时间	定　价	编号
历届 IMO 试题集(1959—2005)	2006—05	58.00	5
历届 CMO 试题集	2008—09	28.00	40
历届加拿大数学奥林匹克试题集	2012—08	38.00	215
历届美国数学奥林匹克试题集:多解推广加强	2012—08	38.00	209
历届国际大学生数学竞赛试题集(1994—2010)	2012—01	28.00	143
全国大学生数学夏令营数学竞赛试题及解答	2007—03	28.00	15
全国大学生数学竞赛辅导教程	2012—07	28.00	189
全国大学生数学竞赛复习全书	2014—04	48.00	340
历届美国大学生数学竞赛试题集	2009—03	88.00	43
前苏联大学生数学奥林匹克竞赛题解(上编)	2012—04	28.00	169
前苏联大学生数学奥林匹克竞赛题解(下编)	2012—04	38.00	170
历届美国数学邀请赛试题集	2014—01	48.00	270
全国高中数学竞赛试题及解答.第1卷	2014—07	38.00	331
大学生数学竞赛讲义	2014—09	28.00	371

书　　名	出版时间	定　价	编号
整函数	2012—08	18.00	161
多项式和无理数	2008—01	68.00	22
模糊数据统计学	2008—03	48.00	31
模糊分析学与特殊泛函空间	2013—01	68.00	241
受控理论与解析不等式	2012—05	78.00	165
解析不等式新论	2009—06	68.00	48
反问题的计算方法及应用	2011—11	28.00	147
建立不等式的方法	2011—03	98.00	104
数学奥林匹克不等式研究	2009—08	68.00	56
不等式研究(第二辑)	2012—02	68.00	153
初等数学研究(Ⅰ)	2008—09	68.00	37
初等数学研究(Ⅱ)(上、下)	2009—05	118.00	46,47
中国初等数学研究　2009卷(第1辑)	2009—05	20.00	45
中国初等数学研究　2010卷(第2辑)	2010—05	30.00	68
中国初等数学研究　2011卷(第3辑)	2011—07	60.00	127
中国初等数学研究　2012卷(第4辑)	2012—07	48.00	190
中国初等数学研究　2014卷(第5辑)	2014—02	48.00	288
数阵及其应用	2012—02	28.00	164
绝对值方程—折边与组合图形的解析研究	2012—07	48.00	186
不等式的秘密(第一卷)	2012—02	28.00	154
不等式的秘密(第一卷)(第2版)	2014—02	38.00	286
不等式的秘密(第二卷)	2014—01	38.00	268

哈尔滨工业大学出版社刘培杰数学工作室
已出版(即将出版)图书目录

书　　名	出版时间	定　价	编号
初等不等式的证明方法	2010—06	38.00	123
数学奥林匹克在中国	2014—06	98.00	344
数学奥林匹克问题集	2014—01	38.00	267
数学奥林匹克不等式散论	2010—06	38.00	124
数学奥林匹克不等式欣赏	2011—09	38.00	138
数学奥林匹克超级题库(初中卷上)	2010—01	58.00	66
数学奥林匹克不等式证明方法和技巧(上、下)	2011—08	158.00	134,135
近代拓扑学研究	2013—04	38.00	239
新编640个世界著名数学智力趣题	2014—01	88.00	242
500个最新世界著名数学智力趣题	2008—06	48.00	3
400个最新世界著名数学最值问题	2008—09	48.00	36
500个世界著名数学征解问题	2009—06	48.00	52
400个中国最佳初等数学征解老问题	2010—01	48.00	60
500个俄罗斯数学经典老题	2011—01	28.00	81
1000个国外中学物理好题	2012—04	48.00	174
300个日本高考数学题	2012—05	38.00	142
500个前苏联早期高考数学试题及解答	2012—05	28.00	185
546个早期俄罗斯大学生数学竞赛题	2014—03	38.00	285
博弈论精粹	2008—03	58.00	30
数学 我爱你	2008—01	28.00	20
精神的圣徒　别样的人生——60位中国数学家成长的历程	2008—09	48.00	39
数学史概论	2009—06	78.00	50
数学史概论(精装)	2013—03	158.00	272
斐波那契数列	2010—02	28.00	65
数学拼盘和斐波那契魔方	2010—07	38.00	72
斐波那契数列欣赏	2011—01	28.00	160
数学的创造	2011—02	48.00	85
数学中的美	2011—02	38.00	84
王连笑教你怎样学数学——高考选择题解题策略与客观题实用训练	2014—01	48.00	262
最新全国及各省市高考数学试卷解法研究及点拨评析	2009—02	38.00	41
高考数学的理论与实践	2009—08	38.00	53
中考数学专题总复习	2007—04	28.00	6
向量法巧解数学高考题	2009—08	28.00	54
高考数学核心题型解题方法与技巧	2010—01	28.00	86
高考思维新平台	2014—03	38.00	259
数学解题——靠数学思想给力(上)	2011—07	38.00	131
数学解题——靠数学思想给力(中)	2011—07	48.00	132
数学解题——靠数学思想给力(下)	2011—07	38.00	133
我怎样解题	2013—01	48.00	227
和高中生漫谈:数学与哲学的故事	2014—08	28.00	369

哈尔滨工业大学出版社刘培杰数学工作室
已出版(即将出版)图书目录

书 名	出版时间	定 价	编号
2011 年全国及各省市高考数学试题审题要津与解法研究	2011—10	48.00	139
2013 年全国及各省市高考数学试题解析与点评	2014—01	48.00	282
新课标高考数学——五年试题分章详解(2007~2011)(上、下)	2011—10	78.00	140,141
30 分钟拿下高考数学选择题、填空题	2012—01	48.00	146
全国中考数学压轴题审题要津与解法研究	2013—04	78.00	248
新编全国及各省市中考数学压轴题审题要津与解法研究	2014—05	58.00	342
高考数学压轴题解题诀窍(上)	2012—02	78.00	166
高考数学压轴题解题诀窍(下)	2012—03	28.00	167
格点和面积	2012—07	18.00	191
射影几何趣谈	2012—04	28.00	175
斯潘纳尔引理——从一道加拿大数学奥林匹克试题谈起	2014—01	18.00	228
李普希兹条件——从几道近年高考数学试题谈起	2012—10	18.00	221
拉格朗日中值定理——从一道北京高考试题的解法谈起	2012—10	18.00	197
闵科夫斯基定理——从一道清华大学自主招生试题谈起	2014—01	28.00	198
哈尔测度——从一道冬令营试题的背景谈起	2012—08	28.00	202
切比雪夫逼近问题——从一道中国台北数学奥林匹克试题谈起	2013—04	38.00	238
伯恩斯坦多项式与贝齐尔曲面——从一道全国高中数学联赛试题谈起	2013—03	38.00	236
卡塔兰猜想——从一道普特南竞赛试题谈起	2013—06	18.00	256
麦卡锡函数和阿克曼函数——从一道前南斯拉夫数学奥林匹克试题谈起	2012—08	18.00	201
贝蒂定理与拉姆贝克莫斯尔定理——从一个拣石子游戏谈起	2012—08	18.00	217
皮亚诺曲线和豪斯道夫分球定理——从无限集谈起	2012—08	18.00	211
平面凸图形与凸多面体	2012—10	28.00	218
斯坦因豪斯问题——从一道二十五省市自治区中学数学竞赛试题谈起	2012—07	18.00	196
纽结理论中的亚历山大多项式与琼斯多项式——从一道北京市高一数学竞赛试题谈起	2012—07	28.00	195
原则与策略——从波利亚"解题表"谈起	2013—04	38.00	244
转化与化归——从三大尺规作图不能问题谈起	2012—08	28.00	214
代数几何中的贝祖定理(第一版)——从一道 IMO 试题的解法谈起	2013—08	38.00	193
成功连贯理论与约当块理论——从一道比利时数学竞赛试题谈起	2012—04	18.00	180
磨光变换与范·德·瓦尔登猜想——从一道环球城市竞赛试题谈起	即将出版		
素数判定与大数分解	2014—08	18.00	199
置换多项式及其应用	2012—10	18.00	220
椭圆函数与模函数——从一道美国加州大学洛杉矶分校(UCLA)博士资格考题谈起	2012—10	38.00	219
差分方程的拉格朗日方法——从一道 2011 年全国高考理科试题的解法谈起	2012—08	28.00	200

哈尔滨工业大学出版社刘培杰数学工作室
已出版(即将出版)图书目录

书　名	出版时间	定　价	编号
力学在几何中的一些应用	2013—01	38.00	240
高斯散度定理、斯托克斯定理和平面格林定理——从一道国际大学生数学竞赛试题谈起	即将出版		
康托洛维奇不等式——从一道全国高中联赛试题谈起	2013—03	28.00	337
西格尔引理——从一道第18届IMO试题的解法谈起	即将出版		
罗斯定理——从一道前苏联数学竞赛试题谈起	即将出版		
拉克斯定理和阿廷定理——从一道IMO试题的解法谈起	2014—01	58.00	246
毕卡大定理——从一道美国大学数学竞赛试题谈起	2014—07	18.00	350
贝齐尔曲线——从一道全国高中联赛试题谈起	即将出版		
拉格朗日乘子定理——从一道2005年全国高中联赛试题谈起	即将出版		
雅可比定理——从一道日本数学奥林匹克试题谈起	2013—04	48.00	249
李天岩—约克定理——从一道波兰数学竞赛试题谈起	2014—06	28.00	349
整系数多项式因式分解的一般方法——从克朗耐克算法谈起	即将出版		
布劳维不动点定理——从一道前苏联数学奥林匹克试题谈起	2014—01	38.00	273
压缩不动点定理——从一道高考数学试题的解法谈起	即将出版		
伯恩赛德定理——从一道英国数学奥林匹克试题谈起	即将出版		
布查特—莫斯特定理——从一道上海市初中竞赛试题谈起	即将出版		
数论中的同余数问题——从一道普特南竞赛试题谈起	即将出版		
范·德蒙行列式——从一道美国数学奥林匹克试题谈起	即将出版		
中国剩余定理——从一道美国数学奥林匹克试题的解法谈起	即将出版		
牛顿程序与方程求根——从一道全国高考试题解法谈起	即将出版		
库默尔定理——从一道IMO预选试题谈起	即将出版		
卢丁定理——从一道冬令营试题的解法谈起	即将出版		
沃斯滕霍姆定理——从一道IMO预选试题谈起	即将出版		
卡尔松不等式——从一道莫斯科数学奥林匹克试题谈起	即将出版		
信息论中的香农熵——从一道近年高考压轴题谈起	即将出版		
约当不等式——从一道希望杯竞赛试题谈起	即将出版		
拉比诺维奇定理	即将出版		
刘维尔定理——从一道《美国数学月刊》征解问题的解法谈起	即将出版		
卡塔兰恒等式与级数求和——从一道IMO试题的解法谈起	即将出版		
勒让德猜想与素数分布——从一道爱尔兰竞赛试题谈起	即将出版		
天平称重与信息论——从一道基辅市数学奥林匹克试题谈起	即将出版		

哈尔滨工业大学出版社刘培杰数学工作室
已出版(即将出版)图书目录

书 名	出版时间	定 价	编号
哈密尔顿—凯莱定理:从一道高中数学联赛试题的解法谈起	2014—09	18.00	376
艾思特曼定理——从一道CMO试题的解法谈起	即将出版		
一个爱尔特希问题——从一道西德数学奥林匹克试题谈起	即将出版		
有限群中的爱丁格尔问题——从一道北京市初中二年级数学竞赛试题谈起	即将出版		
贝克码与编码理论——从一道全国高中联赛试题谈起	即将出版		
帕斯卡三角形	2014—03	18.00	294
蒲丰投针问题——从2009年清华大学的一道自主招生试题谈起	2014—01	38.00	295
斯图姆定理——从一道"华约"自主招生试题的解法谈起	2014—01	18.00	296
许瓦兹引理——从一道加利福尼亚大学伯克利分校数学系博士生试题谈起	2014—08	18.00	297
拉格朗日中值定理——从一道北京高考试题的解法谈起	2014—01		298
拉姆塞定理——从王诗宬院士的一个问题谈起	2014—01		299
坐标法	2013—12	28.00	332
数论三角形	2014—04	38.00	341
毕克定理	2014—07	18.00	352
中等数学英语阅读文选	2006—12	38.00	13
统计学专业英语	2007—03	28.00	16
统计学专业英语(第二版)	2012—07	48.00	176
幻方和魔方(第一卷)	2012—05	68.00	173
尘封的经典——初等数学经典文献选读(第一卷)	2012—07	48.00	205
尘封的经典——初等数学经典文献选读(第二卷)	2012—07	38.00	206
实变函数论	2012—06	78.00	181
非光滑优化及其变分分析	2014—01	48.00	230
疏散的马尔科夫链	2014—01	58.00	266
初等微分拓扑学	2012—07	18.00	182
方程式论	2011—03	38.00	105
初级方程式论	2011—03	28.00	106
Galois理论	2011—03	18.00	107
古典数学难题与伽罗瓦理论	2012—11	58.00	223
伽罗华与群论	2014—01	28.00	290
代数方程的根式解及伽罗瓦理论	2011—03	28.00	108
线性偏微分方程讲义	2011—03	18.00	110
N体问题的周期解	2011—03	28.00	111
代数方程式论	2011—05	18.00	121
动力系统的不变量与函数方程	2011—07	48.00	137
基于短语评价的翻译知识获取	2012—02	48.00	168
应用随机过程	2012—04	48.00	187
概率论导引	2012—04	18.00	179
矩阵论(上)	2013—06	58.00	250
矩阵论(下)	2013—06	48.00	251

哈尔滨工业大学出版社刘培杰数学工作室
已出版(即将出版)图书目录

书　名	出版时间	定　价	编号
对称锥互补问题的内点法:理论分析与算法实现	2014—08	68.00	368
抽象代数:方法导引	2013—06	38.00	257
闵嗣鹤文集	2011—03	98.00	102
吴从炘数学活动三十年(1951~1980)	2010—07	99.00	32
吴振奎高等数学解题真经(概率统计卷)	2012—01	38.00	149
吴振奎高等数学解题真经(微积分卷)	2012—01	68.00	150
吴振奎高等数学解题真经(线性代数卷)	2012—01	58.00	151
高等数学解题全攻略(上卷)	2013—06	58.00	252
高等数学解题全攻略(下卷)	2013—06	58.00	253
高等数学复习纲要	2014—01	18.00	384
钱昌本教你快乐学数学(上)	2011—12	48.00	155
钱昌本教你快乐学数学(下)	2012—03	58.00	171
数贝偶拾——高考数学题研究	2014—04	28.00	274
数贝偶拾——初等数学研究	2014—04	38.00	275
数贝偶拾——奥数题研究	2014—04	48.00	276
集合、函数与方程	2014—01	28.00	300
数列与不等式	2014—01	38.00	301
三角与平面向量	2014—01	28.00	302
平面解析几何	2014—01	38.00	303
立体几何与组合	2014—01	28.00	304
极限与导数、数学归纳法	2014—01	38.00	305
趣味数学	2014—03	28.00	306
教材教法	2014—04	68.00	307
自主招生	2014—05	58.00	308
高考压轴题(上)	即将出版		309
高考压轴题(下)	即将出版		310
从费马到怀尔斯——费马大定理的历史	2013—10	198.00	I
从庞加莱到佩雷尔曼——庞加莱猜想的历史	2013—10	298.00	II
从切比雪夫到爱尔特希(上)——素数定理的初等证明	2013—07	48.00	III
从切比雪夫到爱尔特希(下)——素数定理100年	2012—12	98.00	III
从高斯到盖尔方特——虚二次域的高斯猜想	2013—10	198.00	IV
从库默尔到朗兰兹——朗兰兹猜想的历史	2014—01	98.00	V
从比勃巴赫到德布朗斯——比勃巴赫猜想的历史	2014—02	298.00	VI
从麦比乌斯到陈省身——麦比乌斯变换与麦比乌斯带	2014—02	298.00	VII
从布尔到豪斯道夫——布尔方程与格论漫谈	2013—10	198.00	VIII
从开普勒到阿诺德——三体问题的历史	2014—05	298.00	IX
从华林到华罗庚——华林问题的历史	2013—10	298.00	X

哈尔滨工业大学出版社刘培杰数学工作室
已出版（即将出版）图书目录

书　名	出版时间	定　价	编号
三角函数	2014－01	38.00	311
不等式	2014－01	28.00	312
方程	2014－01	28.00	314
数列	2014－01	38.00	313
排列和组合	2014－01	28.00	315
极限与导数	2014－01	28.00	316
向量	2014－01	38.00	317
复数及其应用	2014－08	28.00	318
函数	2014－01	38.00	319
集合	即将出版		320
直线与平面	2014－01	28.00	321
立体几何	2014－04	28.00	322
解三角形	即将出版		323
直线与圆	2014－01	28.00	324
圆锥曲线	2014－01	38.00	325
解题通法（一）	2014－07	38.00	326
解题通法（二）	2014－07	38.00	327
解题通法（三）	2014－05	38.00	328
概率与统计	2014－01	28.00	329
信息迁移与算法	即将出版		330
第19～23届"希望杯"全国数学邀请赛试题审题要津详细评注（初一版）	2014－03	28.00	333
第19～23届"希望杯"全国数学邀请赛试题审题要津详细评注（初二、初三版）	2014－03	38.00	334
第19～23届"希望杯"全国数学邀请赛试题审题要津详细评注（高一版）	2014－03	28.00	335
第19～23届"希望杯"全国数学邀请赛试题审题要津详细评注（高二版）	2014－03	38.00	336
物理奥林匹克竞赛大题典——力学卷	即将出版		
物理奥林匹克竞赛大题典——热学卷	2014－04	28.00	339
物理奥林匹克竞赛大题典——电磁学卷	即将出版		
物理奥林匹克竞赛大题典——光学与近代物理卷	2014－06	28.00	345

哈尔滨工业大学出版社刘培杰数学工作室
已出版（即将出版）图书目录

书　名	出版时间	定　价	编号
历届中国东南地区数学奥林匹克试题集(2004～2012)	2014—06	18.00	346
历届中国西部地区数学奥林匹克试题集(2001～2012)	2014—07	18.00	347
历届中国女子数学奥林匹克试题集(2002～2012)	2014—08	18.00	348
几何变换(Ⅰ)	2014—07	28.00	353
几何变换(Ⅱ)	即将出版		354
几何变换(Ⅲ)	即将出版		355
几何变换(Ⅳ)	即将出版		356
美国高中数学五十讲.第1卷	2014—08	28.00	357
美国高中数学五十讲.第2卷	2014—08	28.00	358
美国高中数学五十讲.第3卷	即将出版		359
美国高中数学五十讲.第4卷	即将出版		360
美国高中数学五十讲.第5卷	即将出版		361
美国高中数学五十讲.第6卷	即将出版		362
美国高中数学五十讲.第7卷	即将出版		363
美国高中数学五十讲.第8卷	即将出版		364
美国高中数学五十讲.第9卷	即将出版		365
美国高中数学五十讲.第10卷	即将出版		366
IMO 50 年.第1卷(1959—1963)	即将出版		377
IMO 50 年.第2卷(1964—1968)	即将出版		378
IMO 50 年.第3卷(1969—1973)	2014—09	28.00	379
IMO 50 年.第4卷(1974—1978)	即将出版		380
IMO 50 年.第5卷(1979—1983)	即将出版		381
IMO 50 年.第6卷(1984—1988)	即将出版		382
IMO 50 年.第7卷(1989—1993)	即将出版		383
IMO 50 年.第8卷(1994—1998)	即将出版		384
IMO 50 年.第9卷(1999—2003)	即将出版		385
IMO 50 年.第10卷(2004—2008)	即将出版		386

哈尔滨工业大学出版社刘培杰数学工作室
已出版(即将出版)图书目录

书　名	出版时间	定　价	编号
新课标高考数学创新题解题诀窍:总论	2014－09	28.00	372
新课标高考数学创新题解题诀窍:必修 1～5 分册	2014－08	38.00	373
新课标高考数学创新题解题诀窍:选修 2－1,2－2,1－1,1－2分册	2014－09	38.00	374
新课标高考数学创新题解题诀窍:选修 2－3,4－4,4－5分册	2014－09	18.00	375

联系地址:哈尔滨市南岗区复华四道街 10 号　哈尔滨工业大学出版社刘培杰数学工作室
网　　址:http://lpj.hit.edu.cn/
邮　　编:150006
联系电话:0451－86281378　　　13904613167
E-mail:lpj1378@163.com